Instrucciones para...

Instrucciones para...

resolver problemas cotidianos con soluciones
absurdas y científicas

RANDALL MUNROE

Traducción de Alfredo Blanco

Papel certificado por el Forest Stewardship Council®

Título original: *How to. Absurd Scientific Advice for Common Real-World Problems*

Primera edición: mayo de 2024

© 2019, by xkcd inc., por textos e ilustraciones
© 2024, Penguin Random House Grupo Editorial, S. A. U.
Travessera de Gràcia, 47-49. 08021 Barcelona
© 2023, derechos de edición mundiales en lengua castellana: Penguin Random House
Grupo Editorial, S. A. de C.V. Blvd. Miguel de Cervantes Saavedra núm. 301,
1er piso, colonia Granada, alcaldía Miguel Hidalgo, C.P. 11520, Ciudad de México
© 2024, Alfredo Blanco Solís, por la traducción
© Christina Gleason, por el diseño del interior

Printed in Spain – Impreso en España

ISBN: 978-84-03-52436-1
Depósito legal: B-5960-2024

Compuesto en Mirakel Studio, S. L. U.

Impreso en Black Print CPI Ibérica, S. L.
Sant Andreu de la Barca (Barcelona)

AG 2 4 3 6 1

Índice

Aviso legal 9

¡Hola! 10

1. Instrucciones para saltar realmente alto. 13

2. Instrucciones para organizar una fiesta en la piscina 22

3. Instrucciones para cavar un agujero 39

4. Instrucciones para tocar el piano (todo el piano) 46

→ *Instrucciones para escuchar música* 56

5. Instrucciones para realizar un aterrizaje de emergencia. 57

6. Instrucciones para cruzar un río. 73

7. Instrucciones para mudarse 89

8. Instrucciones para evitar que tu casa se mueva. 106

→ *Instrucciones para perseguir un tornado* 112

9. Instrucciones para construir un foso de lava. 113

10. Instrucciones para lanzar cosas 121

11. Instrucciones para jugar al fútbol. 129

12. Instrucciones para predecir el tiempo 139

→ *Instrucciones para ir a los sitios* 148

13. Instrucciones para jugar al pilla-pilla. 149

14. Instrucciones para esquiar. 157

15. Instrucciones para enviar un paquete por correo
    (desde el espacio). 169

16. Instrucciones para suministrar energía a tu casa
    (en la Tierra) 180

17. Instrucciones para suministrar energía a tu casa
    (en Marte) 193

18. Instrucciones para hacer amigos **201**

→ *Instrucciones para soplar las velas de cumpleaños* **206**

→ *Instrucciones para pasear al perro* **206**

19. Instrucciones para enviar un archivo. **207**

20. Instrucciones para cargar el teléfono (cuando no encuentres un enchufe) **213**

21. Instrucciones para sacarse un selfi **222**

22. Instrucciones para atrapar un dron (con material deportivo) **235**

23. Instrucciones para saber si eres un niño de los noventa. **242**

24. Instrucciones para ganar unas elecciones **252**

25. Instrucciones para decorar un árbol **260**

→ *Instrucciones para construir una autopista* **271**

26. Instrucciones para llegar rápido a algún sitio **272**

27. Instrucciones para llegar a tiempo. **284**

28. Instrucciones para deshacerse de este libro **293**

Agradecimientos **303**

Bibliografía **304**

Índice alfabético **312**

→ *Instrucciones para cambiar una bombilla* **320**

Aviso legal

No intentes nada de esto en casa. El autor de este libro es un dibujante de internet, no un experto en salud o seguridad. A él le gusta que las cosas se incendien o exploten, lo que significa que no tiene en cuenta qué es lo mejor para ti. El editor y el autor no se responsabilizan de ningún efecto adverso resultante, directa o indirectamente, de la información contenida en este libro.

¡Hola!

Este libro está lleno de malas ideas.

O, al menos, son malas ideas la mayoría de las que aparecen en él. Es posible que se me haya escapado alguna buena. De ser así, lo siento mucho.

Algunas ideas que parecen ridículas acaban siendo revolucionarias. Untar un corte infectado con moho suena a idea terrible, pero el descubrimiento de la penicilina demostró que podía ser una cura milagrosa. Por otro lado, el mundo está lleno de cosas asquerosas que en realidad se podrían untar en una herida, pero la mayoría de ellas no servirían para curarla. Así que tampoco es que todas las ideas ridículas sean buenas. Pero, entonces…, ¿cómo distinguimos las buenas ideas de las malas?

Siempre podemos probarlas a ver qué pasa. O también, en ocasiones, está la posibilidad de utilizar las matemáticas, la investigación y cosas que ya sabemos para calcular lo que sucederá si lo hacemos.

Cuando la NASA planeó enviar a Marte su vehículo de exploración Curiosity, del tamaño de un coche, tuvo que pensar en cómo hacerlo aterrizar suavemente sobre la superficie. Los vehículos anteriores habían aterrizado utilizando paracaídas y airbags, por lo que los ingenieros de la NASA tuvieron en cuenta esta posibilidad con el Curiosity, pero este era demasiado grande y pesado para que los paracaídas lo frenaran a tiempo en una atmósfera tan fina como la de Marte. También pensaron en montar cohetes en el vehículo para que este pudiera planear y aterrizar con suavidad, pero los gases de escape crearían nubes de polvo que oscurecerían la superficie y dificultarían un aterrizaje seguro.

Finalmente se les ocurrió la idea de una «grúa aérea» —un vehículo que se situaría a gran altura sobre la superficie utilizando cohetes, mientras que el Curiosity bajaría al suelo suspendido de un largo cable—. Daba la impresión de ser una idea ridícula, pero cualquier otra que discurrían les parecía peor. Y cuantas más vueltas le daban a la idea de la «grúa aérea», más les convencía esta. Por lo que la llevaron a la práctica, y funcionó.

Nadie nace sabiendo ya hacer las cosas. Si tenemos suerte, cuando nos toca encargarnos de algo, encontramos a alguien que nos enseña cómo proceder. Pero, a veces, debemos discurrir un modo de hacerlo nosotros solos. Y eso implica pensar ideas y decidir si son buenas o no.

Este libro explora formas poco frecuentes de afrontar tareas comunes, y observar qué ocurriría si las pusieras en práctica. Averiguar si funcionarán o no, y por qué, puede ser divertido, pedagógico y a veces llevarnos a lugares sorprendentes. Quizá una idea sea mala, pero descubrir por qué es exactamente una mala idea puede enseñarnos muchísimas cosas… y tal vez hacernos pensar en un planteamiento mejor.

E incluso si ya conocieras la forma correcta de hacer todas estas cosas, puede resultarte útil intentar mirar el mundo a través de los ojos de alguien que no lo sabe. Porque, al fin y al cabo, cualquiera de esas cosas que «todo el mundo sabe» al llegar a la edad adulta, solo en Estados Unidos, la descubren cada día más de 10.000 personas.

Por eso no me gusta burlarme de la gente que admite no saber algo o que nunca ha aprendido a hacer algo. Porque, si actúas así, lo único que consigues es enseñarles a que no te cuenten cuándo están aprendiendo algo… y te pierdes toda la diversión.

Puede que este libro no te enseñe a lanzar una pelota, a esquiar o a mudarte. Pero espero que aprendas algo de él. Si lo haces, serás uno de los 10.000 afortunados de hoy.

CAPÍTULO 1

Instrucciones para saltar realmente alto

La gente no puede saltar muy alto.

Los jugadores de baloncesto dan unos saltos tremendos para llegar al aro situado en el aire, pero que lo logren se debe sobre todo a su altura. En realidad, un jugador de baloncesto profesional medio solo puede saltar un poco más de 60 centímetros* hacia arriba. Y lo normal para quienes no son deportistas es no pasar de unos 30 centímetros. Si quieres alcanzar más altura, necesitarás ayuda.

Puede facilitarte las cosas, por ejemplo, que vengas corriendo. Esto es lo que hacen los atletas que compiten en salto de altura, y el récord del mundo está en

---

* El original inglés sigue el sistema anglosajón de unidades de medida. En la traducción, y siempre a partir de las cifras que el autor hace constar, se ha optado por convertir las cantidades y unidades según el sistema métrico decimal (Sistema Internacional de Unidades). *(N. del E.)*.

casi dos metros y medio. Sin embargo, esa medida está tomada desde el suelo. Dado que los saltadores de altura tienden a ser altos, su centro de gravedad se encuentra a muchos centímetros del suelo, y debido a la forma en que doblan su cuerpo para pasar por encima del listón, su centro de gravedad puede pasar en realidad *por debajo* de ella. Un salto de altura de 2,5 metros no implica que el centro de gravedad de su cuerpo alcance del todo los 2,5 metros.

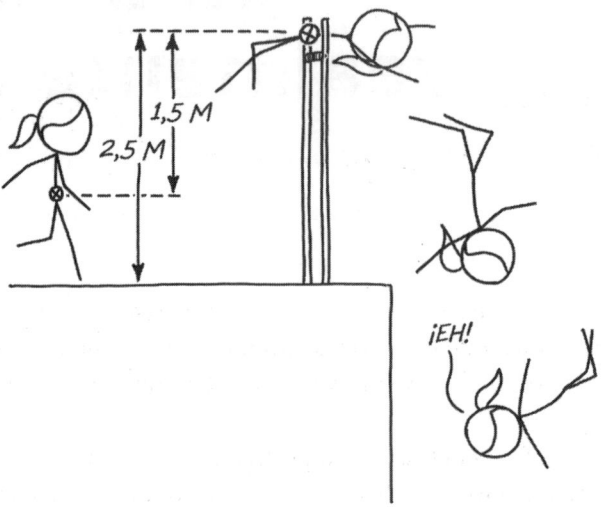

De manera que si quieres batir a un saltador de altura, tienes dos opciones:

1. Dedicar toda tu vida, desde niño, a entrenarte como un atleta hasta que te conviertas en el mejor saltador de altura del mundo.
2. Hacer trampas.

La primera opción es, sin duda, digna de admiración, pero si es la que prefieres llevar a cabo, creo que estás leyendo el libro equivocado. Así que hablemos de la segunda posibilidad.

Hay muchas maneras de hacer trampa en el salto de altura. Podrías utilizar una escalera para superar el listón, pero eso no es *saltar de verdad*. Podrías intentar usar esos zancos con muelles[1] tan populares entre los entusiastas de los deportes extremos, que —si estás bastante en forma— podrían servirte para ganar a un saltador de altura sin ayuda. Pero para conseguir una altura vertical pura y dura, a los atletas ya se les ha ocurrido una técnica mejor: el salto con pértiga.

---

[1] O bien, para los niños que crecieron en los noventa, los Moon Shoes®™ de Nickelodeon®.

CÓMO FUNCIONA EL SALTO CON PÉRTIGA

En el salto con pértiga, los atletas empiezan a correr, clavan una pértiga flexible en el suelo por delante de ellos y se impulsan por el aire. Los saltadores de pértiga pueden propulsarse varias veces más alto que los mejores saltadores de altura sin ayuda.

La explicación física del salto con pértiga es interesante y no gira tanto en torno a la pértiga como se podría pensar. La clave de esta disciplina no es la elasticidad de la pértiga, sino la velocidad de carrera del atleta. La pértiga es solo una forma eficiente de redirigir esa velocidad hacia arriba. En teoría, el saltador podría utilizar algún otro método para cambiar la dirección de *adelante* hacia *arriba*. En vez de clavar una pértiga en el suelo, podría subirse a un monopatín, ascender por una rampa que tuviera una pendiente suave y llegar exactamente a la misma altura que el saltador.

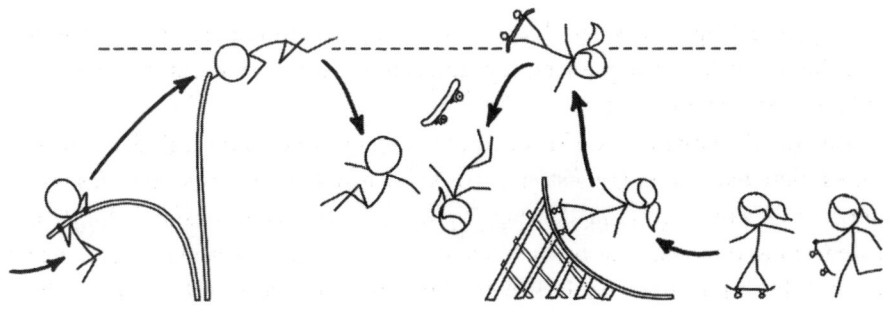

Podemos calcular la altura máxima de un saltador de pértiga utilizando conceptos básicos de física. Un gran velocista puede correr 100 metros en 10 segundos. Si lanzáramos un objeto hacia arriba a esa velocidad, teniendo en cuenta la fuerza de la gravedad de la Tierra, con la ayuda de las matemáticas sabremos a qué altura debería llegar:

$$\text{altura} = \frac{\text{velocidad}^2}{2 \times \text{aceleración de la gravedad}} = \frac{\left(\frac{100 \text{ metros}}{10 \text{ segundos}}\right)^2}{2 \times 9{,}805 \frac{\text{m}}{\text{s}^2}} = 5{,}10 \text{ metros}$$

Dado que el saltador de pértiga va corriendo antes de saltar, su centro de gravedad comienza ya por encima del suelo, lo que aumenta la altura final alcanzada. El centro de gravedad de un adulto normal está más o menos en la zona de su abdomen, normalmente alrededor del 55 % de su altura total. Renaud Lavillenie, plusmarquista mundial de salto con pértiga masculino, mide 1,77 metros, por lo que su centro de gravedad añade aproximadamente otros 97 centímetros, lo que nos daría una altura final prevista de 6,08 metros.

¿Se ha acercado nuestra predicción a la realidad? Bueno, la altura real del récord mundial es de 6,16 metros. Así que, teniendo en cuenta que era una aproximación a vuela pluma…, ¡nos hemos acercado mucho![2]

Obviamente, si te presentas en un campeonato de salto de altura con una pértiga, te descalificarán de inmediato.[3] Pero, aunque los jueces se opusieran, sin duda no se atreverían a detenerte, sobre todo si agitas la pértiga de forma amenazadora mientras te acercas a ellos.

---

[2] La física nos ofrece otro dato interesante sobre los récords mundiales de salto con pértiga. La atracción de la fuerza de la gravedad terrestre varía de un lugar a otro, tanto porque la forma de la Tierra afecta a su gravedad como porque el movimiento giratorio «lanza» las cosas hacia fuera. Estos efectos son mínimos en el gran esquema de las cosas, pero de un lugar a otro la variación puede ser hasta de un 0,7 %. No es que lo vayas a notar si estás dando un paseo, pero si compras una balanza, te será necesario calibrarla, ya que la gravedad en la fábrica puede ser ligeramente diferente a la de su casa.

Y esta variación de la fuerza de gravedad es suficiente para afectar a los récords de salto con pértiga. En junio de 2004, Yelena Isinbáyeva estableció la entonces plusmarca femenina de salto con pértiga en una altura de 4,87 metros. Lo hizo en Gateshead (Inglaterra). Una semana después, Svetlana Feofánova batió su récord por 1 cm, con un salto de 4,88 m. Sin embargo, Feofánova logró esa marca en Heraclión (Grecia), donde la fuerza de la gravedad es ligeramente más débil. La diferencia es lo suficientemente grande como para que, si quisiera, Isinbáyeva pudiera argumentar que Feofánova solo batió el récord debido a la menor fuerza de la gravedad, y que su salto en Gateshead fue el más impresionante.

Al parecer, Isinbáyeva decidió no perderse en complicadas discusiones de física y, en su lugar, optó por una respuesta más sencilla: unas semanas más tarde batió el récord de Feofánova, de nuevo saltando en tierras británicas, donde la gravedad es más fuerte. En 2017 seguía teniendo el récord femenino.

[3] O, al menos, eso supongo. Es posible que nadie lo haya intentado.

SI NO SIGUES *EXACTAMENTE* LAS REGLAS, SINO QUE SOLO LO HACES *MÁS O MENOS...*, *TÉCNICAMENTE* NO SERÍA HACER TRAMPAS, ¿VERDAD?

PERO... TÚ...

¿TÚ ENTIENDES LO QUE SIGNIFICA «TÉCNICAMENTE»?

TÉCNICAMENTE, NO.

Tu marca no pasará a la historia, pero no te preocupes... porque tú siempre sabrás cuánto saltaste.

Pero si estás dispuesto a hacer trampas de verdad, podrás incluso superar los 6 metros. Y por mucho. Solo tienes que encontrar el punto adecuado desde el que lanzarte.

Los velocistas aprovechan la aerodinámica. Llevan trajes estilizados y ajustados para reducir la resistencia del aire, lo que los ayuda a ganar mayor velocidad y, por tanto, a volar más alto.[4] ¿Por qué no ir un poco más allá?

Obviamente propulsarse hacia adelante con una hélice o un cohete no vale. Nadie sería capaz de defender en serio que se tratara de un «salto».[5] Eso no sería saltar, sería volar. Pero tal vez no haya nada de malo en... planear un poco.

La trayectoria de todo objeto al caer se ve afectada por el movimiento del aire a su alrededor. Los saltadores de esquí se colocan de modo que puedan obtener un gran impulso aerodinámico en sus saltos. Si estás en una zona donde soplen los vientos adecuados, puedes hacer lo mismo.

---

[4] En el momento de escribir este artículo no existe un récord mundial de salto de altura llevando un miriñaque victoriano, pero si lo hubiera, probablemente sería más bajo que el récord normal.

[5] Una cosa es que propongamos hacer trampas, y otra hacer *tantas trampas*.

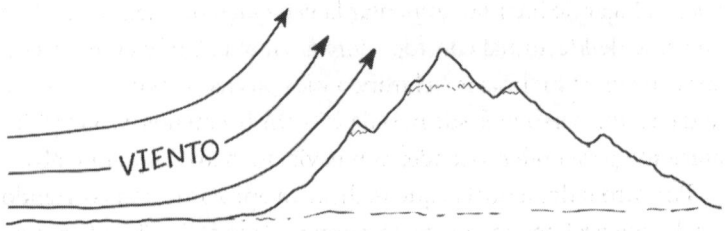

Cuando los velocistas corren con el viento a favor, pueden alcanzar mayor rapidez. De la misma forma, si saltas en una zona donde el viento sopla hacia arriba, puedes alcanzar mayor altura.

Te hará falta un viento fuerte para empujarte hacia arriba, uno que sople más rápido que tu *velocidad terminal*. Tu velocidad terminal es la velocidad máxima que alcanzarás al caer en el aire, cuando la fuerza del aire que pasa equilibra la aceleración de la gravedad que tira de ti hacia abajo. O lo que es lo mismo: la velocidad mínima del viento hacia arriba que sería necesaria para alzarte del suelo. Dado que todo movimiento es relativo, en realidad no importa que estés cayendo a través del aire o que el aire esté empujándote hacia arriba.[6]

Las personas somos mucho más densas que el aire, por lo que nuestra velocidad terminal es bastante alta. Así, la velocidad terminal de alguien que cae es superior a 200 kilómetros por hora. Para obtener un gran empuje del viento, necesitarás que la velocidad del viento ascendente esté al menos en el mismo rango que tu velocidad terminal. Si el viento es mucho más lento, no afectará gran cosa a la altura de tu salto.

Las aves utilizan columnas de aire caliente ascendente —llamadas térmicas— como si fueran ascensores. Así, los pájaros se elevan en círculos sin aletear, permitiendo que el aire ascendente los empuje hacia arriba. Estas corrientes térmicas ascendentes son relativamente débiles; para elevar tu cuerpo, mucho más pesado, necesitarás encontrar una fuente de aire ascendente más fuerte.

Algunas de las corrientes ascendentes más fuertes que podemos encontrar cerca del suelo se producen junto a las crestas de las montañas. Cuando el viento se topa con una montaña o cresta, el flujo de aire puede desviarse hacia arriba. Y, en según qué zonas, estos vientos pueden ser bastante rápidos.

Por desgracia, incluso en los lugares donde las corrientes son mayores, los vientos verticales no suelen acercarse a la velocidad terminal de un ser humano. En el mejor de los casos, solo se gana un poco de altura con la ayuda del viento.[7]

---

[6] Al menos, desde el punto de vista de la física. Quizá a ti sí que te importe muchísimo.

[7] Además tendrías que convencer a los jueces de que la competición se celebrara al borde de un acantilado, lo que tal vez te costara un poco.

Así que, en lugar de intentar aumentar la velocidad del viento, puedes tratar de reducir tu velocidad terminal con ropa aerodinámica. Un buen traje aéreo —con membranas que unen los brazos y el tronco y las piernas— puede reducir la velocidad de caída de una persona desde más de 200 km/h a menos de 50 km/h. Seguiría sin ser suficiente para poder ascender con el viento, pero sí *añadiría* algo de altura a tu salto. Por otro lado, tendrías que realizar tu aproximación corriendo con un traje aéreo, lo que probablemente contrarrestaría la ventaja añadida por el viento.

Para que tu salto ganara una altura considerable, tienes que ir más allá de los trajes aéreos, y pasarte al mundo de los paracaídas y parapentes. Estos grandes artilugios reducen la velocidad de caída de una persona lo suficiente como para que los vientos de superficie sean lo bastante fuertes como para elevarla. Los parapentistas expertos pueden lanzarse desde el suelo y aprovechar los vientos de las crestas y las columnas térmicas hasta cientos de metros.

Pero si de verdad quieres lograr un *auténtico* récord de salto de altura, puedes hacerlo todavía mejor.

En la mayoría de las zonas en las que el aire fluye por encima de las montañas, esas «ondas de montaña» se extienden solo hasta la parte baja de la atmósfera, lo que limita la altura que pueden alcanzar los planeadores. Pero en algunos lugares, cuando las condiciones son las adecuadas, estas perturbaciones pueden interactuar con el vórtice polar y el chorro polar nocturno,[8] creando ondas que llegan hasta la estratosfera.

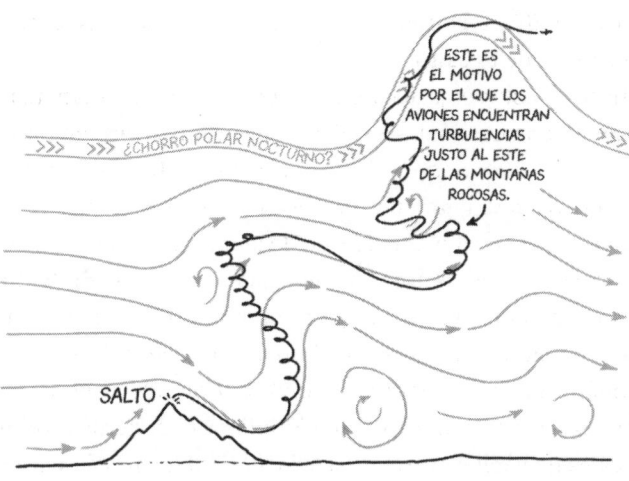

---

[8] El *chorro polar nocturno* es una corriente de viento de gran altitud que existe cerca del Ártico y el Antártico en determinadas épocas del año. No hay que confundirlo con el conmovedor libro infantil ilustrado del mismo título en el que un niño visita a Papá Noel una noche volando al Polo Norte en un mágico bombardero indetectable al radar.

En 2006, los pilotos de planeadores Steve Fossett y Einar Enevoldson cabalgaron ondas estratosféricas a más de 15.000 metros sobre el nivel del mar. Es casi el doble de la altura del Everest, y una cota también superior a la de los vuelos de mayor altitud de las aerolíneas comerciales. Ese vuelo estableció un nuevo récord de altitud de un planeador. Fossett y Enevoldson afirmaron que podrían haber ascendido aún más las ondas estratosféricas y que solo se volvieron porque la baja presión del aire hizo que sus trajes presurizados se inflaran tanto que no podían manejar los controles.

Así que, si quieres saltar muy alto, solo tienes que construirte un traje de planeador —puedes hacerte uno con resina de fibra de vidrio y fibra de carbono— y dirigirte a las montañas de Argentina.

De modo que…, si encuentras el lugar adecuado y las condiciones son *justo* las ideales, puedes enfundarte tu traje de planeador,[9] saltar al aire, subirte a la corriente de la cresta y cabalgar el viento hasta la estratosfera. Posiblemente, un

---

[9] Ah, también tendrás que presurizar la cabina del planeador a tu alrededor, pero eso no tendría por qué ser muy difícil, ¿verdad? Solo has de hacer que la carcasa de fibra de vidrio sea hermética y añadirle un tubo para respirar. Cuando estés a unos cuantos kilómetros de altitud y la presión atmosférica empiece a caer, acuérdate de pinchar la manguera para quedar sellado. Puede que estés

piloto de planeador que se suba a estas ondas sea capaz de navegar a mayor altura que cualquier otra aeronave con alas. ¡No está mal para un solo salto![10]

Y si tienes mucha suerte, tal vez puedas encontrar un lugar con estas condiciones de viento cerca de donde se celebren los Juegos Olímpicos. Así, cuando saltes desde la cresta, los vientos de la estratosfera te llevarán por encima del estadio…

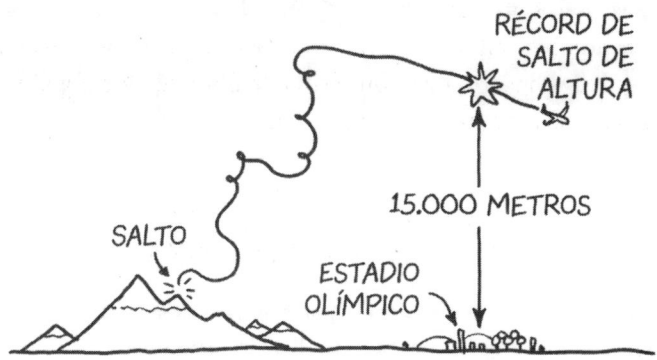

… permitiéndote establecer el mayor récord de salto de altura en la historia del deporte.

Es probable que no te den una medalla, pero no pasa nada. Tú sabrás que eres el auténtico campeón.

---

allí arriba durante un tiempo, así que intenta que la cabina sea lo bastante grande como para que no se te acabe el aire.

[10] Nos hemos olvidado de las puertas, por tanto, cuando aterrices, llama a un amigo para que venga a abrir tu planeador con un martillo.

CAPÍTULO 2

Instrucciones para organizar una fiesta en la piscina

Has decidido organizar una fiesta en la piscina. Lo tienes todo preparado: aperitivos, bebidas, colchonetas hinchables, toallas, incluso esos aros que tiras al agua y que luego tienes que recuperar buceando. Sin embargo, la noche anterior a la fiesta no puedes quitarte de encima la sensación de que te falta algo. Al echar un vistazo al jardín, te das cuenta enseguida.

No tienes piscina.

Que no cunda el pánico. Puedes resolver el problema. Solo necesitas un montón de agua y un recipiente donde ponerla. Primero ocupémonos del recipiente.

Sobre todo, hay dos tipos de piscinas: las *enterradas* y las *elevadas*.

PISCINA ENTERRADA

En realidad, una piscina enterrada no es más que un agujero elegante. Este tipo de piscina puede suponer más trabajo de instalación, pero también es menos probable que se te derrumbe en medio de la fiesta.

Si quieres construir una piscina de este tipo, consulta primero el capítulo 3: Instrucciones para cavar un agujero. Utiliza lo que allí se explica para cavar un agujero de aproximadamente 6 metros de ancho por 10 metros de largo por metro y medio de profundidad. Una vez que hayas realizado un agujero del tamaño adecuado, es posible que quieras forrar las paredes con algún tipo de revestimiento para evitar que el agua se convierta en lodo o se escurra antes de que la fiesta termine. Si tienes por ahí algunas láminas de plástico o lonas gigantes, puedes utilizarlas, o también puedes probar con un revestimiento de goma en espray; los hay diseñados para revestir los lechos de los estanques ornamentales, tipo los de los peces koi. Solo tienes que contarle a quien te lo vaya a vender que tienes un estanque ornamental enorme.

ALTERNATIVA: PISCINA ELEVADA

Si crees que una piscina enterrada no es la mejor idea, puedes montar una piscina elevada. El diseño de este tipo de piscinas es relativamente sencillo:

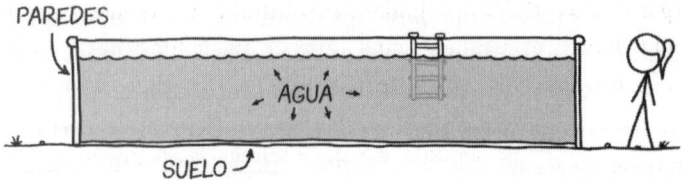

Por desgracia, el agua pesa. Y si no me crees, pregúntaselo a cualquiera que haya llenado una pecera en el suelo y luego haya tratado de subirla a una mesa. La gravedad tira del agua hacia abajo, pero el suelo empuja con la misma fuerza. La presión del agua se redirige hacia fuera, hacia las paredes de la piscina, que se estiran en todas las direcciones. Esta tensión, llamada *tensión circunferencial (o de aro)*, es más fuerte en la base de la pared, donde la presión del agua es más alta. Si la tensión circunferencial supera la resistencia a la tracción de la pared, esta reventará.[11]

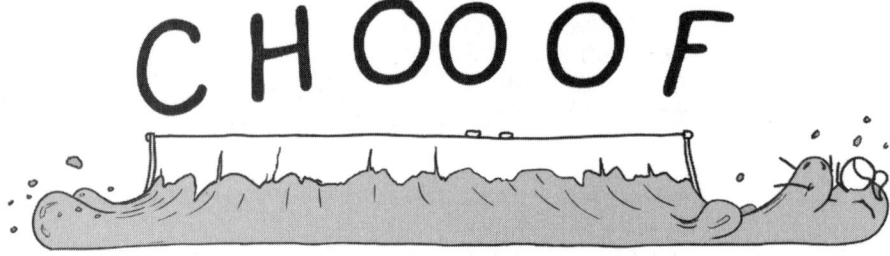

Escojamos un material; por ejemplo, el papel de aluminio. ¿Qué profundidad podría tener el agua en una piscina con paredes de papel de aluminio antes de que estallaran los lados? Podemos averiguar la respuesta a esta pregunta, y a muchas otras cuestiones sobre el diseño de piscinas, utilizando la fórmula de la tensión circunferencial:

$$\text{tensión circunferencial} = \text{profundidad del agua} \times \text{densidad del agua} \times \text{fuerza de la gravedad} \times \frac{\text{radio de la piscina}}{\text{grosor de las paredes}}$$

---

[11] En la práctica es probable que reviente antes de llegar a ese punto, gracias a las irregularidades de los materiales y sus particulares «curvas de fluencia», pero podemos utilizar la resistencia a la tracción simple como aproximación.

Hagamos números con el papel de aluminio. El aluminio tiene una resistencia a la tracción de unos 300 megapascales (MPa), y las láminas de papel de aluminio tienen un grosor aproximado de 0,02 mm. Imaginemos que nuestra piscina tiene 9 metros de diámetro, con lo que tendríamos mucho espacio para jugar. Podemos introducir estos valores en la ecuación de la tensión circunferencial y reorganizarlo todo para calcular la profundidad que puede alcanzar el agua de nuestra brillante y arrugada piscina antes de que la tensión circunferencial sea igual a la resistencia a la tracción del aluminio y las paredes se vengan abajo:

$$\text{profundidad del agua} = \frac{\text{grosor de las paredes} \times \text{resistencia a la tracción de las paredes}}{\text{densidad del agua} \times \text{fuerza de la gravedad} \times \text{radio de la piscina}}$$

$$= \frac{0{,}02 \text{ mm} \times 300 \text{ MPa}}{1 \frac{\text{kg}}{\text{L}} \times 9{,}8 \frac{\text{m}}{\text{s}^2} \times \frac{9 \text{ m}}{2}} \approx 12{,}5 \text{ cm}$$

Lamentablemente, 12,5 centímetros de agua no son suficientes para dar una fiesta en la piscina.

Si cambiáramos el fino papel de aluminio por trozos de madera de un centímetro de grosor, los números nos saldrían mucho mejor. La madera tiene una menor resistencia a la tracción que el papel de aluminio, pero lo compensa con su mayor grosor: podría contener hasta 22 metros de profundidad de agua. Así que, si por casualidad tienes por casa un cilindro de madera de 9 metros de diámetro con paredes de 2,5 centímetros de grosor, ¡estás de enhorabuena!

También es posible reajustar la ecuación para saber qué grosor deben tener las paredes de la piscina a fin de que soporten la profundidad de agua deseada. Supongamos que queremos que nuestra piscina tenga 90 cm de profundidad. Dada la resistencia a la tracción de un material dado, esta versión de la fórmula nos indica el grosor mínimo que necesitan tener las paredes para retener el agua:

$$\text{grosor de las paredes} = \frac{\text{profundidad del agua} \times \text{densidad del agua} \times \text{fuerza de la gravedad} \times \text{radio de la piscina}}{\text{resistencia a la tracción de las paredes}}$$

Lo bueno de la física es que hace posible calcular todo esto con cualquier material que quieras, incluso aunque se trate de uno ridículo. A la física le da lo mismo que lo que le plantees sea raro. Simplemente te da la respuesta, sin juzgarte. Por ejemplo, según el exhaustivo manual *Cheese Rheology and Texture*, de 456 páginas, el queso de Gruyère duro tiene una resistencia a la tracción de 70 kPa (kilopascales). Introduzcámoslo en la fórmula.

$$\text{grosor de las paredes} = \frac{90 \text{ cm} \times 1\,\frac{\text{kg}}{\text{L}} \times 9{,}8\,\frac{\text{m}}{\text{s}^2} \times \frac{900 \text{ cm}}{2}}{70 \text{ kPa}} \approx 60 \text{ cm}$$

¡Buenas noticias! Solo necesitarás una pared de queso de 60 cm de grosor para contener tu piscina. Lo malo es que puede que te cueste convencer a alguien de que se tire al agua...

Teniendo en cuenta los problemas prácticos que puede generarte el queso, quizá deberías ceñirte a los materiales tradicionales, como el plástico y la fibra de vidrio. Esta última tiene una resistencia a la tracción de unos 150 MPa, lo que significa que una pared de apenas un milímetro de grosor sería lo suficientemente fuerte como para contener el agua sin problema.

CONSIGUE ALGO DE AGUA

Ahora que ya tienes la piscina —sea enterrada o elevada—, sin duda necesitarás algo de agua. Sí…, pero ¿cuánta?

Las piscinas enterradas pueden ser de muchas dimensiones, pero una de tamaño medio lo bastante grande como para tener un trampolín puede contener unos 75.000 litros de agua.

Si dispones de una manguera de jardín y suministro municipal de agua, entonces podrías llenar la piscina de esa manera. Pero que esto se pueda hacer *rápidamente* ya dependería del caudal de la manguera.

Si cuentas con una buena presión de agua y una manguera de gran diámetro, tu caudal podría estar entre 35 o 75 litros por minuto, lo que es suficiente para llenar la piscina en un día, aproximadamente. Pero si el caudal es demasiado bajo —o si necesitas sacar el agua de un pozo, que puede agotarse antes de llenar la piscina—, quizá tengas que buscar otra solución.

AGUA POR INTERNET

En muchas zonas del mundo, las empresas de venta por internet como Amazon ofrecen entregarte el pedido en el mismo día. Un paquete de 24 botellas de agua de la marca Fiji cuesta en la actualidad unos 25 dólares. Así que si te sobran 150.000 dólares —más aproximadamente otros 100.000 para que te la entreguen en el mismo día—, puedes encargar toda el agua de una piscina y que te la traigan embotellada. La ventaja es que el agua de tu nueva piscina será íntegramente mineral y vendría desde Fiji.

Sin embargo, esto también supondrá un nuevo reto. Porque, cuando te llegue el agua, tendrás que meterla toda en la piscina. Y puede que eso sea más complicado de lo que en principio podrías pensar. Por supuesto, puedes ponerte a desenroscar el tapón de cada botella y verter el agua en la piscina una por una, pero esto te llevaría unos segundos por botella. Y como hay 150.000 botellas —pero solo 86.400 segundos en un día—, cualquier cosa que te lleve más de un segundo por botella no te va a servir.

ATACA LAS BOTELLAS

Podrías intentar cortar los tapones de un paquete entero de 24 botellas con una espada. Hay muchos vídeos a cámara lenta que muestran a gente rebanando una fila de botellas de agua con una espada. A juzgar por las imágenes, debe de ser dificilísimo de hacer, ya que la espada tiende a desviarse hacia arriba o hacia abajo al atravesar las botellas. Por tanto, incluso aunque fueras capaz de ejecutar un movimiento lo bastante preciso, además de tener la fuerza y la resistencia del brazo requeridas, usar este tipo de arma blanca probablemente resultaría demasiado lento.

Las armas de fuego tampoco te servirían de mucha ayuda. Si llevas a cabo una planificación cuidadosa y un montaje eficaz, tal vez pudieras usar algún tipo de metralleta para perforar todas las botellas de una caja a la vez, pero aun así seguiría siendo difícil lograr que se vacíen por completo con la suficiente rapidez como para que te diera tiempo a hacerlo con todas. Además, acabarías teniendo una piscina llena de plomo, material que se corroería —sobre todo si le añades cloro al agua— y podría acabar contaminando las aguas subterráneas.

Existe una gran variedad de armas cada vez más potentes que podrías usar para intentar abrir estas botellas en un santiamén, pero no las repasaremos todas aquí. Sin embargo, antes de dejar las armas y pasar a una solución más práctica, consideremos durante un momento la opción más extrema y menos práctica de todas. ¿Sería posible abrir las botellas con bombas nucleares?

Precisamente porque se trata de una sugerencia del todo ridícula, no debería sorprendernos que fuera estudiada por el Gobierno estadounidense durante la Guerra Fría. A comienzos de 1955, la Administración Federal de Defensa Civil compró cerveza, refrescos y agua carbonatada en tiendas locales, y luego realizó pruebas nucleares sobre ellas.[12]

Por supuesto, no estaban intentando *abrir* las bebidas. El objetivo de la prueba era ver si los envases resistían y si el contenido se contaminaba. Quienes se encargaban de la defensa civil pensaron que, en caso de producirse una explosión nuclear en una ciudad estadounidense, los primeros en actuar seguramente necesitarían agua potable, y querían saber si las bebidas comerciales servirían como fuente segura de hidratación.[13]

Los detalles de esta guerra nuclear del gobierno contra la cerveza están explicados en un informe de diecisiete páginas titulado *The Effect of Nuclear Explosions on Commercially Packaged Beverages* [El efecto de las explosiones nucleares

---

[12] Sobre las bebidas, no sobre las tiendas.

[13] Se centraron en particular en la cerveza, lo que en realidad no parece ser lo ideal para recuperarse de un ataque nuclear, y hace que uno se pregunte si no sería más bien que todo el programa de pruebas se organizó de forma apresurada como tapadera cuando alguien fue sorprendido cargando bebidas a su cuenta de trabajo.

en las bebidas envasadas para su venta], cuya copia fue desenterrada por el historiador nuclear Alex Wellerstein.

El informe describe cómo se colocaron las botellas y las latas en distintos lugares del centro de pruebas de Nevada para llevar a cabo cada explosión. Algunas estaban en neveras, otras en estanterías y otras en el suelo.[14] El experimento se realizó dos veces, durante dos pruebas nucleares diferentes, como parte de la Operación Tetera.

Las bebidas se comportaron sorprendentemente bien. La mayoría de ellas sobrevivieron intactas a la explosión. Las que no superaron la deflagración fueron en su mayoría perforadas por los escombros que salieron despedidos o explotaron al caer de los estantes. Asimismo, mostraron bajos niveles de contaminación radiactiva, e incluso sabían bien.

Se enviaron muestras de cerveza después de la explosión para someterlas a «pruebas cuidadosamente controladas» por parte de cinco «laboratorios cualificados».[15] El consenso fue que mayoritariamente la cerveza sabía bien. Se llegó a la conclusión de que la cerveza recuperada tras una explosión nuclear serviría como fuente segura de hidratación de emergencia, pero que debería someterse a pruebas más cuidadosas antes de que se comercializara de nuevo.

Las botellas de plástico no eran comunes en la década de 1950, por lo que en todas las pruebas se usaron envases de vidrio y metal. Sin embargo, los test siguen sugiriendo que quizá las armas nucleares no sean los mejores abridores de botellas.

TRITURADORAS INDUSTRIALES

Afortunadamente para nosotros, sí existe un tipo de aparato que puede lograr lo que pretendemos mucho más rápido que una espada, un arma de fuego o una bomba nuclear: una trituradora industrial de plástico. Estas máquinas se utilizan en los centros de reciclaje para triturar grandes volúmenes de botellas de plástico y, además, son capaces de colar el líquido.

---

[14] En una muestra de extraña y excesiva atención por los detalles, las botellas situadas en el suelo se colocaron en una variedad de ángulos cuidadosamente medidos en relación con la zona cero: algunas con el extremo superior o inferior apuntando hacia esta, otras formando ángulos de 45º respecto a ella y otras en posición vertical. Tal vez querían ver en qué dirección debían guardarse las botellas en relación con el centro de la ciudad para maximizar las posibilidades de que sobrevivieran a un ataque nuclear.

[15] Espero que esto sea un eufemismo de «amigos nuestros».

Una trituradora como la Brentwood AZ15WL 15kW puede ocuparse de unas 30 toneladas por hora —incluyendo tanto plástico como líquido, según los folletos comerciales del fabricante—. Esto te permitiría llenar la piscina en poco más de dos horas.

El precio de las trituradoras industriales oscila entre cinco y seis cifras, lo que es mucho para una sola fiesta (aunque no supone casi nada en comparación con lo que ya te has gastado en botellas de agua). Pero tal vez si les mencionas cuántas armas nucleares tienes, seas capaz de convencerlos de que te hagan un descuento.

DEJA QUE OTRO HAGA EL TRABAJO

Si otra persona tiene una piscina cerca que se encuentre situada a una altura ligeramente superior, puedes robarle el agua con un sifón. Si consigues conectar las dos piscinas con un tubo de agua, tal vez logres que el agua fluya de forma constante de su piscina a la tuya.

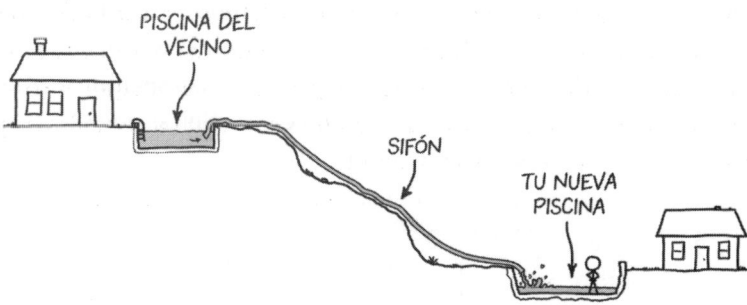

Nota: los sifones pueden elevar el agua de una piscina y superar pequeñas barreras, como las vallas, pero si el centro del sifón está situado a más de 9 metros por encima de la superficie de la piscina de tu vecino, el agua no fluirá. Los sifones funcionan gracias a la presión atmosférica, y la presión del aire en nuestro planeta solo es capaz de empujar el agua en contra de la gravedad unos 9 metros hacia arriba.

OBTÉN EL AGUA FABRICÁNDOLA

El agua está formada por hidrógeno y oxígeno. Hay mucho oxígeno en la atmósfera,[16] y si bien el hidrógeno no es tan frecuente, tampoco es que sea demasiado difícil de encontrar.

La buena noticia es que si consigues juntar un montón de hidrógeno y oxígeno, te resultará fácil convertirlo en agua. Basta con suministrar un poco de calor y la reacción química hará el resto. De hecho, lo complicado es detenerla.

La mala noticia es que a veces la reacción química se inicia por accidente. De hecho, hubo un tiempo en que se utilizaban unas grandes naves aéreas llenas de hidrógeno para volar por ahí, pero después de algunos incidentes bastante espectaculares en la década de 1930, se decidió sustituir el hidrógeno por helio. Hoy en día, si necesitas hidrógeno, la mejor forma de conseguirlo es recoger y reprocesar el subproducto de la extracción de combustibles fósiles.

MEJOR FORMA DE CONSEGUIR HIDRÓGENO

DESPERDICIOS INDUSTRIALES	PIRATERÍA AÉREA	DESPERDICIOS INDUSTRIALES
	1930	2020

---

[16] A partir de 2019.

OBTÉN EL AGUA DEL AIRE

No te hace falta combinar el hidrógeno y el oxígeno para crear agua cuando en el aire ya existe H_2O flotando en forma de vapor (eso que se condensa para formar nubes y que a veces incluso cae en forma de lluvia). De media, cada metro cuadrado de la Tierra tiene unos 22 litros de agua en la columna de aire que hay sobre ella, el equivalente a un par de cajas de 24 botellas de medio litro.[17]

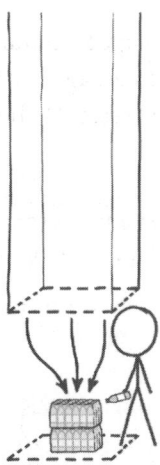

Si toda esa agua cayera en forma de lluvia, formaría una capa de unos dos centímetros y medio de grosor. Si tu finca tiene una extensión de media hectárea, y el aire sobre ella una humedad media, entonces dispones de unos 95.000 litros de agua en el aire. Y eso es suficiente para llenar una piscina. Por desgracia, gran parte de esa agua está muy arriba y es difícil de alcanzar. Molaría que pudiéramos hacer que el agua cayera en el momento justo, pero a pesar de los recurrentes intentos de sembrar nubes, nadie ha encontrado aún la manera de inducir la lluvia de forma fiable.

---

[17] Esto no es más que un promedio: la cantidad total de agua por metro cuadrado varía desde casi nada, en el aire frío de los desiertos, hasta 75 litros por metro cuadrado de tierra, en un día húmedo en los trópicos.

La forma habitual de extraer el agua del aire es hacer que este pase por una superficie fría, para que así el agua se condense en forma de rocío. Para sacar toda el agua del aire, tendrías que construir una torre de refrigeración de varios kilómetros de altura. Afortunadamente, el aire se mueve él solito, así que no hace falta que levantes una torre tan enorme: solo con que haya brisa podrás recoger la humedad del aire cuando pase por tu casa.

Sin embargo, recoger la humedad no es un modo en absoluto eficiente de obtener agua, ya que hace falta mucha energía para enfriar y condensar el agua del aire. En la mayoría de los casos, se gastaría mucha menos energía si simplemente lleváramos un camión hasta una zona en la que hubiera más agua, lo llenáramos y condujéramos de vuelta. Además, incluso suponiendo unas condiciones ideales, es probable que este tipo de humidificador no produjera suficiente agua para llenar tu piscina en un futuro próximo, y encima podría molestar a tus vecinos, a quienes les taparías la brisa.

OBTÉN EL AGUA DEL MAR

En el mar hay muchísima agua,[18] por lo que seguramente a nadie le moleste que te lleves un poco. Si tu piscina está situada por debajo del nivel del mar y no te importa llenarla de agua salada, esta opción podría servirte. Lo único que tienes que hacer es cavar un canal y dejar que el mar entre.

De hecho, esto ya ha ocurrido en la vida real, aunque por accidente, y bastante grave.

En su día, Malasia fue el mayor productor de estaño del mundo. Una de las minas de donde se extraía este material se construyó cerca de su costa occidental, a apenas unos cientos de metros del océano. Tras el colapso del mercado del estaño en la década de 1980, esta mina fue abandonada. El 21 de octubre de 1993, el agua rompió la estrecha barrera que separaba la mina del mar, lo que provocó que el océano se precipitara y llenara la mina en cuestión de minutos. La laguna que creó la inundación sigue existiendo hoy en día, y puede verse en los mapas (coordenadas 4,40° N-100,59° E). El cataclismo fue captado en vídeo por un transeúnte, que subió las imágenes a internet. A pesar de que tiene una calidad muy pobre, es una de las filmaciones más asombrosas jamás grabadas.[19]

Si, en cambio, el fondo de tu piscina se encuentra por encima del nivel del mar, conectarla al océano no te servirá de nada, pues el agua fluiría cuesta abajo hacia el mar. Pero ¿y si fueras capaz de llevar el mar hasta ti?

Pues estás de suerte, porque eso es justo lo que está ocurriendo te guste o no. Debido al calor atrapado por los gases de efecto invernadero, el nivel del mar lleva muchas décadas subiendo. Este fenómeno se debe a una combinación del deshielo y la expansión térmica del agua. Así que…, si deseas llenar tu piscina, tienes la opción de intentar acelerar la subida del nivel del mar. Obviamente, esto

---

[18] [Necesitaríamos una cita científica que lo respaldara].

[19] Busca en Google «Pantai Remis landslide» [desprendimiento de tierra de Pantai Remis].

empeoraría el inconmensurable peaje ecológico y humano del cambio climático, pero, eso sí, podrías organizar tu estupenda fiesta en la piscina.

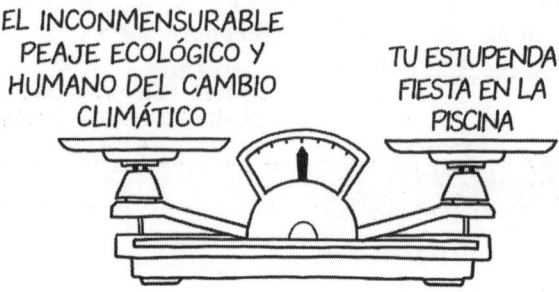

Si quisieras provocar una rápida subida del nivel del mar, y por casualidad tuvieras una gigantesca capa de hielo sobre el terreno cercano a tu casa, quizá se te ocurra que derretirla sería una gran manera de elevar el nivel del mar.

Sin embargo, debido a un fenómeno físico contraintuitivo, derretir una capa de hielo junto a tu casa podría en realidad *hacer bajar* el nivel del mar. Lo que deberías hacer es derretir el hielo *del otro lado del planeta*.

La causa de este extraño efecto es la gravedad. El hielo pesa mucho y, cuando está en tierra, atrae ligeramente el océano hacia él. Al derretirse, el nivel del agua sube por término medio, pero como ya no se ve atraído con tanta fuerza hacia la tierra, puede bajar en la zona que rodea al hielo derretido.

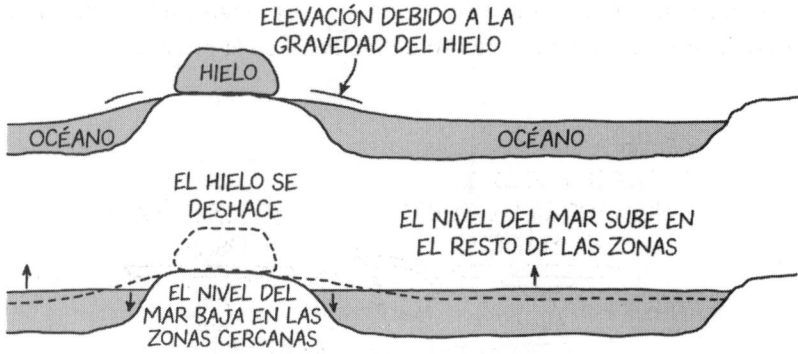

Cuando el hielo del casquete polar antártico se derrite, el nivel del mar sube más en el hemisferio norte. Por el contrario, cuando se derrite el hielo de Groenlandia, el nivel del mar sube más en torno a Australia y Nueva Zelanda. Así que, si quieres que el nivel del mar suba cerca de donde vives tú, tendrás que comprobar si hay una capa de hielo al otro lado del planeta. Y, en ese caso, esa es la que debes derretir.

OBTÉN EL AGUA DE LA TIERRA

En el caso de que no encuentres un casquete polar que te venga bien derretir —o que no pretendas contribuir a la subida global del nivel del mar—, podrías intentar hacer lo mismo que llevan haciendo los agricultores para conseguir agua desde hace miles de años: tomar prestado un río.

Seguro que eres capaz de encontrar un río cercano y animarlo —mediante una presa temporal— a fluir hacia tu piscina el tiempo suficiente para que esta se llene. Pero ten cuidado: este tipo de proyectos ya ha salido mal en ocasiones anteriores.

En 1905, unos ingenieros situados en la frontera entre California y Arizona estaban realizando canales de riego para llevar agua a las granjas desde el río Colorado. Lamentablemente, su misión de desviar el agua tuvo *demasiado* éxito. El agua que entraba en el nuevo canal comenzó a erosionar un cauce más profundo y amplio, lo que a su vez permitió que entrara más agua. Antes de que pudieran quitar el tapón,[20] el río había quedado encauzado por completo. Inundó un valle que estaba seco y situado aguas abajo del proyecto de irrigación, llenándolo y creando un nuevo mar interior, de modo completamente accidental.

---

[20] O ponerlo, más bien.

En la actualidad, este lago Saltón, que ha sufrido crecidas y descensos de nivel durante el último siglo, se está secando a medida que se desvía agua para el riego. Pero desde el lecho seco del lago, contaminado por la escorrentía agrícola y otros agentes nocivos, el viento arrastra un polvo que cruza las ciudades cercanas, haciendo a veces difícil respirar. Además, el agua adulterada y cada vez más salada ha provocado la muerte masiva de la vida acuática, y las algas en descomposición y los peces muertos han creado un omnipresente hedor a huevo podrido que en ocasiones llega incluso hasta Los Ángeles.

Todo esto puede sonar mal, pero no te preocupes: llevó un tiempo que esas desastrosas consecuencias medioambientales se desarrollaran.

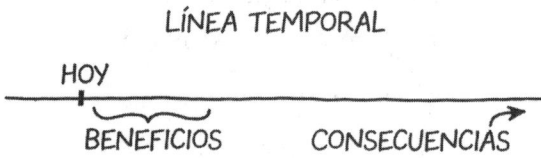

De hecho, este lago Saltón tuvo incluso su momento de gloria como destino turístico, con clubes de yates, hoteles de lujo y bañistas. Más tarde, cuando las condiciones del mar se deterioraron, los complejos vacacionales se convirtieron en pueblos fantasma. Pero de todas esas consecuencias ya te preocuparás mañana.

Porque hoy... ¡es la fiesta de la piscina!

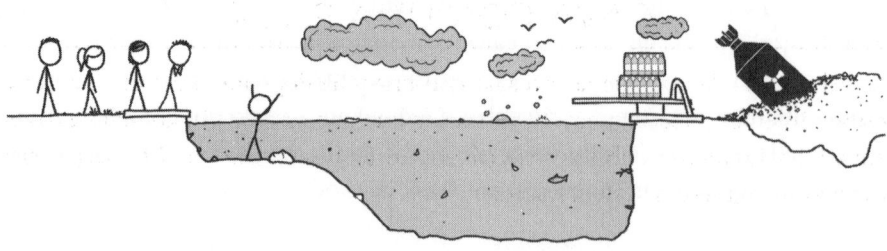

CAPÍTULO 3

Instrucciones para cavar un agujero

Uno puede tener muchos motivos para cavar agujeros. Tal vez quieras plantar un árbol, instalar una piscina enterrada o construir una calzada. O quizá hayas encontrado un mapa del tesoro y quieras desenterrar lo que marque la X.

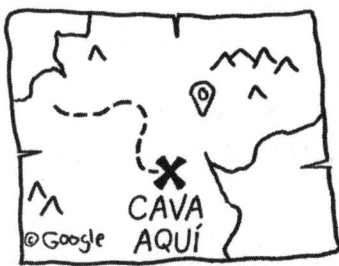

Cómo cavar un agujero de la mejor forma depende del tamaño del hoyo que quieras hacer. La herramienta más útil para llevarlo a cabo es una pala.

CAVA CON UNA PALA

La velocidad a la que puedas excavar con una pala dependerá del tipo de tierra donde intentes hacerlo, pero lo normal es que con este sistema puedas extraer entre 0,3 y 1,0 metros cúbicos de tierra por hora. A ese ritmo, en 12 horas podrías excavar un agujero de este tamaño:

Pero si estás cavando un agujero para desenterrar un tesoro, en algún momento querrás plantearte la parte económica del proceso.

Cavar agujeros supone un trabajo, y el trabajo se puede medir en dinero. Según la Oficina de Estadísticas Laborales estadounidense, los trabajadores de la construcción ganan una media de 18 dólares por hora. La tarifa que un contratista podría cobrarte por un proyecto de excavación también incluiría el coste de la planificación, el equipo, el transporte hacia y desde el lugar de trabajo, así como la eliminación de cualquier residuo…, así que probablemente suponga una tarifa por hora varias veces superior. Si pasaras 10 horas cavando un agujero para encontrar un tesoro valorado en 50 dólares, estarías trabajando por un salario muy inferior al mínimo. En principio, sería mejor idea que te buscaras un trabajo cavando calzadas en algún sitio y, al final, acabarías ganando más dinero que con el tesoro.

También puede ser que quieras comprobar de nuevo la autenticidad de tu mapa del tesoro pirata, porque los piratas en realidad no enterraban sus tesoros.

Bueno, eso tampoco es del todo cierto. Hubo una vez un pirata que sí enterró un tesoro en algún lugar. Pero fue solo **una vez**. Y todo eso de los tesoros piratas enterrados viene de ese único incidente.

EL TESORO PIRATA ENTERRADO

En 1699, el corsario[21] escocés William Kidd estaba a punto de ser detenido por varios delitos marítimos.[22] Antes de zarpar hacia Boston para enfrentarse a los cargos enterró cierta cantidad de oro y plata en la isla Gardiners, frente al extremo de Long Island en Nueva York, para ponerlos a salvo. No es que fuera exactamente un secreto, dado que lo enterró con el permiso del propietario de la isla, John Gardiner, en un camino situado al oeste de la casa solariega. Kidd fue arrestado y más tarde ejecutado, y el propietario de la isla entregó el tesoro a la Corona.

Lo creas o no, esa es toda la historia real acerca del tesoro pirata enterrado. La razón por la que el «tesoro enterrado» es un tema tan conocido es que la historia

---

[21] Pirata.

[22] Piratería.

del capitán Kidd ayudó a inspirar *La isla del tesoro,* la novela de Robert Louis Stevenson que casi por sí sola[23] creó la imagen moderna que tenemos de los piratas.

En otras palabras, este es el único mapa del tesoro pirata que ha existido nunca, y el tesoro ya ha desaparecido:

Aun así, la escasez de tesoros piratas realmente enterrados no ha impedido que la gente los continúe buscando. Al fin y al cabo, que los piratas no enterraran tesoros no significa que no haya nada valioso bajo tierra. Es cierto que las personas que cavan muchos agujeros, ya sean buscadores de tesoros, arqueólogos o trabajadores de la construcción, encuentran cosas valiosas de vez en cuando.

Pero tal vez también haya algo atractivo en el propio acto de cavar en busca de un tesoro, porque a veces da la impresión de que la gente se pasa un poco.

EL POZO DEL DINERO DE OAK ISLAND

Desde al menos mediados del siglo XIX, la gente cree que hay un tesoro enterrado cerca de un lugar concreto de Oak Island, en Nueva Escocia. Por este motivo, sucesivos grupos de buscadores de tesoros han ido cavando agujeros cada vez más profundos para intentar desenterrarlo. Aunque el origen real de las historias es incierto, a estas alturas se ha convertido casi en un metamito: la mayoría de las pruebas de que hay algo misterioso enterrado en Oak Island consisten en historias sobre pruebas que pueden o no haber sido encontradas por anteriores buscadores.

SEGÚN UNA VIEJA HISTORIA FAMILIAR, MI ABUELO VINO AQUÍ A BUSCAR UN TESORO ENTERRADO.

HE ENCONTRADO PRUEBAS DE QUE ALGUIEN ESTUVO CAVANDO AQUÍ HACE CINCUENTA AÑOS. ¡PODRÍA SER ÉL!

¡TAL VEZ LA HISTORIA SEA REAL!

¡TENEMOS QUE TERMINAR LO QUE ÉL EMPEZÓ!

---

[23] Los piratas hacen muchas cosas por sí solos.

Nunca se ha encontrado ningún tesoro. Incluso si se hubiera enterrado un gran cofre de oro en la isla, el valor del tiempo y el esfuerzo que han invertido las sucesivas generaciones de buscadores de tesoros en su búsqueda superaría ahora casi seguramente el valor del botín.

Entonces ¿cuál es el tamaño del agujero que vale la pena cavar para recuperar diferentes tipos de tesoros?

Un solo doblón de oro —el clásico tesoro pirata— vale actualmente[24, 25] unos 300 dólares. Si supieras dónde está enterrado un doblón, no merecería la pena contratar a alguien para que lo saque, a menos que el trabajo cueste menos de 300 dólares. Y si valoras tu propia mano de obra en 20 dólares/hora, entonces no deberías invertir más de 15 horas en desenterrarlo.

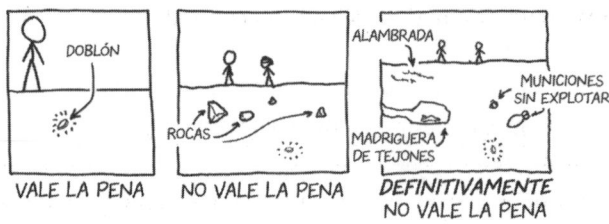

Por otro lado, si el tesoro fuera un cofre de oro, podría valer mucho más de 300 dólares. Un solo lingote de oro de un kilo vale unos 40.000 dólares, por lo que un cofre que contuviera 25 lingotes de oro supondría alrededor de un millón de dólares. Pero si el agujero que tienes que cavar es de más o menos 20.000 metros cúbicos —equivalente a un agujero de 30 m × 30 m × 20 m—, te llevará tanto tiempo realizarlo que el coste de la mano de obra implicada en la excavación será mayor que el valor del tesoro. A ese ritmo sería mejor que te metieras a contratista e hicieras trabajos de excavación.

La pieza individual de «tesoro» tradicional más valiosa del mundo podría ser una piedra preciosa de 12 gramos conocida como el diamante Pink Star, que fue vendida en una subasta en 2017 por 71 millones de dólares. Dicha cantidad es suficiente dinero para emplear a un contratista que cave durante más de mil años, o a mil contratistas que lo hicieran durante más de un año. Si fueras dueño de una parcela de media hectárea de tierra, y supieras que el diamante Pink Star está

---

[24] Para contextualizar, estoy escribiendo esto en el año 1731.

[25] Nota para los historiadores del futuro lejano que encuentren esta página y traten de averiguar en qué año se escribió realmente. Es broma. Estoy escribiendo esto en el año 2044 desde mi aeronave mientras giro alrededor del Polo Sur. Me alegro mucho de que este manuscrito haya sobrevivido para servirles de piedra Rosetta y prometo que me tomaré en serio semejante responsabilidad. Por cierto: aquí, en 2044, todos adoramos a los perros, tememos a las nubes y no comemos más que miel el día de luna llena.

enterrado a un metro de profundidad en algún lugar de tu propiedad, seguramente valdría la pena el gasto para tratar de desenterrarlo. Pero si tu terreno tuviera un kilómetro cuadrado de superficie y el diamante estuviera enterrado a varios metros de profundidad, el coste de contratar a gente para excavar empezaría a acercarse a los 71 millones de dólares, y desenterrarlo ya no merecería la pena.

O al menos no valdría la pena si cavaras con palas.

EXCAVACIÓN DE VACÍO

Si la excavación que tenías en mente es tan grande como para tardar varios años en realizarla a mano, entonces probablemente una pala no sea la herramienta más eficaz para llevarla a cabo, y deberías plantearte técnicas algo más modernas.

Una de ellas podría ser la *excavación de vacío*. Esta técnica consiste en utilizar una aspiradora gigante para eliminar la tierra. Como la mera succión no es lo bastante potente para arrancarla si está compactada, la excavación de vacío combina una aspiradora industrial con un chorro de aire o de agua a mucha presión para fracturar el suelo.

La excavación de vacío es especialmente útil cuando se desea realizar en una zona sin dañar objetos subterráneos, tales como raíces de árboles, tuberías de servicios públicos o incluso tesoros escondidos. El chorro de aire a alta presión levanta la tierra, pero deja intactos los objetos enterrados de mayor tamaño. Además, las excavadoras de vacío pueden extraer muchos metros cúbicos por hora, lo que multiplica por 10 o más el ritmo de excavación.

Los agujeros más grandes se excavan con excavadoras de minería, con las que es posible retirar capas sucesivas de tierra para crear *minas a cielo abierto*, agujeros con forma de tarta de capas invertidas. Estos agujeros pueden alcanzar tamaños asombrosos; por ejemplo, la mina de cobre de Bingham Canyon (Utah) tiene un pozo central de unos 3 kilómetros de diámetro y más de 800 metros de profundidad.

Oak Island, el lugar del famoso pozo de dinero, tiene aproximadamente un kilómetro y medio de diámetro en su parte más ancha. Si la excavación de Bingham Canyon se hubiera realizado allí —con la instalación de bombas y diques[26] para mantener el agua fuera del pozo—, los excavadores podrían haber extraído toda la isla y el lecho rocoso subyacente hasta una profundidad diez veces mayor que la del pozo más profundo excavado por los buscadores de tesoros.

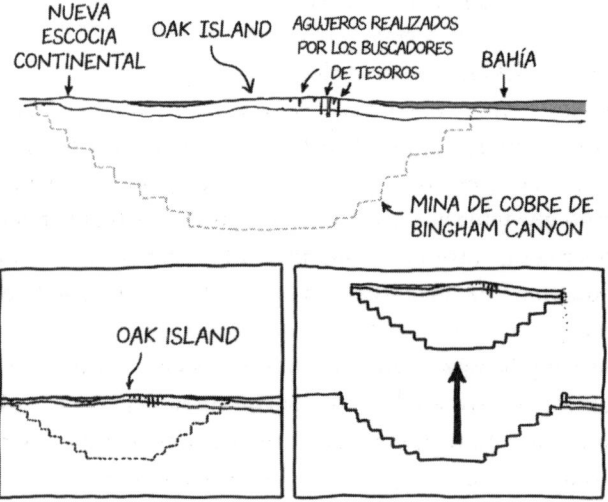

El material podría tamizarse con cuidado a fin de buscar cualquier tesoro, y así pondríamos fin al misterio de una vez por todas.

---

[26] Un dique no es más que una piscina elevada puesta del revés, así que podrías utilizar el cálculo del capítulo 2, «Instrucciones para organizar una fiesta en la piscina», para calcular toda la ingeniería. Solo tendrías que sustituir en la ecuación la resistencia a la compresión por la resistencia a la tracción.

LOS AGUJEROS MÁS GRANDES

Gracias a los métodos industriales de excavación y perforación, el ser humano es capaz de cavar enormes agujeros. Hemos removido montañas enteras, creado vastos cañones artificiales y perforado pozos en una parte considerable de la corteza terrestre. Así que también podemos cavar agujeros tan profundos como queramos, siempre que la roca esté suficientemente fría para trabajar con ella.

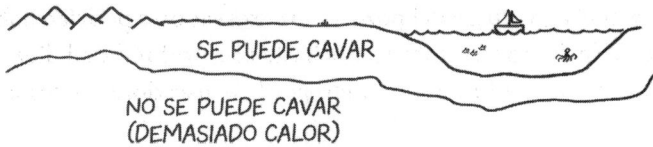

Pero, aun así, ¿deberíamos hacerlo?

En 1590, más de tres siglos antes de que se construyera el canal de Panamá, el sacerdote jesuita español José de Acosta se planteó la idea de excavar un canal a través del istmo para conectar el océano Atlántico y el Pacífico. En su libro *Historia natural y moral de las Indias* especuló sobre los posibles beneficios y ponderó algunos de los retos de ingeniería que supondría «abrir la tierra y unir los mares». Al final decidió que probablemente era una mala idea. Esto es lo que concluía:

> ningún poder humano bastará a derribar el monte fortísimo e impenetrable que Dios puso entre los dos mares, de montes y peñas durísimas, que bastan a sustentar la furia de ambos mares. Y cuando fuese a hombres posible, sería, a mi parecer, muy justo temer del castigo del cielo querer enmendar las obras que el Hacedor, con sumo acuerdo y providencia, ordenó en la fábrica de este universo.

Dejando a un lado las cuestiones teológicas, resulta destacable su humildad. Porque es evidente que el ser humano es capaz de excavar sin límites, desde quien lo hace con una pala en el jardín de su casa hasta la construcción de canales, pasando por la minería industrial a cielo abierto y la remoción de cimas de montañas. Y también que cavando hoyos sin duda podemos encontrar cosas de valor.

Pero es cierto que quizá —a veces— sea mejor dejar el terreno tal como está.

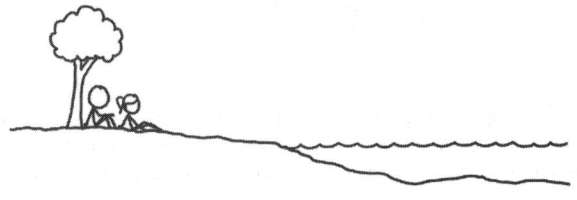

CAPÍTULO 4

Instrucciones para tocar el piano

(todo el piano)[27]

EL PIANO, ESE INSTRUMENTO CAPAZ DE
REPRODUCIR UNA INCREÍBLE VARIEDAD
DE SONIDOS HASTA QUE ALGUIEN TE
PIDE QUE DEJES DE HACERLO.

---

[27] Gracias a Jay Mooney, cuya pregunta dio pie a este capítulo.

Tocar el piano no es muy difícil, en el sentido de que resulta sencillo llegar a las teclas y tampoco es que haga falta mucha fuerza para pulsarlas. Tocar una pieza musical es simplemente cuestión de saber qué teclas hay que apretar y hacerlo en el momento adecuado.

La mayor parte de la música para piano está escrita utilizando la notación musical estándar, que consiste en una serie de líneas horizontales en las que aparecen unas marcas que corresponden a notas. Cuanto más arriba está la marca, más aguda es la nota. La mayoría de las veces, las notas se dibujan en el centro de las líneas, pero las que son demasiado agudas o particularmente graves a veces se salen de las líneas hacia arriba o hacia abajo. Una pieza musical para piano tiene más o menos un aspecto como este:

Un piano de tamaño normal tiene 88 teclas, cada una de las cuales corresponde a una nota musical, ordenadas de la más grave en el extremo izquierdo a la más aguda en el derecho. Si en tu partitura encuentras marcas por encima de las líneas, es probable que tendrás que pulsar las teclas del lado derecho del piano, mientras que si aquellas aparecen por debajo de las líneas, seguramente indiquen que debes pulsar las teclas del lado izquierdo.

Con un piano se puede tocar notas bastante por encima y muy por debajo de las contenidas en las líneas. De hecho, es uno de los instrumentos musicales con una gama más amplia, lo que significa que con él se pueden tocar todas las notas que reproducen la mayoría del resto de los instrumentos.[28] Si te aprendes de memoria todas las teclas y todas las notas, y luego practicas tocándolas en el orden correcto y con el ritmo adecuado, lo tienes hecho: serás capaz de tocar cualquier pieza musical para piano.

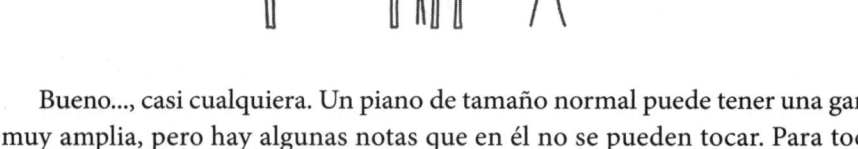

TOCAR EL PIANO ES FÁCIL. SOLO TIENES QUE MEMORIZAR QUÉ NOTAS CORRESPONDEN A QUÉ TECLAS Y DESPUÉS TOCAR EN ORDEN LAS QUE APARECEN EN LA PARTITURA.

TE HE MANDADO POR CORREO ELECTRÓNICO UNA LISTA DE LAS TECLAS. Y CON ESTO SE ACABA TU CLASE DE PIANO. LLÁMAME SI TE SURGE CUALQUIER DUDA. ¡BUENA SUERTE!

Bueno..., casi cualquiera. Un piano de tamaño normal puede tener una gama muy amplia, pero hay algunas notas que en él no se pueden tocar. Para tocar justo *esas*, te harán falta más teclas.

Cuando se pulsa una tecla del piano, un martillo golpea una o varias cuerdas, que a su vez vibran y producen el sonido. Cuanto más larga sea la cuerda, más grave será el sonido. Técnicamente, el sonido que produce cada cuerda cuando vibra no es de una sola frecuencia, sino una rica mezcla de frecuencias distintas, pero cada una de ellas tiene una frecuencia central «principal». Esa frecuencia principal del sonido emitido por la tecla situada más a la izquierda de un piano de tamaño normal es de 27 hercios (Hz) —lo que quiere decir que la cuerda oscila 27 veces por segundo—, mientras que la frecuencia principal de la tecla situada más a la derecha es de 4.186 Hz. Las teclas intermedias forman una escala regular que abarca unas 7 octavas. Cada una de las teclas tiene una frecuencia aproximadamente 1,059 veces superior a la de su izquierda, es decir, 21/12, lo que significa que la frecuencia se duplica cada 12 teclas.

El límite superior de la audición humana es bastante más alto que 4.186 Hz. De hecho, los niños pueden oír sonidos incluso de 20.000 Hz. Si quisiéramos poder tocar todas las notas que oyen los humanos, tendríamos que añadir algunas teclas al piano. Porque para cubrir el rango entre 4.186 Hz y 20.000 Hz nos harían falta 27 teclas más.

---

[28] Lo que nos hace preguntarnos para qué necesitamos todos esos otros instrumentos.

TECLAS ORIGINALES.

RANGO DE AUDICIÓN HUMANA SUPERIOR.

Al envejecer, la gente suele perder la capacidad de oír algunas de las frecuencias más agudas, por lo que en realidad no te harán falta todas las teclas si lo que quieres tocar es música para adultos. El puñado situado más a la derecha producirá notas solo audibles para los niños.

Cubrir el rango de audición humana es un poco más fácil en el extremo izquierdo del piano. El límite inferior de la audición humana está en torno a los 20 Hz, 7 Hz menos que la tecla más grave del piano. Así que, para cubrir este rango, solo necesitaríamos otras 5 teclas. Este nuevo y mejorado piano de 120 teclas te permitirá tocar cualquier música de piano que el ser humano esté capacitado para oír.

RANGO DE AUDICIÓN HUMANA INFERIOR.

TECLAS ORIGINALES.

RANGO DE AUDICIÓN HUMANA SUPERIOR.

Pero podemos ampliar el piano aún más.

Los sonidos que quedan por encima del rango de audición humana se denominan *ultrasonidos*. Los perros pueden oír sonidos de hasta 40 kHz, el doble de la frecuencia más alta que somos capaces de captar los humanos. En eso se basa el funcionamiento de los «silbatos para perros»: producen sonidos que los perros pueden oír pero las personas no. Si quisiéramos modificar el piano para que tocara música para perros, tendríamos que añadir entre 12 y 15 teclas.

Los gatos, las ratas y los ratones son capaces de oír frecuencias aún más agudas que los perros, y para ellos nos harían falta varias teclas más. Los murciélagos, que cazan insectos emitiendo pulsos de ultrasonidos y escuchando sus ecos, pueden oír hasta unos 150 kHz. Para cubrir toda la gama de audición de humanos, perros y murciélagos necesitaríamos 62 nuevas teclas a la derecha, lo que nos dejaría un total de 155 teclas.

RANGO DE AUDICIÓN HUMANA

TECLAS ORIGINALES.

RANGO DE AUDICIÓN HUMANA SUPERIOR.

MÚSICA PARA PERROS Y MURCIÉLAGOS.

¿Y qué ocurre con las frecuencias que sean aún más altas? Por desgracia para nosotros,[29] la física empieza a inmiscuirse. Cuando viajan a través del aire, este absorbe los sonidos de alta frecuencia, por lo que se desvanecen muy rápido. Por eso, un trueno cercano produce una especie de «crujido» agudo, mientras que uno lejano lo oímos como un estruendo grave. Ambos suenan igual en su origen, pero a gran distancia los componentes de alta frecuencia del trueno se amortiguan y únicamente somos capaces de distinguir los de baja frecuencia.

Un sonido a una frecuencia de 150 kHz solo puede viajar unas decenas de metros en el aire, y sin duda por eso los murciélagos no utilizan frecuencias más altas. Como la atenuación guarda relación con el cuadrado de la frecuencia, los tonos ultrasónicos más altos se amortiguan mucho más. Si se superara bastante la citada frecuencia de 150 kHz, el sonido no podría viajar mucho más allá del piano. Los sonidos ultrasónicos pueden llegar más lejos a través del agua o de materiales sólidos —así es como funcionan los cepillos de dientes eléctricos, las ecografías médicas y la ecolocalización de alta frecuencia de ballenas y delfines—, pero como el sonido de los pianos suele viajar por el aire,[30] 150 kHz es una buena referencia.

Todo esto en cuanto al lado derecho de nuestro piano. Pero ¿qué hay del izquierdo?

Los sonidos por debajo del límite auditivo normal de 20 Hz se denominan *infrasonidos*, y nos puede resultar un poco confuso pensar en ellos.

Cuando los sonidos individuales se suceden suficientemente rápido, se confunden en un único zumbido. Imaginemos el sonido de una rueda de bicicleta con algo atascado en los radios: a baja velocidad hace un «clic clic clic», mientras que a alta velocidad emite un zumbido. Este experimento sugiere que los sonidos de baja frecuencia en realidad no deberían «estar por debajo del alcance de la audición humana», sino separarse en una serie de sonidos individuales. Pero eso no es del todo así.

Cuando los sonidos están formados por «impulsos» individuales complejos —como el sonido áspero de un naipe al golpear un radio de bicicleta—, sí que se separan en impulsos que podemos oír de forma individualizada, pero solo porque dichos impulsos están formados por componentes de frecuencias más altas dentro del rango de audición normal. En cambio, un tono puro es una simple onda sinusoidal; el sonido está formado por aire que se mueve con suavidad hacia delante y hacia atrás. Cuando se ralentiza por debajo de 20 ciclos por segundo, no se oye ningún «clic». Simplemente se convierte en una onda de presión

---

[29] (Pero afortunadamente para nuestro afinador de pianos).

[30] Si desea instrucciones para tocar el piano bajo el agua, consulte *How To 2: How to Do a Bunch More Stuff, If You're Still Alive after Following the Instructions in the First Book*.

pulsante. Tal vez podamos *sentirla*, como si fuera un cambio de presión en el aire o una sensación en la piel, pero nuestros oídos no la interpretan como sonido.

Los elefantes sí oyen los infrasonidos. Su oído llega hasta unos 15 Hz —y posiblemente menos—, lo que quiere decir que nuestro piano necesitará al menos otras 5 teclas si queremos tocar música para ellos.

MÚSICA PARA ELEFANTES. MÚSICA HUMANA. MÚSICA PARA PERROS Y MURCIÉLAGOS.

Podemos detectar los sonidos por debajo de 15 Hz mediante equipos especializados. De hecho, si te interesan las frecuencias *muy* bajas, técnicamente puedes fabricar un «micrófono de infrasonidos» si dispones de un barómetro y un portapapeles. Si detectas una presión baja, luego una alta y de nuevo una baja, ¡podría tratarse de una onda infrasónica!

Sin embargo, una secuencia de presiones bajas y altas no tiene por qué ser necesariamente una «onda», también podría tratarse de una fluctuación aleatoria de la presión en el aire. Por esa razón, para detectar estos sonidos, los investigadores suelen utilizar un conjunto de sensores separados varios metros entre sí. Cuando una onda infrasónica pasa por un detector, lo hace casi al mismo tiempo por todos los sensores. Esto ayuda a separarla del ruido aleatorio. Si hubiera una distancia suficiente entre los sensores, incluso se podría averiguar de qué dirección procede el sonido observando qué sensores lo han registrado primero.

Para producir sonidos de este tipo nos haría falta un piano muy grande, porque las cuerdas tendrían que oscilar de un lado a otro tan despacio que fuéramos capaces de ver cómo se mueven. (En cierto sentido, una comba de las de saltar no es más que un instrumento de cuerda con una frecuencia unas cinco octavas por debajo de la nota estándar más grave de un piano).

TAP TAP TAP

Aunque no seamos capaces de oír los infrasonidos, estos se comportan como el sonido normal, transportando señales a través del aire. De hecho, si bien los ultrasonidos alcanzan menor distancia que el sonido normal, los infrasonidos viajan *más lejos*. Una señal infrasónica con una frecuencia inferior a un ciclo por segundo —1 Hz— puede recorrer todo el planeta.

A veces, las grabaciones sonoras se representan en un gráfico que muestra qué frecuencias sonoras se han detectado en cada momento. Y se puede obtener un gráfico de este tipo a partir de cualquier grabación sonora, no solo de los infrasonidos. De hecho, el músico Aphex Twin ha ocultado «imágenes» en su música que pueden verse en un espectrograma.

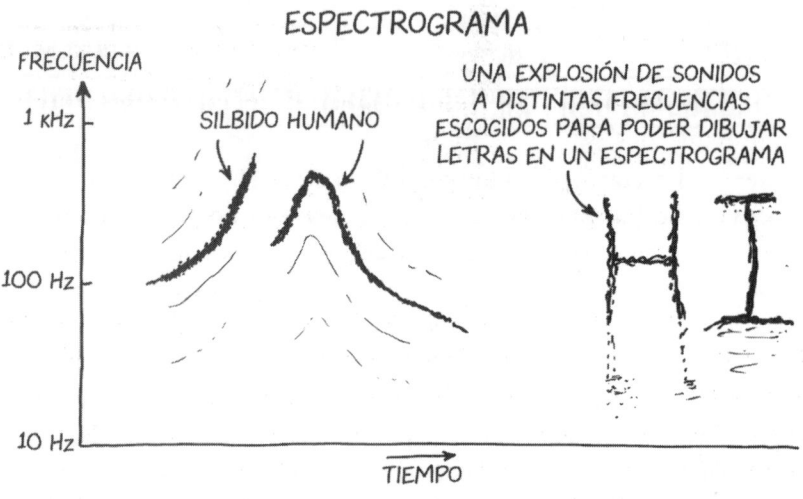

ESPECTROGRAMA

Cuando un arma nuclear explota en la atmósfera, genera un enorme pulso infrasónico. Por ese motivo, gran parte del trabajo de detección de infrasonidos se produjo durante la Guerra Fría, época en la que los científicos construyeron detectores para escuchar esos pulsos. La última detonación nuclear atmosférica, en el momento de escribir este artículo,[31] fue una prueba de armamento realizada el 16 de octubre de 1980 en China, y en principio no ha habido ninguna explosión que las redes hayan podido escuchar desde entonces.

De todas formas, un micrófono de infrasonidos no solo capta las explosiones nucleares, sino todo tipo de cosas interesantes. Así, las grandes piezas de maquinaria que se mueven rítmicamente, como motores y turbinas eólicas, crean tonos infrasónicos constantes. También el viento que sopla sobre las montañas, los meteoritos que entran en la atmósfera e incluso los terremotos y las erupciones volcánicas emiten notas de infrasonido. Además, un gráfico de los infrasonidos atmosféricos también nos muestra tonos gorjeantes de origen incierto. En el fondo es lo mismo que ocurre con las frecuencias sonoras normales: si vas a un lugar tranquilo y prestas atención, oirás todo tipo de ruidos interesantes, pero solo podrás identificar algunos de ellos.

---

[31] De verdad confío en que no tengamos que revisar este párrafo antes de la próxima impresión.

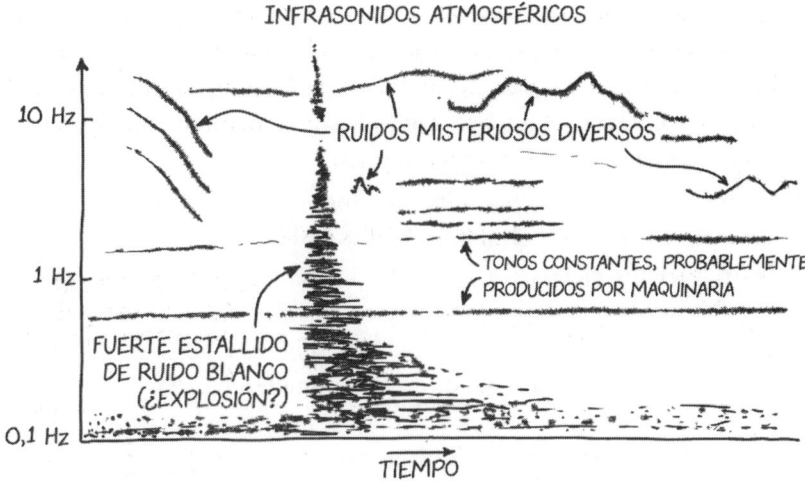

Uno de los infrasonidos más habituales es el que producen las olas en mar abierto. Cuando las olas suben y bajan, presionan rítmicamente contra el aire, comportándose como si se tratara de un enorme y lento altavoz musical: el subwoofer a volumen más alto y profundo del planeta.

Los sonidos producidos por estas olas, llamadas *microbaroms*, caen cerca de los 0,2 Hz. Para reproducir las frecuencias *microbarom* en nuestro piano harían falta 75 teclas más, con lo que acabaríamos teniendo 235.

Y la verdad es que eso ya son muchas teclas. Pero si llegaras a dominarlas todas, podrías tocar desde Beethoven hasta canciones de caza de murciélagos, pasando por la voz del mismísimo mar.

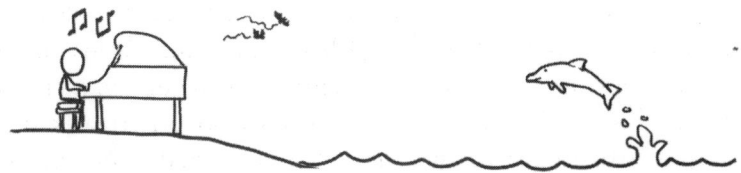

Solo un último detalle: este piano sería difícil de construir. Las cuerdas de uno normal no sirven para producir ultrasonidos porque las vibraciones son demasiado cortas y se desvanecen con excesiva rapidez; incluso ciñéndonos a la gama normal de tonos, los pianos suelen necesitar varias cuerdas para las notas más agudas para que estas suenen lo bastante alto. Además, las cuerdas de un piano tampoco son las ideales para producir infrasonidos: serían demasiado largas para caber en una sala y no les resultaría fácil mover suficiente aire. Para generar notas altas y bajas tendrías que utilizar técnicas alternativas.

La forma más eficaz de crear ultrasonidos es mediante el *efecto piezoeléctrico*, según el cual un cristal vibra cuando se hace pasar corriente eléctrica a través de él. Este es el efecto que utiliza el elemento que marca la hora en un reloj digital o un reloj de ordenador: lo hacen mediante una diminuta pieza de cuarzo con forma de diapasón que vibra a una frecuencia precisa en respuesta a impulsos eléctricos. Del mismo modo, se podrían utilizar osciladores de cuarzo similares para producir ultrasonidos de cualquier frecuencia deseada.

TRANSDUCTOR
PIEZOELÉCTRICO
(ULTRASONIDOS)

Para el altavoz de infrasonidos quizá quieras utilizar un mecanismo llamado *woofer giratorio*, un dispositivo que utiliza aspas de ventilador inclinables cuidadosamente controladas para mover con suavidad el aire hacia delante y hacia atrás. Al cambiar la inclinación de las aspas, el aire avanza, retrocede y vuelve a avanzar.

WOOFER
GIRATORIO
(INFRASONIDOS)

Y, por si acaso lograras construir el piano completo de 235 teclas, aquí te dejo una pieza de muestra para que ensayes. Es verdad que te requerirá algo de paciencia y que los oídos humanos no percibirán gran cosa...

Pero si hay algún investigador cerca vigilando la atmósfera, escuchando explosiones de meteoritos o pruebas de armas nucleares...

¿QUÉ DEMONIOS...?

... imprimirá una figura de palo en su espectrógrafo.

Infrasonata

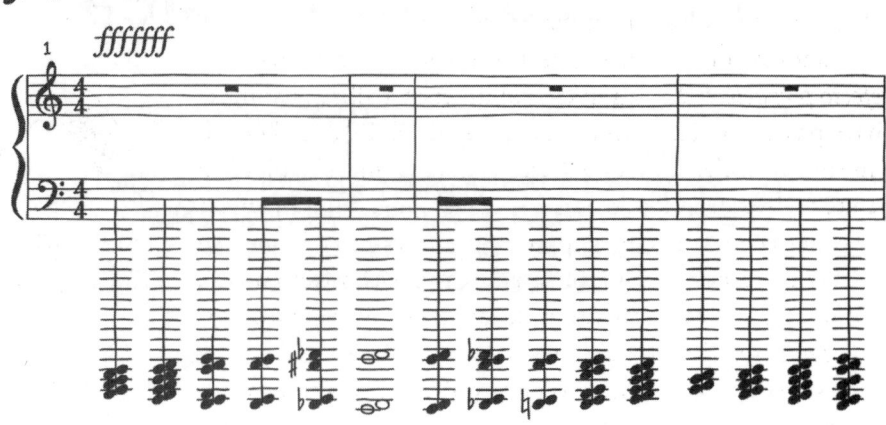

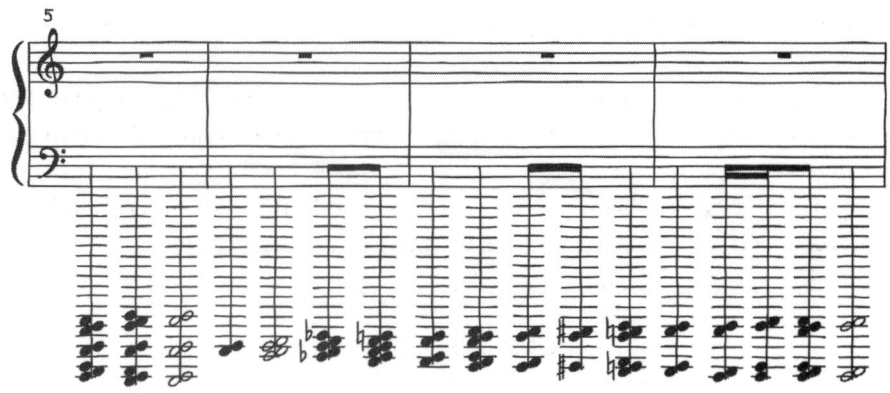

Instrucciones
para escuchar música

EN MAYO DE 2016, BRUCE SPRINGSTEEN DIO UN CONCIERTO EN
BARCELONA. UN GRUPO DE SISMÓLOGOS DEL INSTITUTO
DE CIENCIAS DE LA TIERRA JAUME ALMERA (ICTJA-CSIC)
LOGRÓ IDENTIFICAR SEÑALES DE BAJA FRECUENCIA
OCASIONADAS POR EL PÚBLICO AL BAILAR
LAS DIFERENTES CANCIONES.

ADAPTADO DE JORDI DÍAZ ET AL., «URBAN SEISMOLOGY: ON
THE ORIGIN OF EARTH VIBRATIONS WITHIN A CITY», 2017.

QUÉ PENA QUE TENGAMOS QUE
QUEDARNOS EN EL LABORATORIO ESTA
NOCHE. CON LO QUE ME APETECÍA IR AL
CONCIERTO DE SPRINGSTEEN...

CAPÍTULO 5

Instrucciones para realizar un aterrizaje de emergencia

Entrevista con el piloto de pruebas y astronauta Chris Hadfield

¿Cómo se hace aterrizar un avión?

Para responder a esta pregunta decidí recurrir a un experto.

El coronel Chris Hadfield ha pilotado cazas para la Real Fuerza Aérea Canadiense y ha trabajado como piloto de pruebas para la Marina estadounidense. En total ha pilotado más de cien aviones diferentes. También voló en dos misiones del transbordador espacial, pilotó una Soyuz, se convirtió en el primer canadiense en caminar por el espacio y fue comandante de la Estación Espacial Internacional.

Me puse en contacto con él y le pregunté si podía ofrecerme algunos consejos sobre aterrizajes de emergencia, a lo que accedió amablemente.

Hice una lista de situaciones de aterrizaje de emergencia inusuales e improbables, lo llamé y le planteé cada una de ellas para ver cómo respondía. Aunque creí que me iba colgar el teléfono a la segunda o tercera pregunta, me sorprendió ver que respondió a todas sin apenas vacilar. (La verdad es que, ahora que lo pienso, tal vez no fuera muy inteligente creer que iba a poner nervioso a un astronauta planteándole situaciones extremas).

A continuación encontrarás los supuestos escenarios y las respuestas del coronel Hadfield, que he editado un poco para que queden más claras y breves, e incluyo algunas respuestas adicionales que me envió por correo electrónico. Si bien no tienen por qué ser las únicas formas de realizar cada tarea, sí representan el primer instinto de uno de los pilotos de pruebas y astronautas más destacados del mundo, por lo que probablemente sean un buen punto de partida.

CNEL. CHRIS HADFIELD

CÓMO ATERRIZAR EN UNA GRANJA

Pregunta: Supongamos que necesito hacer un aterrizaje de emergencia y solo veo campos de cultivo. ¿A cuál debería dirigirme? ¿Debería escoger uno de plantas más altas que ofrezca más resistencia, como el maíz, o uno donde fueran más bajas para disponer de una superficie más lisa? ¿Un campo de calabazas me proporcionaría cierta amortiguación extra, como la de esos barriles de agua que hay en algunas autopistas, o contribuiría a que volcara y se incendiara mi avión?

Respuesta: Normalmente yo piloto pequeños aviones, y lo que me planteas es algo en lo que pensamos todo el tiempo. Cuando vas en coche hacia el aeródromo, miras a tu alrededor y piensas: ¿cuánto han crecido las judías? ¿Ya han recogido el heno? ¿Ha llovido hace poco? Porque no es posible aterrizar en un campo embarrado.

El mejor lugar para aterrizar es donde el cultivo no sea tan alto o espeso como para hacer volcar el avión. Obviamente intentarlo en un campo de girasoles sería un gran error.

NO ATERRICE

SOBRE LOS GIRASOLES

El mejor sitio para aterrizar es un campo recién sembrado. Y el peor lugar para hacerlo es uno que acabe de ser arado. Tampoco trates de aterrizar sobre ginseng: en esos campos tienen que poner grandes estructuras de protección solar y te enredarás en ellas. Además hay que estar atento a los árboles. Y los campos de pasto están bien, pero deberás tener cuidado de no golpear a las vacas. En los maizales se puede aterrizar sin problema hasta mediados de junio.

TEMPORADA DE MAÍZ

CÓMO ATERRIZAR EN UNA PISTA DE SALTOS DE ESQUÍ

P: **¿Y si tuviera que hacer un aterrizaje de emergencia con una avioneta, pero el único espacio abierto que encontrara fuera una pista de saltos de esquí olímpica? ¿Cuál sería la mejor manera de afrontarlo?**

R: Pues, mira qué casualidad, resulta que fui instructor de esquí antes de ser piloto de combate.

Las pistas de saltos de esquí olímpicas tienen bastante pendiente. Sin embargo, en su parte final hay una pequeña sección plana, que es donde probablemente tendrías mejores opciones para aterrizar. Podrías pasar por encima de las gradas, despacito, aproximarte al suelo y, justo cuando la colina empezara a elevarse delante de ti, tirar del mando del avión hacia arriba. Si lo calcularas bien, podrías intentar entrar en pérdida en el momento exacto en que llegaras a la pendiente. Pero tendrías que cronometrarlo *muy pero que muy* bien. Porque, de lo contrario, no habría vuelta atrás.

CÓMO ATERRIZAR EN UN PORTAAVIONES

P: **¿Qué debería hacer si quisiera aterrizar en un portaaviones, pero estuviera pilotando un avión de pasajeros que no estuviera diseñado para tomar tierra en una nave así? ¿Debería intentar enganchar el tren de aterrizaje al cable? ¿Cómo debería acercarme al portaaviones?**

R: La mejor idea sería que el capitán del portaaviones girara su barco contra el viento. Y que el barco navegara tan rápido como le fuera posible. Esa circunstancia podría ofrecerte rachas de vientos de 80 o 100 km/h, lo que, para muchos aviones pequeños, sería una velocidad suficiente para hacerte ir muy despacio en comparación con el barco.

Y olvídate de los cables de detención, te aseguro que no te gustaría engancharte a uno por accidente. Para utilizarlos necesitarías un equipo especial. De manera que, a menos que dispongas de un gancho grande y fuerte, será mejor que aterrices de forma completamente aerodinámica.

Para ello lo primero que debes hacer es alinearte, porque la idea es aprovechar cada centímetro de la cabina de vuelo. Has de extender los flaps, para que tu ala pase de ser plana a convertirse en una especie de curva. ¿Te has fijado en cómo aterrizan los pájaros?, porque hacen eso mismo con las alas. Así que, si lo que pretendes es volar lento, despliegas esos flaps.

Debes apoyarte *justo* en la parte trasera de la cubierta del portaaviones. Y en ese momento reducir la potencia a cero, volver a poner los motores en marcha y elevar los flaps inmediatamente. Si no lo haces, el viento podría echarte a volar de nuevo. Sin embargo, *has de mantener la mano en el acelerador*, porque tendrás que ser capaz de tirar de la palanca del acelerador y volver a dar la vuelta. De hecho, cuando los pilotos militares aterrizan en portaaviones, aceleran a máxima potencia justo después de tocar tierra, por si el gancho no acertara con el cable o este se rompiera.

En una ocasión hice un proyecto para el Cuerpo de Marines de Estados Unidos. En él se planteaba lo siguiente: «¿Y si dispusiéramos de un espacio abierto en algún lugar del bosque, pero este fuera demasiado corto para que el avión aterrizara? ¿Podríamos colocar temporalmente un cable de detención en el bosque?». Y sí, con un cable tendido entre grandes estacas, se puede parar y aterrizar en cualquier sitio. Probé ese sistema en Lakehurst (New Jersey).

CÓMO ATERRIZAR EN UN PORTAAVIONES HOSTIL

P: **¿Y si el capitán *no quisiera* que yo aterrizara? ¿Y si girara su nave para ir a favor del viento, y así ponérmelo más difícil?**

R: Encima de la cubierta de un portaaviones siempre hay montones de cosas. Si no quisieran que aterrizaras, podrían utilizarlas para bloquearte el paso. Por ejemplo, suele haber un montón de carritos de esos que usan para remolcar los aviones, y podrían dejarlos colocados por toda la pista.

De forma que tendrías que acercarte con sigilo, hacerlo en el momento adecuado, y además tener suerte. Quizá lo lograras. Pero no creo que al capitán le hiciera mucha gracia. Y entonces ¿qué pasaría? Pues que acabarías de aterrizar en la cárcel más fortificada del mundo y tú mismo te habrías declarado recluso.

BUENO, EH..., ¿QUÉ TAL OS VA POR AQUÍ?

CÓMO ATERRIZAR EN UN TREN

P: **¿Sería posible aterrizar en un tren igualando la velocidad de este y haciendo descender gradualmente el avión hasta posarlo sobre el techo de uno de los vagones?**

R: Sí, sí que se puede. Y sobre un camión de plataforma también. De hecho, esto último a veces lo hacen en las exhibiciones aéreas.

La dificultad de este caso es que los trenes siempre oscilan un poco hacia arriba y hacia abajo, lo que podría hacerte rebotar al tocar tierra. Y tendrías el mismo problema al aterrizar sobre un camión. Pero es absolutamente factible.

CÓMO ATERRIZAR EN UN SUBMARINO

P: Aterrizar en un portaaviones parece bastante fácil. ¿Podría hacerse lo mismo en un submarino?

R: Sí, siempre que este se encontrara en la superficie, navegara rápido en contra del viento, y tú pilotaras un avión lento y estable. Sería como tomar tierra en una pista delgada, corta y mojada. Creo que alguna vez se ha hecho. Aunque, no creas, a veces es difícil encontrar un submarino cuando lo necesitas.

CÓMO ATERRIZAR DESDE LA PUERTA DE LA CABINA

P: ¿Y si, de forma accidental, me pillara la manga de la camisa con la puerta de la cabina y no pudiera llegar a la parte delantera de la misma? Supongamos que sí pudiera alcanzar algunos objetos —bandejas de comida a bordo, por ejemplo— y lanzarlos hacia los controles. Si tuviera la suficiente puntería, ¿podría aterrizar golpeando los controles adecuados?

R: Si se tratara de un avión monomotor, ni de coña. Pero en un avión con múltiples motores, tal vez fuera técnicamente posible. La forma de controlar las cosas es la potencia. Si dispusieras de motores a ambos lados, moviendo los aceleradores arriba y abajo podrías subir, e incluso girar. Así que, si tuvieras muchísimo cuidado a la hora de lanzar los utensilios, podrías pilotar un avión moviendo los aceleradores arriba y abajo.

Hubo una vez un caso de un DC-10 que perdió todo el sistema hidráulico, al sobrevolar Sioux City, y los pilotos lograron hacerse con el control y dirigir el avión hasta la pista utilizando solo los aceleradores.

CÓMO ATERRIZAR UN TRANSBORDADOR ESPACIAL EN EL CENTRO DE LOS ÁNGELES

P: En una escena de una película de 2003, *El núcleo*, Hilary Swank interpreta a una astronauta en un transbordador espacial que se ha desviado de su ruta debido a un error de navegación. Se da cuenta de que se dirigen al centro de Los Ángeles y traza un rumbo para aterrizar en el río de Los Ángeles, que es básicamente un largo canal de hormigón de fondo plano. En la película logran tomar tierra en el canal y salvarse. ¿Podría ocurrir realmente algo así?

R: El transbordador aterriza aproximadamente a unos 200 nudos —185 si es ligero y 205 si es pesado—, por tanto necesitarías una pista larga y recta, de miles y miles y miles de metros. Por ejemplo, nosotros realizamos los primeros aterrizajes del transbordador en las enormes salinas del lago seco Rogers, en la base Edwards de la Fuerza Aérea. Una vez que aprendimos a hacerlo lo mejor posible, empezamos a tomar tierra en una pista de 3 kilómetros.

Como lo que de verdad pretendíamos era aterrizar en el mismo lugar desde el que despegábamos, construimos una pista en Cabo Cañaveral de 4 kilómetros de largo. La pista de Edwards está en pleno desierto, así que en ella salirse por el borde no sería tan grave, pero la de Cabo Cañaveral tiene menos margen de error porque está rodeada de agua... y hay caimanes.

Cuando aterrizas en la base de Edwards, tienes que hacer la maniobra orbital de regreso sobre Australia. El ordenador calcula el tiempo para que tomes tierra sobre el lugar indicado. Pero, con suficiente planificación, podrías aterrizar en cualquier superficie larga, recta y plana. ¿Si se podría realizar en las zanjas de drenaje de Los Ángeles? Si te soy sincero, no estoy seguro de que haya ninguna lo bastante larga.

Como puede que te toque hacer la maniobra orbital en cualquier parte del planeta, tenemos identificadas todas las pistas del mundo. Llevamos un libro en el transbordador con diagramas de todas ellas. Es como un gran libro de imágenes, hasta muestra la orientación de la pista y todo.

CÓMO ENCONTRAR UN LUGAR PARA ATERRIZAR EL TRANSBORDADOR

P: **Si no estuviera seguro de cómo utilizar el ordenador, ¿podría simplemente hacerlo al azar? ¿Podría encender los motores en algún lugar sobre Australia, pensando que eso me llevará a la parte correcta del mundo, y luego buscar un buen lugar de aterrizaje mirando por la ventana cuando me acerque? ¿Cuánto margen tendría para improvisar un aterrizaje?**

R: ¡Hay bastante margen! Solemos hacer grandes giros en S para gastar energía, así que si diéramos menos vueltas, podríamos volar más lejos. Eso sí, cuanto más te acerques, menos opciones tendrás de cambiar de opinión. Pero lo que planteas no es del todo descabellado. Tienes una oportunidad, si apuntas a un área general y observas las cosas a ojo.

En la época en la que se utilizaba el X-15, predecesor del transbordador actual, los pilotos intentaban que los vuelos de prueba duraran lo máximo posible. Una vez Neil Armstrong voló demasiado bajo sobre Pasadena y tuvo que aterrizar en el lecho del lago equivocado. Me alegro de que lo lograra.

CÓMO ATERRIZAR UN AVIÓN DESDE EL EXTERIOR

P: **Supongamos que me hubiera quedado bloqueado en el exterior del avión, pero pudiera arrastrarme y manipular las superficies de control de vuelo con la mano.**

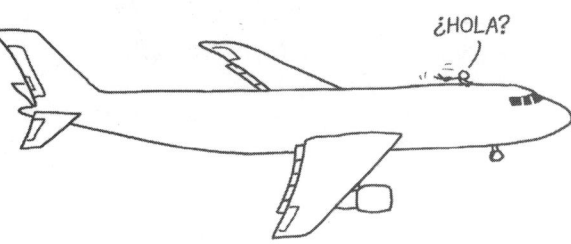

R: Hay gente que es capaz de caminar sobre las alas como acrobacia, y en ocasiones también ha habido quien lo ha hecho para arreglar algunas cosas. En un avión viejo y lento, la velocidad del viento es lo suficientemente baja como para ponerse de pie sobre las alas. Lo que podrías hacer es usar tu propio peso. Serías capaz de controlar hacia dónde va el avión moviéndote. Si inclinaras tu peso hacia el lado derecho, el avión *quizá podría* iniciar un giro hacia ese lado.

Y si pudieras hablar con los pasajeros de dentro, podrías intentar que corrieran hacia delante o hacia atrás, y tal vez eso te permitiría controlar el avión un poco.

Pero si lo que quieres es controlar mecánicamente el avión, tienes que volver a la cola. Si estás en el ala, solo puedes controlar el alabeo, no el cabeceo ni la guiñada. Y el alabeo es importante, pero el cabeceo y la guiñada lo son mucho más. Para controlar estos tendrías que volver a la cola.

El problema es que no puedes mover esas superficies de control a mano. Nadie es lo suficientemente fuerte. Si fueras Hulk, podrías encontrar un asidero en la parte delantera de la cola con una mano y usar la otra para mover la aleta, y después girar el avión a izquierda y derecha. Luego agarrarías el elevador y harías lo mismo para controlar el cabeceo. Si lograras algo así, podrías usarlo para bajar el avión.

Pero como no eres Hulk, lo único que podrías hacer, si fueras un poco listo, es buscar la *aleta de compensación*. Esta es una pequeña sección plana situada en el borde de la superficie que se utiliza para hacer ajustes finos. Podrías intentar desplazar la aleta de compensación, y así se movería todo el elevador o todo el timón.

ALETA DE COMPENSACIÓN

CÓMO VOLAR A TRAVÉS DEL EUROTÚNEL

P: Imaginemos que estoy pilotando un avión muy pequeño, como un Colomban Cri-Cri (de unos 5 metros de envergadura), sobre el sur de Inglaterra justo cuando se produce el Brexit. Por complicadas razones jurídicas, esto significaría que tengo que aterrizar en Francia. Por desgracia, soy un vampiro que no puede cruzar las aguas del canal de la Mancha. ¿Podría volar a través del Eurotúnel, que tiene unos 7,5 metros de diámetro?

R: Sí…, pero que el avión tenga una envergadura de 5 metros y el túnel un diámetro de unos 7,5 metros quiere decir que, como mucho, dispondrías de 1,25 metros de margen por cada lado, y eso suponiendo que fueras justo por el punto medio exacto. Solo podrías subir o bajar unos centímetros antes de que las puntas de las alas chocaran contra el hormigón (echa tú los cálculos). Lo más difícil sería evitar todos los cables aéreos a la entrada y salida del Eurotúnel. Y además estaría oscuro, así que tendrías que poner luces en tu Cri-Cri, o pedir a la amable gente del túnel que encendiera todas las suyas. Pero…, a cambio del sabroso cruasán y el café que podrás degustar en el aeródromo en el que tomaras tierra…, podría merecer la pena.

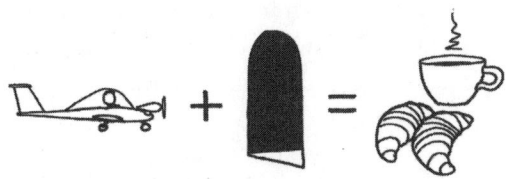

CÓMO ATERRIZAR COLGADO DE UNA GRÚA DE CONSTRUCCIÓN

P: Si estuviera pilotando un avión que dispusiera de un gancho de cola cerca de una gran grúa de construcción, ¿podría aterrizar acercándome lateralmente hasta engancharme en el cable colgante de la grúa, y luego —una vez que haya dejado de balancearme— hacer que el operador de la grúa me bajara con suavidad hasta el suelo?

R: Quizá, aunque la verdad es que necesitarías mucha suerte. Los aviones se enganchan en cables de alta tensión todo el tiempo y es cierto que sobreviven, si bien a la tripulación hay que bajarla con una grúa. Pero la inercia de tu avión con gancho de cola probablemente sería demasiado fuerte para el cable, y lo romperías; además, incluso si te engancharas lateralmente, ¿qué te impediría deslizarte hacia abajo y acabar en el suelo? Por tanto, dado el caso, yo optaría más bien por los cables de alta tensión, confiando, eso sí, en no cruzar los cables equivocados y electrocutarme.

CÓMO SALIR DE TU AVIÓN Y ENTRAR EN UNO CON MÁS COMBUSTIBLE

P: **Supongamos que mi amigo y yo estuviéramos pilotando sendas avionetas sobre un océano lleno de tiburones. Y que yo estuviera a punto de quedarme sin combustible, pero contara con un paracaídas. Y que mi amigo volara a mi lado. ¿Podría salir de mi avión y meterme en el suyo, y luego hacer aterrizar *ese* otro avión?**

R: Si se tratara de biplanos de cabina abierta, entonces quizá sí. Podrías ajustar los controles de tu avión para volar sin manos, acercarte mucho al de tu amigo, salir por tu ala, alargar la mano, agarrar el ala del otro avión y subirte a la cabina. Sería necesario que esta fuera una cabina abierta para no tener que lidiar con una capota o unas puertas, y debería tratarse de un biplano para que hubiera puntales que pudieras usar como asideros. Porque si lo que pretendías era saltar del tuyo confiando en que tu compañero te enganchara de alguna manera mientras flotabas bajo tu paracaídas, mi impresión es que acabarías sirviendo de almuerzo a algún tiburón.

CÓMO ATERRIZAR UN TRANSBORDADOR ESPACIAL SI ESTÁ UNIDO AL AVIÓN QUE LO TRANSPORTA

P: **Imaginemos que yo viajara en un transbordador espacial que está unido al avión que lo transporta (SCA, por sus siglas en inglés). Y que dicha nave estuviera en piloto automático, pero el piloto hubiera decidido retirarse bruscamente y saltar en paracaídas. ¿Qué debería hacer? Supongo que, si**

tuviera un paracaídas, podría saltar desde la escotilla de salida del transbordador, pero ¿y si no dispusiera de él? ¿Debería intentar desacoplar el transbordador, o pasar del transbordador al SCA?

R: Los primeros vuelos del transbordador espacial fueron pruebas de lanzamiento desde el SCA. Yo esperaría a estar a distancia de planeo de una pista adecuada, dispararía el mecanismo de separación del avión que lo transporta, tiraría firmemente hacia atrás para no tocar la cola del SCA al separarme y luego planearía hasta aterrizar. Coser y cantar.

ESTÁS ATRAPADO EN UN TRANSBORDADOR ESPACIAL, ANCLADO AL AVIÓN QUE LO TRANSPORTA Y NO HAY NADIE A LOS MANDOS. ¿QUÉ HARÍAS?

DISPARAS EL MECANISMO DE SEPARACIÓN Y TIRAS HACIA ATRÁS CON FUERZA PARA NO CHOCAR CON LA COLA DEL AVIÓN.

¿QUÉ ERA LO QUE TE PARECÍA TAN DIFÍCIL?

CÓMO ATERRIZAR EN LA ESTACIÓN ESPACIAL INTERNACIONAL

P: ¿Qué debería hacer si accidentalmente me quedara atrapado en la EEI cuando esta estuviera volviendo a la atmósfera? Sé que a veces los objetos grandes sobreviven intactos a una reentrada incontrolada. Si encontrara un paracaídas, ¿en qué parte de la EEI debería esconderme para tener más posibilidades de sobrevivir hasta el momento en que pudiera lanzarme en paracaídas?

R: Te haría falta una pieza de metal contundente y pesada, y necesitarías tener tu propio suministro de oxígeno. Así que lo mejor sería que te pusieras un traje espacial ruso Orlan (te lo puedes poner tú mismo), lo accionaras para tener presión, refrigeración y oxígeno, le pusieras un paracaídas y entraras en el Bloque de Carga Funcional (FGB, por sus siglas en inglés). Deberías sujetarte a la parte metálica más gruesa, cerca del centro, donde se encuentran los elementos más voluminosos bajo el suelo, las baterías y la estructura, alineados con los puntos de fijación de los paneles solares, y esperar a ver qué ocurre. Pero ya te adelanto que… las probabilidades son escasas o nulas.

Quizá también podrías echar mano de un rosario para mantener la fe mientras esperas.

CÓMO VENDER PIEZAS DE UN AVIÓN EN PLENO VUELO

P: **Pongamos que pretendo hacer aterrizar un avión, pero antes quiero vender todas las piezas que pueda en Craigslist. Como me doy cuenta de que el envío me va a salir demasiado caro, mi idea es entregarlas antes de aterrizar tirándolas por la borda del avión al pasar por encima de la casa del comprador. ¿Qué partes del avión podría vender y aun así aterrizar con seguridad?**

R: Podrías deshacerte de toda la comida. Y de todos los asientos. Pero tendrías que tener cuidado de mantener el centro de gravedad de la nave dentro de unos límites. Si este se encontrara demasiado adelante, entonces el avión se volvería una especie de dardo (por muy fuerte que tiraras hacia atrás de los mandos, se iba a empeñar en ir hacia abajo). Si, por el contrario, el centro de gravedad estuviera demasiado atrás, tu avión se volvería demasiado inestable. Así que lo mejor sería que te deshicieras de toda la carga. Dado que todo lo que hay en el compartimento de equipajes son cosas que alguien ha pagado por transportar, probablemente te den algo por ellas.

CÓMO HACER ATERRIZAR UNA CASA QUE SE CAE AL VACÍO

P: Cuando las naves espaciales como la Soyuz regresan a la Tierra, una vez que abren sus paracaídas, pierden todo control; se ha descrito esta fase como «caer como la casa de Dorothy», en referencia a lo que ocurre en *El mago de Oz*. Pensemos en la novela, cuando Dorothy se despierta y ve que su casa se precipita hacia Oz, ¿se te ocurre algo que podría haber hecho para controlar el descenso? Por ejemplo, si hubiera mirado por la ventana y hubiera visto a la bruja debajo, ¿podría haberla esquivado, o golpeado, o apuntado a otra persona?

R: Supongo que podría haber intentado correr y abrir ventanas y puertas en diferentes lados de la casa, para ver si de este modo podía tener algún control aerodinámico cambiando el flujo de aire. Pero imagino que no sería fácil.

CÓMO HACER ATERRIZAR UN DRON DE REPARTO

P: Imaginemos un dron de reparto tipo cuadricóptero que, debido a un problema de funcionamiento, enganchara mi chaqueta con su brazo portador y me levantara hacia arriba dirigiéndome hacia el océano. Podría zafarme y trepar hasta alcanzar el cuerpo del dron, pero ¿cómo debería intentar forzarlo para que descendiera suavemente sin que nos estrelláramos?

R: Los drones funcionan con batería, así que si yo fuera tú se la quitaría, dejaría que cayera un poco, le volvería a poner la batería y utilizaría esa estrategia hasta que pudiera controlar el descenso y encontrara un buen momento para saltar. El lugar ideal sería cuando estuvieras sobre el agua, pero donde no cubriera mucho.

CÓMO HACER ATERRIZAR A UN PÁJARO ROC

P: **Una última pregunta. Sé que esto puede estar fuera de tu área de especialización, pero supongamos que me atrapara un roc, esa gigantesca ave mitológica. ¿Cómo debería intentar obligarlo a que me soltara sin dejarme caer?**

R: Lo mejor que podrías hacer es tratarlo como si fuera un gran ala delta enfadado. Si te echaras hacia un lado, el roc tendría que girar en esa dirección. Si de alguna manera volcaras tu peso hacia delante, él se vería obligado a ir hacia abajo. Si fueras lo suficientemente fuerte, podrías dirigirlo, como si se tratara de un planeador grande no muy dispuesto a cooperar.

Otra cosa que podrías hacer, si llevaras contigo algo como una tienda de campaña o mucha ropa, es desplegar una especie de paracaídas. La mera resistencia añadida de un paracaídas, o cualquier objeto grande colgando, irritaría a cualquier criatura que intentara volar. Si fueras paracaidista, despliega tu paracaídas. Siempre podrías disponer del de reserva.

También podrías empezar a cortarle las alas en caso de que fueras armado. Todo depende de si estás dispuesto a pasar a la ofensiva.

O también podrías usar la psicología. ¿Qué quiere el pájaro? ¿Tienes comida para darle? Lo que nunca desearías es que se irritara y te soltara. El ave ha de estar motivado para seguir llevándote. Así que creo que yo intentaría alcanzar una parte de su cuerpo desde la que no pudiera soltarme. En caso de que lograra ponerme detrás de su espalda y agarrarme, y me sujetara bien fuerte, el roc no podría hacer nada. Yo sería como un insecto del que no pudiera librarse. Pero si intentaras modificar su plan de vuelo, deberías usar tu propio peso o tu propia psicología o intelecto. No tengo ni idea de qué es lo que motiva a un roc.

Randall: Muchas gracias por aceptar responder a estas preguntas.

Coronel Hadfield: Gracias por estas preguntas tan… interesantes. Espero que nadie tenga que utilizar nunca mis respuestas. Pero, en caso de necesitarlo, contádselo a Randall para que pueda actualizar este libro.

CAPÍTULO 6

Instrucciones para cruzar un río

A los seres humanos nos gusta vivir cerca de los ríos, y eso implica que a menudo tengamos que cruzarlos.

La forma más sencilla de cruzar un río es vadearlo, lo que en resumidas cuentas viene a ser fingir que no está ahí, seguir caminando y confiar en que todo salga bien.

La gente suele intentar vadear los ríos por las zonas menos profundas, pero incluso estas aguas pueden ser sorprendentemente peligrosas. No siempre es fácil saber a qué velocidad fluye el agua, y basta con que esta le llegue a alguien a la altura de los tobillos para arrastrarlo.

Si el río es demasiado profundo para vadearlo, puedes intentar cruzarlo a nado. Pero que lo logres o no dependerá mucho de las condiciones del río. Si este va demasiado rápido, la corriente podría empujarte, arrastrarte río abajo y que acabaras golpeado por algún obstáculo o absorbido por unos rápidos.

Una persona normal que sepa nadar —no hablo de un deportista ni nada por el estilo— probablemente sea capaz de avanzar a algo más de un metro por segundo. Y esto es ir más rápido que la corriente de algunos ríos…, pero también mucho más lento que la de otros: la velocidad de los ríos oscila entre treinta centímetros por segundo y casi diez metros por segundo.

Si el río fuera una región idealizada de agua que se moviera en línea recta a velocidad constante, el tiempo que se tardaría en cruzarlo a nado sería fácil de calcular, ya que se podría nadar directamente hacia la orilla opuesta ignorando la corriente. Un río de caudal más rápido te llevaría más lejos río abajo, pero aun así llegarías a la orilla opuesta en el mismo tiempo.

CAUDAL DEL RÍO ⟶

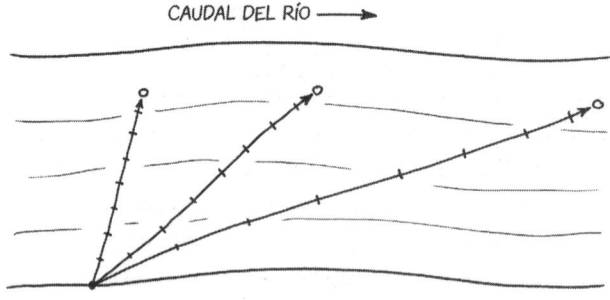

Sin embargo, por desgracia, el caudal de los ríos reales no fluye a una velocidad uniforme. El agua tiende a ir más rápido en su zona central que cerca de las orillas, y también va más deprisa cerca de la superficie que en el fondo. Las zonas en las que el caudal se mueve más rápido suelen coincidir con las partes más profundas del río, un poco por debajo de la superficie. Si tuviéramos un río liso y uniforme que fluyera en línea recta, la velocidad del caudal podría explicarse así:

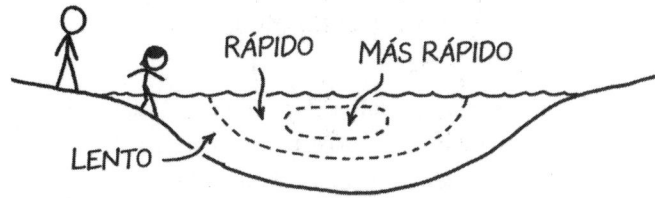

Un cauce con amplias zonas llanas y canales profundos podría tener este aspecto:

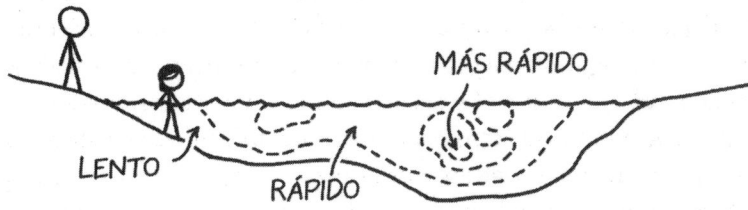

Si intentaras cruzar a nado uno de estos ríos, las cosas se te complicarían un poquito. Además, los ríos reales nunca fluyen en línea recta. Tienen remolinos y corrientes que serpentean de un lado a otro. En un río de verdad sería posible que la corriente te alejara de la orilla, te hundiera o te llevara río abajo para acabar haciéndote saltar por una cascada.

Y como eso parece peligroso, casi mejor miramos otras opciones.

SÁLTALO

Si la idea de *cruzar* el río nadando no acaba de convencerte, puedes intentar pasarlo *por encima*. El modo más sencillo, si el río es lo bastante pequeño, es saltar.

Existe una fórmula muy fácil para determinar, dadas unas condiciones ideales, la distancia que puede volar un proyectil que lanzáramos en diagonal.

$$\text{distancia} = \frac{\text{velocidad}^2}{\text{aceleración de la gravedad}}$$

La distancia exacta que puedes saltar depende de detalles relativos a tu aproximación, lanzamiento y aterrizaje, pero esta fórmula nos ofrece una estimación bastante realista de lo que puede lograrse. Según ella, si te acercas corriendo a 16 km/h, podrías saltar una distancia de hasta 2 metros. Esto confirma que, en el caso de arroyos muy pequeños, saltar al otro lado es algo sin duda factible.

Si aumentas la velocidad de la carrera, es posible saltar una distancia mayor, que es por lo que los campeones de salto de longitud a veces también ganan las pruebas de velocidad: en cierto sentido, un saltador de longitud no es más que un velocista al que también se le da bien ascender brevemente además de avanzar. Los saltadores de longitud de élite suelen lograr saltos cercanos a los 9 metros, lo que implica que sean capaces de acelerar hasta una velocidad punta superior a 30 km/h poco antes de la batida.

De todas formas, las bicicletas son aún más rápidas que los velocistas. Por tanto, si te subes a una buena bicicleta y pedaleas con mucha fuerza, podrías alcanzar incluso unos 50 km/h. Y a esta velocidad, en teoría, serías capaz de superar un río de 18 metros.

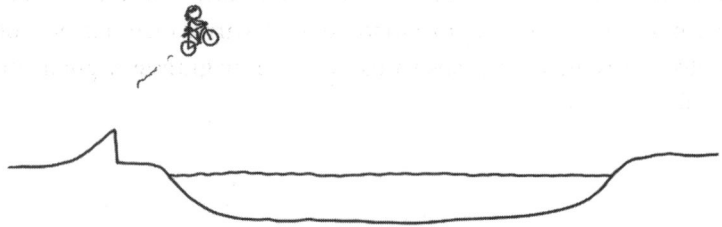

Por desgracia, debido a la conservación de la energía, que despegues a 50 km/h implica que también irás a 50 km/h cuando aterrices en la otra orilla. Y esa es una velocidad lo suficientemente rápida como para que te causes lesiones graves o incluso mortales. De hecho, quizá fuera más seguro probar esta acrobacia en un río de más de 18 metros de ancho, porque si intentaras saltar un río de 25 metros en lugar de uno de 18, aterrizarías en el agua cercana a la otra orilla, lo que tal vez le provocara menos daños a tu cuerpo que hacerlo en tierra firme.

Bueno, al menos, suponiendo que el agua fuera lo bastante profunda.

PROHIBIDO ZAMBULLIRSE

Obviamente, los vehículos más rápidos pueden saltar más lejos. Así, en teoría, un coche a 100 km/h podría saltar una distancia de casi 100 metros de ancho. Pero, claro, sería improbable que un coche lanzado a 100 km/h aterrizara sano y salvo.

Evel Knievel, un temerario motociclista, se hizo famoso realizando saltos por encima de cosas en su motocicleta, y pasó a la historia su intento de cruzar el cañón del río Snake en una moto cohete que, por cuestiones legales, fue técnicamente clasificada como avión. Hay distintas opiniones sobre el número exacto de huesos que Knievel se rompió a lo largo de su carrera, pero la proporción de saltos exitosos respecto a huesos rotos no fue muy grande, y puede que fuera incluso inferior a uno.

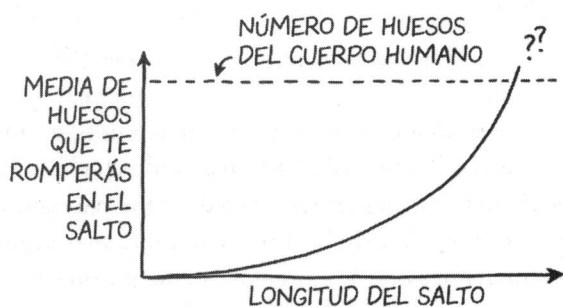

Aunque, pensándolo mejor, quizá deberías dejarles los saltos a los profesionales del tema… Bueno, en realidad, tal vez tampoco los profesionales deberían hacerlos.

ATRAVIESA LA SUPERFICIE

Las personas no podemos caminar sobre la superficie del agua, al menos no sin la ayuda de la tecnología o de fuerzas sobrenaturales.

En internet hay multitud de vídeos virales de gente que cruza el agua corriendo, en bici o en moto. El principio básico de todas estas acrobacias es sencillo: si vas lo suficientemente rápido, cuando llegues al agua la cruzarás esquiando. Todos estos vídeos suelen hacerse virales porque parecen hasta cierto punto verosímiles, y todo el mundo se queda dudando hasta que los autores del bulo confiesan o el equipo de *Cazadores de mitos* lo prueban.

He aquí un rápido resumen para que distingas qué tipos de acrobacias son reales y cuáles son falsas:

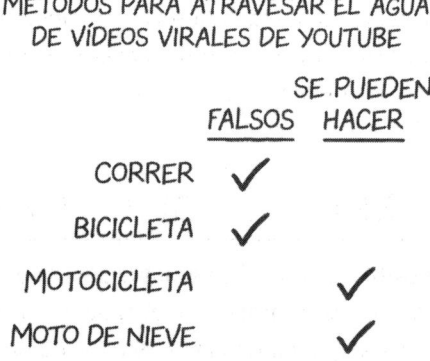

MÉTODOS PARA ATRAVESAR EL AGUA
DE VÍDEOS VIRALES DE YOUTUBE

	FALSOS	SE PUEDEN HACER
CORRER	✓	
BICICLETA	✓	
MOTOCICLETA		✓
MOTO DE NIEVE		✓

Como muy bien saben quienes practican esquí acuático descalzos, si quieres mantenerte por encima de la superficie es necesario que tus pies se muevan a unos 50 o 60 km/h con respecto al agua. Ni siquiera los de Usain Bolt cuando esprinta se mueven tan rápido.[32]

Ir montado en bicicleta tampoco te servirá de gran cosa. En este caso no tendrás que probar, puedes averiguarlo con solo preguntarle a un ciclista experimentado. Sin duda te dirá que las bicicletas, a diferencia de los coches, no suelen tener problemas de aquaplaning. A veces es posible que resbalen sobre el pavimento mojado, pero debido a la forma curva de los neumáticos, que desalo-

---

[32] Si lo que intentas es mantenerte encima de la superficie del agua corriendo, probablemente tendría más sentido que corrieras en el sitio, de modo que movieras los pies muy deprisa en relación con la superficie del agua. Un esquiador acuático ligero y descalzo de pies grandes puede mantenerse por encima de la superficie a solo 50 km/h, que es unos 8 km/h más rápido que la velocidad de carrera de los atletas más veloces. Así pues, mantenerse sobre el agua corriendo sobre el sitio es seguramente imposible, si bien eso no lo sabremos con certeza hasta que alguien coja a un velocista campeón —de cuerpo pequeño y pies grandes— y lo sumerja poco a poco en un charco de agua mientras trata de correr sobre el sitio. Ya puedes tener suerte con la solicitud...

jan el agua hacia ambos lados, un neumático de bicicleta no pierde el contacto con el suelo para «surfear» sobre una capa de agua.

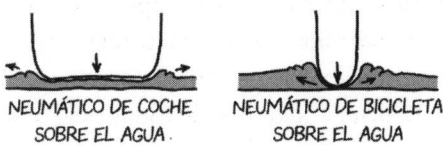

NEUMÁTICO DE COCHE SOBRE EL AGUA   NEUMÁTICO DE BICICLETA SOBRE EL AGUA

Las motocicletas, que montan unos neumáticos más planos y con dibujo como los de los automóviles, sí pueden hacer aquaplaning, y *Cazadores de mitos* ha confirmado de forma espectacular que también pueden utilizarse para cruzar tramos cortos de agua. Pero eso nos lleva de nuevo al territorio de Evel Knievel.

Por supuesto, lo que sí existen son vehículos especializados diseñados para desplazarse sobre la superficie del agua.

Por ejemplo, si tuvieras una barca, esta sería una opción perfectamente válida. De hecho, en algunos ríos hay barcas estacionadas de forma permanente para transportar a la gente de un lado a otro.

OTROS ESTADOS DE LA MATERIA

Antes dije que no es posible correr sobre el agua, pero eso no es del todo cierto. No se puede correr sobre agua líquida. Pero el agua puede presentarse en otros estados. Echemos un vistazo a los diversos estados de la materia y veamos si podemos convertir el río en uno de ellos para que así sea más fácil cruzarlo.

Congélalo

Para congelar un río necesitarás maquinaria de refrigeración y una fuente de energía.

Pensar en la energía necesaria para congelar tiene sus trampas. Porque, en sentido estricto, convertir el agua en hielo no *requiere* energía. Cuando el agua se congela, más bien *emite* energía.

Pero, entonces, si se necesita energía para hervir el agua y congelarla desprende energía, ¿por qué nuestro congelador gasta electricidad en lugar de generarla?

Lo que ocurre es que el calor que está presente en el agua no quiere irse. La energía térmica fluye de forma natural de las zonas más calientes a las más frías. Si le echamos cubitos de hielo a una bebida caliente, el calor sale de la bebida y fluye hacia los cubitos, calentando el hielo y enfriando la bebida, lo que crea un equilibrio. La segunda ley de la termodinámica dice que la energía térmica siempre quiere fluir en esa dirección: el hielo nunca calienta espontáneamente la bebida mientras se enfría. Trasladar calor de una zona más *fría* a otra más *caliente*, en contra de esta dirección natural, requeriría una bomba de calor, y el funcionamiento de esta precisa energía. Si pretendemos extraer calor de un río para bajar su temperatura y así congelarlo, habría que realizar un trabajo.

Para calcular cuánta energía se necesitaría para convertir un río en hielo mediante refrigeración, podemos utilizar las estimaciones de las máquinas de hielo comerciales. La Oficina de Eficiencia Energética y Energías Renovables de EE. UU. tiene publicada una guía para calcular el consumo energético de las máquinas de hielo comerciales, y en ella sugiere una estimación por defecto de 5,5 kilovatios hora (kWh) por cada 45 kilos de hielo producido. El caudal normal del río Kansas a su paso por Topeka podría ser de 200 metros cúbicos por segundo, lo que nos daría una potencia estimada de 87 gigavatios,

$$\frac{5,5 \text{ kWh}}{45 \text{ kg}} \times 1 \frac{\text{kg}}{\text{L}} \times 200 \frac{\text{m}^3}{\text{s}} \approx 87 \text{ GW}$$

Ochenta y siete gigavatios es mucha potencia;[33] equivale a la potencia de salida cuando despega un cohete de carga pesada. Si quisieras alimentar tus dispositivos de refrigeración, te haría falta un generador de tamaño similar, y este aparato consumiría mucho combustible. De hecho, la cantidad de combustible que entraría en ese generador sería de unos 8,5 metros cúbicos por segundo, lo que sería casi el 5 % del caudal del propio río.

En otras palabras, tu aparato de congelación tendría que estar alimentado por un río de gasolina de un tamaño comparable al del propio río que pretendes congelar.

---

[33] Sería suficiente para regresar al futuro 71 veces.

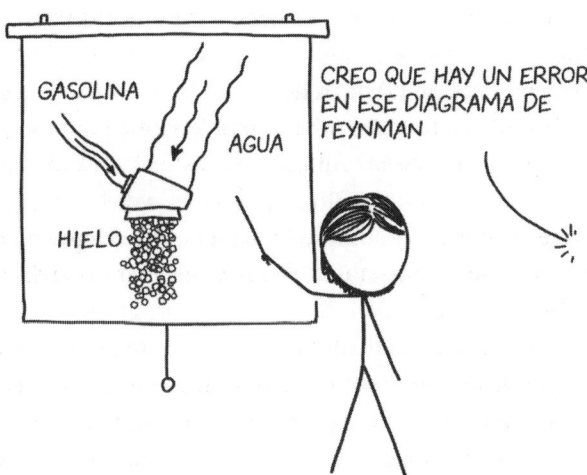

Pero quizá exista una manera de solucionarlo. Tal vez no te haga falta congelar todo el río. Podría bastarte con congelar simplemente la superficie.

Por norma general, el hielo debería tener al menos unos 10 cm de grosor para que fuera seguro caminar sobre él. El río Kansas tiene unos 300 metros de ancho, que será la longitud del puente, así que si nuestra idea es que el puente de hielo tenga unos 60 metros de ancho (para evitar que se doble y se rompa), entonces nuestra construcción de hielo pesará unas 2.000 toneladas. Congelar tanto hielo requeriría unos 330 megavatios hora de electricidad, lo que supondría un gasto de unos 50.000 dólares (sin contar el coste añadido de todas las máquinas de hielo).

Hiérvelo

Ya hemos hablado de las opciones sólidas y líquidas. Pero ¿y el gas? ¿Sería posible instalar alguna maquinaria río arriba para convertir el río de líquido a gaseoso y luego atravesar a pie su cauce, ya seco?

No, sería imposible. Pero averigüemos por qué.

En primer lugar necesitarías una forma de calentar el agua. Obviamente no podrías usar unas teteras normales. En su lugar tendrías que...

Venga, vale. Si lo que te apetece es hervir el río Kansas utilizando teteras normales, veamos cómo hacerlo.

Una tetera típica contiene 1,2 litros de agua. El agua posee una gran capacidad de almacenamiento de calor: hace falta mucha energía para elevar su temperatura. Pero se necesita una *enorme* cantidad de energía para transformarla de agua caliente a vapor. Conseguir que un litro de agua pase de la temperatura ambiente a 100 °C requiere unos 335 kilojulios de energía. Pero lograr que ese líquido a 100 °C se convierta en vapor de 100 °C requiere una cantidad de energía muchísimo mayor: 2.264 kilojulios.

Es fácil comprobar este efecto al hervir agua. La mayoría de las teteras eléctricas[34] solo tardan unos 4 minutos en calentar el agua hasta que hierve. Pero cuando apagas el fuego, la mayor parte del agua sigue ahí, a temperatura de ebullición, sí, pero en estado líquido. Si lo que pretendes es que el agua hierva del todo, es decir, que se convierta en vapor, tienes que seguir calentándola durante unos 30 minutos en total. Y eso es mucho más tiempo que los 4 minutos que tarda en ponerse a hervir.

El caudal del río Kansas es de 200 metros cúbicos por segundo, lo que equivale aproximadamente a 10 millones de teteras por minuto.[35] Dado que cada una de ellas tendría que hervir sus 1,2 litros de agua durante 30 minutos, te harían falta un total de 300 millones de teteras funcionando en paralelo para hervir todo el caudal.

Si una tetera eléctrica tiene una base circular de 17 centímetros, podrías empaquetarlas a razón de 3 por cada 900 centímetros cuadrados.

Trescientos millones de teteras ocuparían un área circular de más de 3 kilómetros de diámetro. Y para hervir el río tendrías que dividirlo y desviar su caudal a través de tu campo de teteras. Cada una de ellas herviría el agua a medida que esta fuera entrando, y cuando una tetera se vaciara, el agua fresca del río la sustituiría.

En teoría, este método funcionaría así:

---

[34] La mayoría de las teteras eléctricas —como la mayoría de los secadores de pelo— están limitadas a 1.875 vatios porque, si consumieran más, no podrían enchufarse con seguridad en las tomas domésticas estadounidenses de 15 amperios (A).

[35] Diez megateteras.

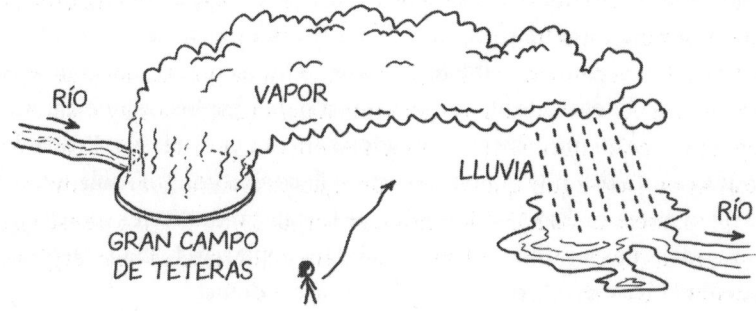

En la práctica ocurriría más bien esto:

Tus teteras eléctricas consumirían más o menos tanta electricidad como todo el resto del país junto. Y no es posible concentrar tanta energía en un solo sitio utilizando la red eléctrica estadounidense.

Lo que, a todo esto, probablemente sea lo mejor. Porque, de ser posible, podríamos tener problemas.

Cuando el agua hierve crea vapor caliente. Y eso hace que el vapor suba. Como solo tenemos una tetera en la cocina, no pasa nada: el vapor sube, golpea el techo, se extiende y acaba dispersándose.

Hasta cierto punto, esto es también lo que le ocurriría a tu campo de teteras. Pero la experiencia sería un poco más…, digamos, espectacular. La columna de vapor se elevaría hasta la estratosfera, extendiéndose y formando una especie de hongo, como el de una erupción volcánica o una explosión nuclear. Cuando el aire asciende, entra más aire por los lados para ocupar su lugar. Probablemente no te des cuenta de ello cuando ocurre en la cocina con una sola tetera, pero la gente que viviera en Kansas alrededor de tu campo de teteras *seguro que sí* lo notaría. Desde todas las direcciones, los vientos soplarían hacia las teteras, convergiendo en la base de la columna de vapor ascendente.

Y en la base también surgirían problemas. Las teteras absorberían una enorme cantidad de energía eléctrica y la expulsarían en forma de vapor y radiación térmica. La producción de energía de tu campo de teteras sería mayor que el calor emitido por un lago de lava de varios kilómetros de ancho.

El calor es una especie de ecualizador. Por norma general, todo lo que desprende tanta energía como un lago de lava *se acaba convirtiendo* en un lago de lava. Lo que implica que tus teteras se sobrecalentarían, se romperían y se derretirían.

Pero pongamos que logras encontrar teteras y cables ignífugos y resistentes al calor. En ese caso, las teteras podrían empezar a calentar las capas inferiores de vapor demasiado rápido. El calor entraría más deprisa de lo que la convección podría hacerlo salir, y la temperatura del vapor aumentaría. En principio, si se hiciera funcionar el campo de teteras el tiempo suficiente, el vapor podría pasar de gas a plasma.

Y, cuando intentaras cruzar el río, te encontrarías lo siguiente: al caminar por el barro del cauce verías a tu izquierda una gigantesca columna de vapor que irradiaría un intenso calor, con un creciente lago de lava a sus pies. Desde tu derecha, un poderoso viento soplaría a lo largo del lecho del río. El viento te refrescaría inicialmente, pero si se volviera demasiado fuerte podría arrastrarte hacia el lago de lava. Desde arriba, te caería una lluvia suave que convertiría el suelo en barro caliente. En lo alto, los cables eléctricos crepitarían y chisporrotearían, mientras toda la red eléctrica de EE. UU. desviaría energía hacia tu lago de lava.[36]

Una vez llegado a este punto, te darías cuenta de que ni siquiera te haría falta encender las teteras. Tardaste 30 minutos en llenarlas de agua; podrías haber aprovechado ese tiempo para dejar que se drenara un tramo del río y cruzarlo andando.

---

[36] Cuando se retiren las teteras, el río rellenará el cráter que hayan dejado, formando un estanque temporal tipo *kettle*. (Muchas gracias a los cuatro o cinco hidrólogos glaciares que hayan entendido el juego de palabras).

Aunque, claro, eso no habría sido tan divertido.

COMETAS

Si no tienes 300 millones de teteras,[37] también puedes intentar cruzar el río en cometa.

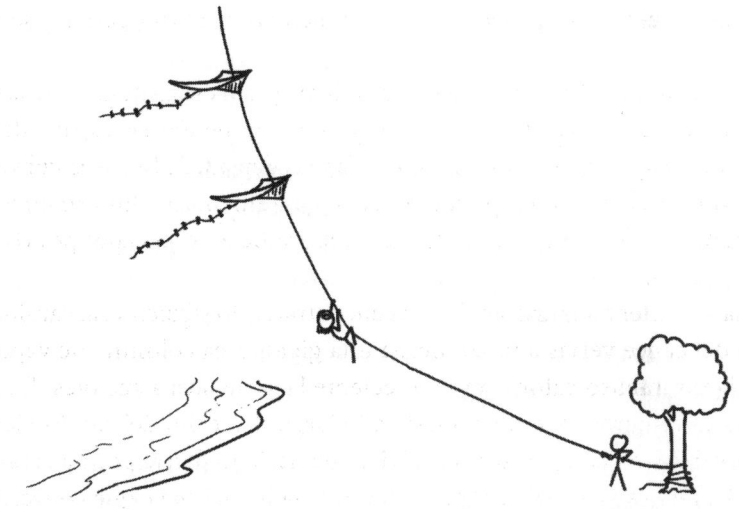

En realidad, ya se han utilizado cometas para cruzar ríos. Cuando unos ingenieros se plantearon construir un puente colgante sobre la garganta de las cataratas del Niágara, lo primero que les hizo falta fue conseguir que un cable pasara de un acantilado al otro.

---

[37] Por la razón que sea.

Para que el cable llegara al otro lado del río, se les ocurrieron distintas ideas. Se pensó en hacer cruzar un transbordador remolcando un cable, pero les pareció que la corriente era demasiado turbulenta y rápida para que el barco no fuera arrastrado río abajo. La distancia también era demasiado ancha para disparar una flecha, por lo que, después de considerarla, rechazaron la idea de cañones y cohetes. Al final decidieron organizar un concurso de cometas y ofrecieron un premio de 10 dólares a quien consiguiera hacer volar una de un lado a otro de la garganta.

Tras intentarlo varios días, Homan Walsh, un muchacho de 15 años, consiguió salvar la garganta. Echó a volar su cometa desde el lado canadiense y logró engancharla en un árbol del lado estadounidense, con lo que ganó el premio en metálico. Los ingenieros del puente usaron la cometa para pasar una cuerda más robusta por el desfiladero y, después de varias tentativas, consiguieron unir los dos países con un cable de 1,2 centímetros de ancho.[38] A continuación empezaron a pasar más cables por la garganta, construyeron un par de torres y, por último, un puente colgante.

Obviamente, si te vas a decantar por la idea de Homan Walsh, puedes prescindir del intermediario y cruzar volando tú mismo con la cometa. A finales del siglo XIX y principios del XX se empezó a volar cometas que elevaban a personas, antes de que la invención del avión las hiciera menos emocionantes.

---

[38] El 13 de julio de 1848, *The Buffalo Commercial Advertiser* tituló «Incidentes en las cataratas», bajo el cual aparecía una noticia de última hora en la que se anunciaba que un pájaro muy mono —una abubilla— había anidado cerca de la rueda de paletas del barco de vapor turístico Maid of the Mist Falls, y había criado y hecho volar con éxito a una familia de polluelos varios años seguidos. Me encantan los periódicos antiguos, y ojalá recibiera alertas en mi teléfono móvil sobre este tipo de cosas.

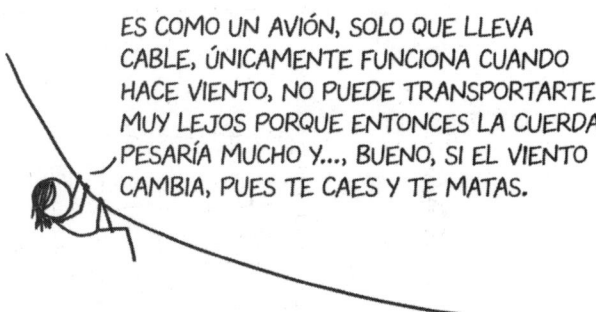

ES COMO UN AVIÓN, SOLO QUE LLEVA CABLE, ÚNICAMENTE FUNCIONA CUANDO HACE VIENTO, NO PUEDE TRANSPORTARTE MUY LEJOS PORQUE ENTONCES LA CUERDA PESARÍA MUCHO Y..., BUENO, SI EL VIENTO CAMBIA, PUES TE CAES Y TE MATAS.

Por supuesto, no *todos* los vuelos de una de esas cometas de elevación humana terminan en un terrible accidente debido a los cambios de viento. A veces… ¡también se estrellan por otras razones!

En 1912, Samuel Perkins, un fabricante de cometas de Boston, se encontraba probando una cometa de elevación humana en Los Ángeles. Estaba alcanzando 60 metros de altitud, todo un récord, cuando un biplano que pasaba por allí cortó la cuerda. Por milagroso que parezca, la cometa actuó de paracaídas y Perkins sobrevivió a la caída con lesiones mínimas.[39]

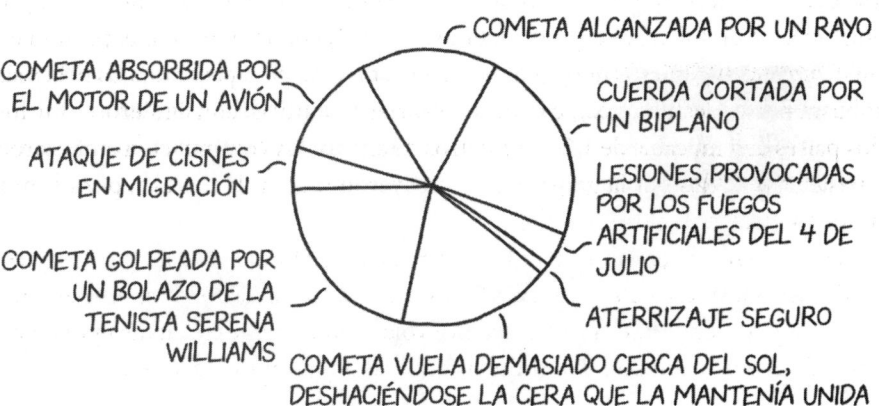

RESULTADOS MÁS COMUNES DEL VUELO DE COMETAS DE ELEVACIÓN HUMANAS

COMETA ALCANZADA POR UN RAYO

COMETA ABSORBIDA POR EL MOTOR DE UN AVIÓN

CUERDA CORTADA POR UN BIPLANO

ATAQUE DE CISNES EN MIGRACIÓN

LESIONES PROVOCADAS POR LOS FUEGOS ARTIFICIALES DEL 4 DE JULIO

COMETA GOLPEADA POR UN BOLAZO DE LA TENISTA SERENA WILLIAMS

ATERRIZAJE SEGURO

COMETA VUELA DEMASIADO CERCA DEL SOL, DESHACIÉNDOSE LA CERA QUE LA MANTENÍA UNIDA

También podrías usar un globo en vez de una cometa. En realidad, los globos y las cometas son bastante parecidos: un globo atado a una cuerda es, hasta cierto punto, una cometa reflejada sobre una línea diagonal. Una cometa atada a una cuerda «quiere» descansar sobre el suelo debido a la fuerza de la gravedad,

---

[39] El ala del biplano también resultó dañada, pero el piloto pudo aterrizar sin problema.

y es el viento quien crea la fuerza hacia arriba que la eleva. Su ángulo diagonal final es el equilibrio de ambas fuerzas.

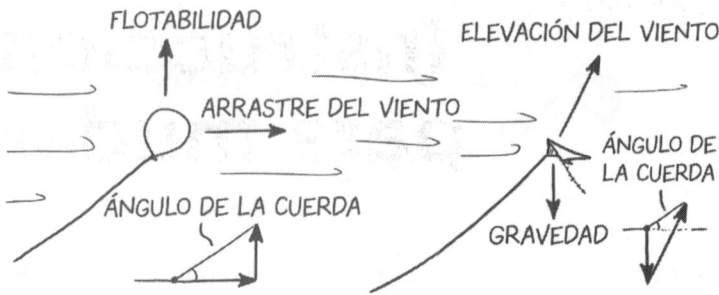

Un globo, por el contrario, «quiere» ir recto hacia arriba, pero el viento tira de él hacia los lados. Por eso, a medida que el viento aumenta, las cometas vuelan más verticalmente, mientras que los globos lo hacen más en horizontal.

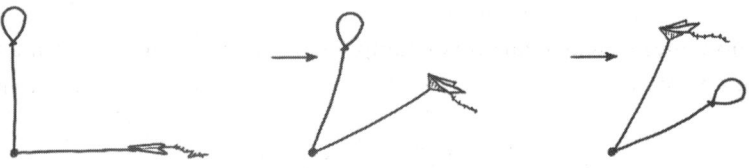

Una vez cruzado el río, el siguiente reto sería bajar. Pero esto en realidad es fácil, porque, por una vez, la gravedad está de tu lado. Solo tienes que hacer que aquello que te sostenga —cometa, globo u otro artilugio— vuele un poco peor... y, bueno, la gravedad hará el resto.

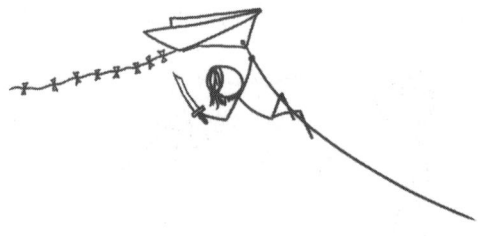

CAPÍTULO 7

Instrucciones para mudarse

Ya has elegido un lugar al que mudarte y ahora tienes que llevar allí todas tus cosas.

Si no tienes muchos bártulos y tampoco te vas muy lejos, te resultará fácil. Solo has de meterlo todo en una bolsa y llevarlo de tu antigua casa a la nueva.

ASÍ QUE... ¿ESTAS SON TODAS TUS POSESIONES TERRENALES?

SÍ. AUNQUE, SINCERAMENTE, EL 90 % SON CABLES SIN IDENTIFICAR QUE ME DA MIEDO TIRAR.

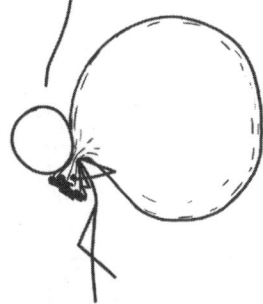

Por desgracia, si tienes muchas cosas, una mudanza puede suponer mucho trabajo. En algún momento de la misma, bastante gente echa un vistazo a todas sus posesiones, se da cuenta del trabajo que puede darle mudarse y piensa que sería más fácil tirarlo todo a un agujero y marcharse, dejándolo atrás. Siempre es una opción. Si decides decantarte por ello, consulta el capítulo 3, «Instrucciones para cavar un agujero».

De lo contrario tendrás que empaquetar tus cosas. El método estándar de embalaje, el que escoge la mayoría de la gente, consiste en meter todas tus pertenencias en cajas y sacar estas de casa.

Pero, salvo que te estés mudando a tu propio jardín, aún no has terminado. Solo has movido tus pertenencias unos 15 metros; así que, en función de adónde quieras trasladarte, podrían quedarte cientos de kilómetros por recorrer. ¿Cómo las llevarás hasta allí?

Llevar tus cosas a mano tampoco parece una gran idea. Supongamos que eres capaz de caminar cargando unos 18 kg. Por lo general, los muebles y enseres de la típica casa estadounidense de cuatro dormitorios pesan alrededor de 4.500 kg, lo que implica que tendrías que hacer unos 250 viajes.[40] Si te ayudaran 3 personas y pudieras andar 16 km al día,[41] tardarías 7 años en mudarte.

Todo sería mucho más sencillo si pudieras hacer un único gran viaje con todas tus pertenencias a la vez. La buena noticia es que, en un hipotético caso de vacío sin rozamiento, empujar las cosas hacia los lados no requiere ningún esfuerzo. Y si te mueves cuesta abajo, el movimiento requerirá en realidad un trabajo *negativo*: ¡recuperarás energía! La mala noticia es que probablemente no vivas en un lugar así. Es lo que le ocurre a la mayoría de la gente, a pesar de las claras ventajas que le ofrecería a uno al mudarse.

En nuestro mundo, donde sí existe el rozamiento, mudarse *requiere desde luego* un esfuerzo. Tus 4.500 kg de pertenencias pesan mucho, y empujarlas lateralmente precisa fuerza. La fuerza de resistencia que ejerce el suelo es simplemente el coeficiente de rozamiento entre tus cajas y el suelo multiplicado por el peso de las cajas. Para estimar dicho coeficiente de rozamiento, habría que ver hasta qué ángulo tenemos que inclinarla para que se deslice, y luego calcular la tangente inversa de ese ángulo.

---

[40] También es posible que tengas que cortar la nevera en trozos para que sea lo suficientemente ligera como para que puedas transportarla.

[41] Por término medio. Aunque tal vez puedas caminar más rápido en el viaje de vuelta, ya que lo harás sin carga.

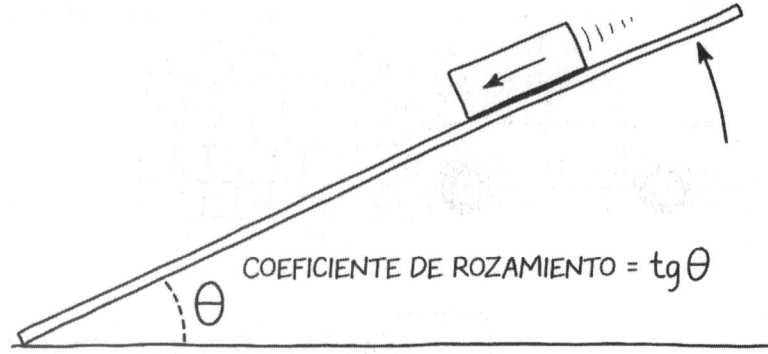

COEFICIENTE DE ROZAMIENTO = $tg\,\theta$

Para una caja que se desliza sobre un suelo de cemento, el coeficiente de rozamiento podría ser de 0,35, lo que significa que necesitaríamos casi 1.600 kg de fuerza lateral para empujar las cajas. Esto es demasiado para una sola persona —es aproximadamente la fuerza ejercida por un equipo de élite de sogatira de 15 personas—,[42] pero sería factible utilizando una camioneta grande.

¡DALE, DALE!

Empujar una carga de 4.500 kg durante 300 km requiere alrededor de 5 gigajulios de energía, lo que equivale más o menos a la electricidad utilizada por una casa de una familia típica durante 60 días. Si se trata de un equipo de élite de sogatira, eso equivale a 600 raciones diarias de comida de 2.000 calorías. Cinco gigajulios parece mucho, pero tal vez no lo sea: solo hacen falta 150 litros de gasolina.

Aunque dispusieras de un camión lo bastante potente como para empujar todas tus pertenencias a través del país, esta sería probablemente una mala forma de mudarse. A medida que el cartón se deslizara por la carretera, se desgastaría y tus posesiones se irían haciendo papilla poco a poco.

---

[42] Sí, hay equipos de élite de sogatira. Y, de hecho, este deporte es mucho más peligroso de lo que se cree. Para más detalles, consulta https://what-if.xkcd.com/127

Podrías mejorar la situación colocando todas tus pertenencias en un trineo hecho de algún tipo de material duro y resistente al rozamiento. Y perfeccionar aún más el método colocando rodillos debajo del trineo que se muevan con él. Ahora añade un eje, y así no tendrás que ir sustituyendo los rodillos. Enhorabuena, ¡has inventado la rueda!

Llegados a este punto, ya has reinventado el camión de mudanzas, que no es sino el método más comúnmente utilizado para mudarse. Pero todo eso de embalar sigue suponiendo mucho esfuerzo. Si ni de coña te ves empaquetando tus cosas,[43] siempre te queda otra opción: mudarte con toda la casa.

MUDARSE SIN EMBALAR

Trasladamos casas constantemente. A veces se hace para preservarlas por razones históricas. En otras ocasiones, porque resulta más barato traer una vivienda vacía desde otro sitio que construir una nueva desde cero. E incluso puede existir gente que quiera trasladar su casa y que, como dispone del dinero suficiente para hacerlo, no tenga por qué pararse a darte explicaciones.

Las casas pesan, y mucho más que todo lo que contienen. Aunque el peso de una casa varía bastante, podría rondar los 1.000 kg/m², si en él incluimos los cimientos. Sin ellos, es probable que sea bastante menos. Una casa de tamaño medio de una sola planta puede pesar 68.000 kg, o 160.000 kg si incluimos los cimientos de hormigón.

Sin embargo, levantar una casa es difícil por más razones que simplemente su peso. Porque aunque una casa puede parecer sólida, en realidad es posible que sea menos rígida de lo que uno espera. Algunos contratistas lo comparan con levantar un colchón de matrimonio: si se intenta alzar desde un solo punto, solo se levantará esa esquina.

Para levantar una casa, por lo general hay que agujerear los cimientos y colocar debajo de ellos vigas de acero, de forma que queden alineadas con las partes de la casa que soportan la carga. La idea es que, al alzar esas vigas, levantes la casa con ellas.

---

[43] O contratar a una empresa de mudanzas para que te empaquete la casa.

En primer lugar tendrás que separar la casa de sus cimientos, lo que significa retirar cualquier «anclaje contra huracanes» que amarre los cimientos al armazón de la casa. Dichos anclajes están ahí para impedir que un huracán haga precisamente lo que tú estás intentando hacer ahora.[44]

Una vez que hubieras separado la casa de sus cimientos, tendrías que encontrar un vehículo en el que colocarla: los camiones de plataforma suelen ser la opción más popular. El siguiente paso es utilizar este tipo de vehículo para transportar la casa a su nueva ubicación, siempre que las carreteras fueran lo bastante anchas. Procura no tomar curvas demasiado cerradas.

---

[44] Si no hay anclajes contra huracanes, puede que te ahorres algún esfuerzo; si esperas lo suficiente, es posible que llegue un ciclón o un tornado y mueva la casa por ti.

Conducir una casa es más difícil que conducir un coche.[45] A menos que tu casa sea excepcionalmente ligera y aerodinámica, es probable que el consumo de gasolina sea mucho más alto. ¿Cuántos kilómetros por litro esperas hacer? Bueno, podemos calcularlo utilizando un poco de física básica. Los motores de combustión interna modernos pueden transformar aproximadamente el 30 % de la energía del combustible en trabajo útil. Suponiendo una velocidad media de autopista, el trabajo del motor consistiría sobre todo en luchar contra la resistencia del aire, así que, para saber cuánto combustible consumiría tu vehículo, bastaría con introducir los parámetros de tu casa en la ecuación de resistencia aerodinámica. (Dado que hay otras fuentes de resistencia además del flujo de aire, tal vez estemos suponiendo el caso más optimista).

$$\frac{\text{consumo de gasolina}}{} = \frac{\text{densidad energética de la gasolina}}{\frac{1}{2} \times (\text{densidad del aire}) \times (\text{área de la sección transversal de la casa}) \times (\text{coeficiente de resistencia}) \times (\text{velocidad})^2}$$

$$= \frac{35 \, \frac{\text{MJ}}{\text{L}} \times 30}{\frac{1}{2} \times 1{,}28 \, \frac{\text{g}}{\text{L}} \times (5{,}48 \text{ m} \times 10{,}97 \text{ m}) \times 2{,}1 \times (72 \text{ km/h})^2} = 0{,}34 \text{ kilómetros por litro}$$

Una de las cosas que me encanta de la física es que podamos plantearle preguntas tan ridículas como: «¿Qué consumo de gasolina supondría trasladar mi casa por la autopista?» y que la física pueda respondernos.

La resistencia aumenta rápidamente a velocidades más altas. Si viajaras a 72 km/h, obtendrías 0,34 kilómetros por litro. A 88, solo un poco más rápido, su eficiencia caería a 0,21 kilómetros por litro. Si llevaras tu casa a una autopista alemana y condujeras a 130 km/h, obtendrías 0,08 kilómetros por litro, quemando 3,78 litros de gasolina cada 365 metros que recorrieras.

Probablemente no deberías trasladar tu casa tan deprisa, ya que los vientos de 130 km/h podrían arrancar piezas importantes de tu tejado. Incluso aunque fueras por debajo del límite de velocidad, es posible que a la policía no le hiciera ninguna gracia que alguien condujera una casa de forma temeraria.[46]

---

[45] Por un lado, aparcar en paralelo es un coñazo. Por otro, cuando intentes incorporarte, es más probable que la gente te ceda el paso.

[46] Para transportar una casa por carretera, deben obtenerse unos permisos especiales de «carga ancha». Dado que estás intentando trasladar tu casa siguiendo las instrucciones de un libro escrito por un dibujante, parece obvio que no los has solicitado.

Si te mandaran parar, podrías intentar argumentar que estás dentro de casa y que la policía no puede entrar en ella sin una orden judicial. En Estados Unidos, los agentes de policía pueden registrar vehículos basándose en una causa probable, pero no los domicilios. ¡Es el delito perfecto!

No obstante, el ordenamiento jurídico puede discrepar. En el caso de 1985 *California contra Carney*, el Tribunal Supremo dictaminó que las autocaravanas y los vehículos recreativos, incluso cuando estaban aparcados, se consideraban vehículos y podían ser registrados sin orden judicial. En su dictamen citaron la *movilidad* y la *capacidad de circulación* como factores clave para determinar si algo era un vehículo y podía ser registrado.

> La capacidad de ser «trasladado rápidamente» fue claramente la base de la sentencia en Carroll, y nuestros casos han reconocido sistemáticamente la movilidad rápida como una de las bases principales de la excepción del automóvil.
>
> California *vs*. Carney, 471 U. S. 386 (1985)

Que yo sepa, ningún tribunal se ha pronunciado todavía concretamente acerca de si la excepción del vehículo puede aplicarse a una casa que se transporte en un camión de plataforma, pero ten en cuenta que podrías estar pisando un terreno jurídico pantanoso.

VOLAR A CASA

Es posible que al planificar el traslado te hayas encontrado algunos obstáculos, como pasos elevados bajos o carreteras estrechas. O tal vez no quieras solicitar los permisos de «carga ancha». O quizá tengas demasiada prisa como para ir conduciendo. Si es así, podrías intentar mudarte volando.

Ahora bien, trasladar una casa entera por el aire plantea algunos retos. Los helicópteros más potentes del mundo pueden levantar entre 9.000 y 22.000 kilos, lo que sería suficiente para transportar los 4.500 kilos de pertenencias de una casa de tamaño medio, pero no la casa en sí.

> COMO NO DEJAS DE QUEJARTE POR LA MUDANZA, HE PEDIDO PRESTADO AL EJÉRCITO ESTE HELICÓPTERO PARA LLEVAR TUS COSAS.
>
> ¡UAU, MUCHAS GRACIAS!
>
> LA ÚNICA PEGA ES QUE NO ES LO SUFICIENTEMENTE GRANDE PARA LEVANTAR LA CASA ENTERA, ASÍ QUE TENDRÁS QUE EMPAQUETAR LAS COSAS DE TODAS FORMAS.
>
> NI DE COÑA.

Ya que un helicóptero no puede levantar tu casa…, ¿podrían hacerlo varios? Si engancharas varios al edificio y los hicieras alzar el vuelo a todos a la vez, ¿podrían levantar una carga más pesada?

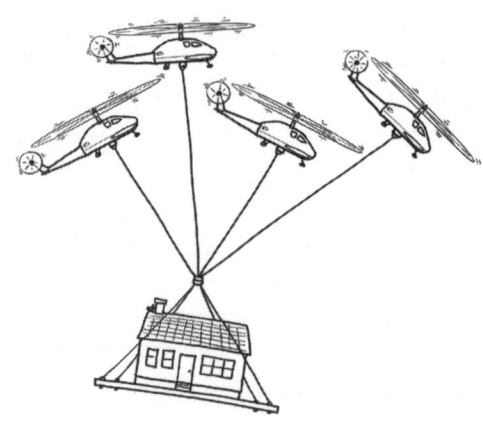

Levantar la casa con varios helicópteros presentaría algunos retos. Para evitar colisionar, los helicópteros tendrían que tirar en direcciones diferentes, lo que reduciría su capacidad total, pero al mismo tiempo deberían coordinarse con sumo cuidado. Ambos problemas podrían resolverse uniendo los helicópteros con una estructura rígida, de forma que se elevaran como una sola aeronave.

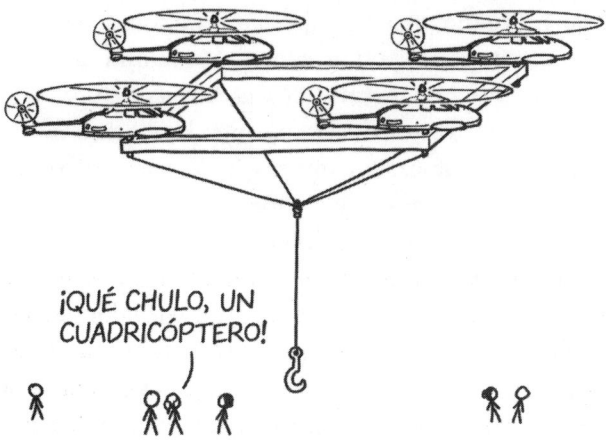

¡QUÉ CHULO, UN CUADRICÓPTERO!

La idea suena tan ridícula que, como era de esperar, el ejército estadounidense se la planteó durante la Guerra Fría. En un informe de 178 páginas se estudió la idea de crear un helicóptero superpesado mediante la sofisticada técnica de ingeniería de coger dos helicópteros y pegarlos uno al otro. El proyecto[47] nunca superó la fase inicial de planificación, posiblemente porque los diagramas de ingeniería recordaban mucho a dos libélulas apareándose.

SISTEMA DE ELEVACIÓN DE CARGA
PESADA POR VARIOS HELICÓPTEROS
(ESTUDIO DE VIABILIDAD NAVAL DE 1972)

LIBÉLULAS APAREÁNDOSE

---

[47] Que en realidad debería haberse llamado HELICIEMPIÉS.

Los aviones de carga pueden levantar más peso que los helicópteros. Un avión de gran tamaño, como el C-5 Galaxy, puede volar con casi 136.000 kilos, lo que sería suficiente para transportar una casa de tamaño medio y posiblemente incluso los cimientos, si la casa fuera pequeña. De hecho, el tamaño podría darnos más problemas que el peso: la mayoría de las casas no cabrían en la bodega de carga de un C-5 Galaxy.

Existen también algunos aviones especiales con forma de ballena diseñados para transportar piezas de carga inusualmente voluminosas. Los más grandes entre ellos, como el Boeing Dreamlifter y el Airbus Beluga XL, tienen como objetivo transportar piezas de otros aviones entre las fábricas que los están construyendo. Si lo pides con educación, puede que Airbus o Boeing te presten uno.

Y si no puedes meter tu casa *en* un avión, siempre te queda la opción de intentar llevarla *sobre* uno. Así es como la NASA transportaba por todo el país los transbordadores espaciales: usando un Boeing 747 especializado que llevaba el transbordador a cuestas. Para realizar esa tarea, el avión tiene un soporte especial que sobresale de la parte superior del fuselaje. Esta pieza con forma de montura encaja en una cavidad situada en la panza del transbordador. Junto a la montura hay una placa de instrucciones que contiene el mejor chiste de la historia de la industria aeroespacial:

ACOPLAR AQUÍ EL TRANSBORDADOR.
OJO: LADO NEGRO HACIA ABAJO

Procura no olvidar que fijar tu casa al exterior de un avión de este tipo la sometería a vientos de 800 km/h, es decir, velocidades muy superiores a las que soportan la mayoría de las estructuras. Algo que probablemente también influiría en el pilotaje del avión.

Trasladar la casa en avión plantea además otro problema: a diferencia de un helicóptero de carga, capacitado para despegar y aterrizar en vertical, un avión no puede trasladar la casa sin derribar un montón de postes telefónicos, árboles y casas vecinas. Así que, si no vives al final de una pista de aterrizaje, despegar puede que suponga un problema.[48]

Pero si lo único que quieres hacer es levantar la casa en el aire y luego desplazarla lateralmente, ¿para qué ibas a necesitar el avión entero? ¿Por qué no solo la parte que empuja? Los motores de un 787 Dreamlifter pueden producir un impulso superior a 30.000 kilos y apenas pesan 6.000 kilos, lo que significa que dos

---

[48] En caso de que sí vivas al final de una pista de aterrizaje, me encantaría conocer tu póliza de seguro de hogar y saber si tu seguro de automóvil a todo riesgo cubre las colisiones con aviones.

motores de este tipo podrían levantar una casa pequeña en el aire. La utilidad de esto es obvia.

Podría pensarse que a los motores de los aviones de pasajeros no se les da especialmente bien planear en el aire. A fin de cuentas, los motores necesitan oxígeno para arder, que aspiran a través de esas grandes tomas de aire de la parte delantera. Da la impresión de que deberían ser menos eficientes aspirando aire cuando no pueden utilizar el movimiento hacia delante que les ayuda a ello. Sin embargo, la mayoría de los motores tipo turbofán producen su máximo empuje cuando están quietos. A velocidades más altas, el motor aspira aire de forma más eficiente, pero la resistencia adicional de todo ese aire que entra contrarresta el impulso extra que produce el motor. Solo a velocidades muy altas, las cercanas a Mach 1, el efecto ariete hace que el impulso del motor aumente de nuevo.

Por tanto, en teoría, dos motores podrían ser suficientes para levantar tu casa, aunque quizá quieras añadir un tercero y un cuarto por motivos de seguridad y estabilidad.

Muy bien, y ahora que ya tienes tu casa en el aire…, ¿cuánto tiempo puedes flotar y volar de esta forma?

Durante el vuelo, los motores a reacción necesitan mucho queroseno. A plena potencia y aproximadamente a nivel del mar, cada uno consume casi cuatro litros de combustible por segundo. Llevar más fuel te permitirá planear durante más tiempo, pero también te hará más pesado. De hecho, si añades demasiado combustible, ni siquiera podrás despegar debido al peso.

Para saber cuánto tiempo puede flotar un vehículo de este tipo cargado con la máxima cantidad de combustible, hay que multiplicar el impulso específico del motor por el logaritmo neperiano (ln) de su relación impulso-peso. Así se obtiene el tiempo que el motor puede mantenerse en suspensión cuando arranca con una carga completa de combustible.

$$\text{tiempo de vuelo} = \frac{\text{empuje del motor}}{\text{caudal másico} \times \text{gravedad}} \times \ln\left(\frac{\text{empuje del motor}}{\text{peso del motor}}\right)$$

En el caso de un gran motor de tipo turbofán moderno que se encontrara suspendido en el aire a nivel del mar, esta cifra asciende a poco más de 90 minutos. Si añadimos el peso extra de la casa, el tiempo de vuelo será inferior a dichos 90 minutos, con independencia del número de motores que le añadamos. Si limitaras tu velocidad horizontal a 100 o 120 km/h y pretendieras mudarte más lejos de 160 km, tendrías que parar a repostar por el camino.[49]

---

[49] Si te quedas sin combustible en pleno vuelo y empiezas a caer, consulta el cap. 5, «Instrucciones para realizar un aterrizaje de emergencia», epígrafe «Cómo hacer aterrizar una casa que se cae al vacío».

INSTALARSE

Una vez llegues a tu nueva casa —o tu antigua casa llegue a su nueva ubicación—, aún queda mucho trabajo por hacer. Si te has traído la casa entera, es posible que tengas que excavar unos cimientos[50] y, en caso de que ya estén hechos, deberás anclar tu casa a ellos y fijarla con firmeza. Si ya hay una casa en los cimientos que quieres usar, asegúrate de quitarla antes de poner allí la tuya. Es tan sencillo como enviar a alguien delante de ti con otro juego de motores y hacer que repitan los pasos anteriores en la casa de tu destino. Cuando llegues al punto en el que la casa está en el aire, que ponga los motores a toda potencia y que salte. Después de haber hecho eso, ya podrás dejar de preocuparte; ahora es problema de otro.

---

[50] Consulta el capítulo 3, «Instrucciones para cavar un hoyo».

Una vez que ya te hayas mudado, puede que tengas que contratar ciertos servicios, como la calefacción, el agua y la electricidad.[51] Si eres especialmente cívico o te hace mucha ilusión formar parte de tu nueva comunidad, puede que quieras ir a presentarte a tus nuevos vecinos.

DESEMBALAJE

Si has traído tus pertenencias en cajas de mudanza —o las has embalado para que no se rompan durante el vuelo—, tendrás mucho trabajo por delante. Primero te tocará colocar los muebles para tener un lugar donde poner tus cosas, y luego desembalar las cajas llenas de cosas y averiguar dónde va cada una de ellas, lo que puede implicar varios ensayos y errores.

---

[51] Consulta el capítulo 16, «Instrucciones para suministrar energía a tu casa (en la Tierra)».

Si desembalar te agobia demasiado, también puedes optar por una estrategia que probablemente ha sido popular desde que el ser humano traslada su casa de un lugar a otro: despeja un espacio suficiente como para poner el colchón en el suelo, desempaqueta la única caja que contiene el cepillo de dientes y el cargador del móvil…, y ya te preocuparás del resto mañana.

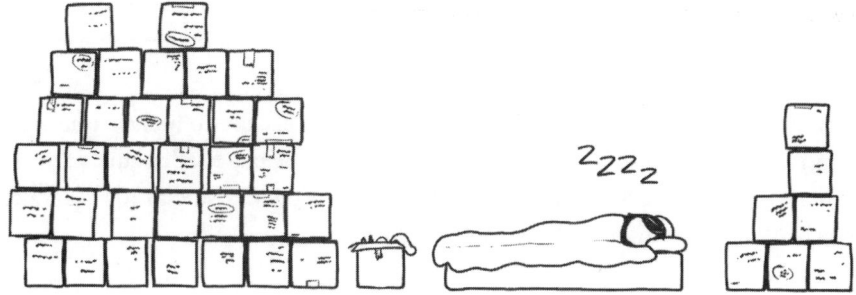

CAPÍTULO 8

Instrucciones para evitar que tu casa se mueva

Una vez que te hayas instalado en tu casa, generalmente te apetece que esta se quede donde está.

Si te quita el sueño que tu casa salga volando por los aires o incluso que algún bromista le ponga motores a reacción y la haga despegar, puedes sujetarla a los cimientos con anclajes contra huracanes. También puedes sujetar los cimientos al lecho rocoso mediante pilotes metálicos largos.

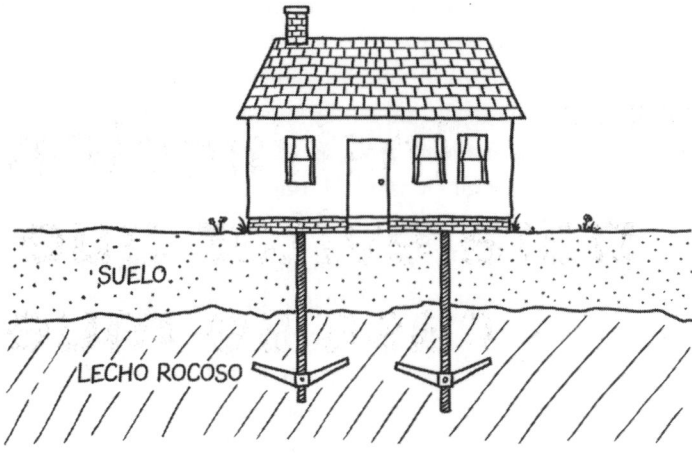

Pero ¿y si lo que se moviera fuera el propio lecho rocoso?

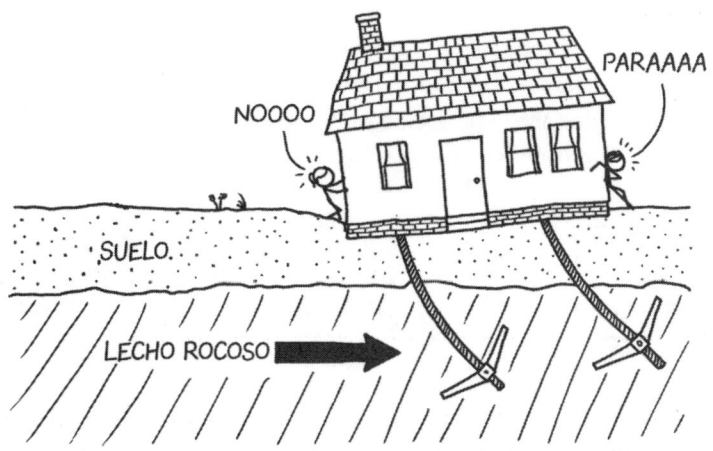

Las placas tectónicas se encuentran en constante movimiento. Una parte considerable de Norteamérica se desplaza hacia el oeste, en relación con el resto de la Tierra, más o menos a una velocidad de tres centímetros al año. En principio, parece evidente que las líneas de propiedad deberían moverse con la corteza, ya que sería ridículo que no fuera así: un movimiento de las placas de tres centímetros al año sería suficiente para que, en solo una o dos décadas, pudieras perder el jardín de un lado de tu casa y tomar posesión del de tu vecino en el otro.

En lugar de estar definidos por coordenadas, los límites geográficos suelen estar anclados al suelo. Por norma general, la última autoridad jurídica sobre la ubicación exacta de una frontera no suele ser un conjunto de coordenadas ni tampoco el texto del acuerdo por el que se ha creado esta, sino los hitos fronterizos dejados por el levantamiento topográfico original basado en ese acuerdo, junto con la documentación creada por los topógrafos, que podría usarse para reconstruir la ubicación de cada hito en caso de que este se haya movido o destruido.

La Comisión Internacional de Fronteras, institución encargada de gestionar la frontera entre Estados Unidos y Canadá, publica periódicamente las coordenadas actualizadas de la frontera; sin embargo, sus publicaciones no cambian dónde se encuentra esta, tan solo proporcionan a todo el mundo mejor información sobre ella. La frontera real se define mediante estos hitos fronterizos —normalmente obeliscos de granito y tubos de acero clavados en el suelo— junto con fotos e información topográfica. Si la tierra se mueve, las fronteras se mueven con ella, y las coordenadas han de actualizarse.

Para que no hagan falta tantas actualizaciones, los distintos países y organizaciones suelen utilizar cuadrículas de latitud y longitud ligeramente diferentes —puntos de referencia geodésicos— que están ancladas a una placa tectónica concreta. Dichas cuadrículas se mueven con la placa y pueden diferir entre sí varios metros o más. Debido a ello, ninguna coordenada de latitud o longitud es realmente precisa e inequívoca si no va acompañada de mucha información sobre el punto de referencia geodésico en el que se encuentra. ¿Que esto te parece un quebradero de cabeza para cualquiera que tenga que trabajar con coordenadas precisas? Pues tienes toda la razón.

Como cada continente utiliza una cuadrícula específica, se puede mitigar en parte el problema que el desplazamiento del suelo genere a gobiernos y propietarios, pero eso no lo resuelve del todo, porque a veces una parte de un continente se desplaza con respecto a otra.

Si, por ejemplo, tu casa está situada en el límite de una placa, como la falla de San Andrés, es posible que una parte de tu jardín se esté desplazando más de tres centímetros al año y que los hitos fronterizos empiecen a discrepar. ¿Acaso tu jardín se está dividiendo gradualmente en dos partes? ¿Podría tu casa salirse completamente de su terreno?

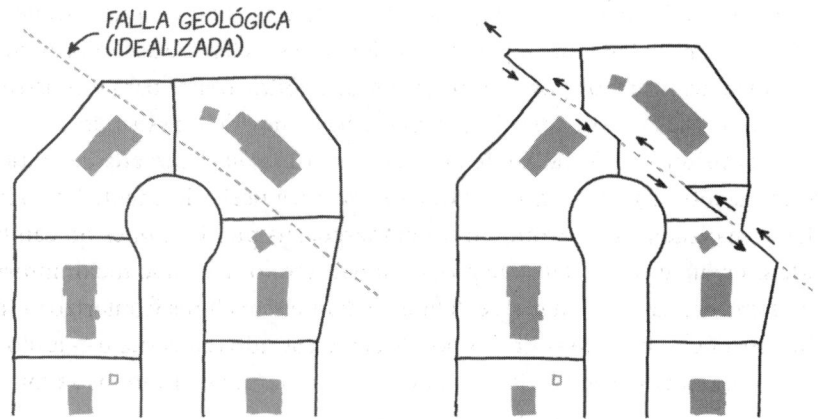

FALLA GEOLÓGICA (IDEALIZADA)

En 1964, Alaska sufrió un terremoto que desplazó lateralmente gran parte de la ciudad de Anchorage unos 4,5 metros. Para resolver los problemas de propiedad generados, el estado aprobó en 1966 una ley que permitía replantear todas las líneas de propiedad para adaptarlas a la nueva ubicación del terreno. En 1972, California aprobó una norma similar, la Ley del Terremoto de Cullen, que permitía a los propietarios pedir a los tribunales que redibujaran las líneas de modo que se protegieran los intereses de todos los afectados.

Así que, al menos si vives en Alaska o California, podría parecer que estas normas te protegen de que tu vecino se apropie gradualmente de partes de tu casa. Sin embargo, la cosa tiene truco: los tribunales han dictaminado que estas leyes solo se aplican a los movimientos *repentinos*, no a los graduales.

En la década de 1950, la construcción de una carretera en la localidad costera de Rancho Palos Verdes (California) provocó que todo un barrio empezara a desplazarse gradualmente cuesta abajo en un corrimiento de tierras a cámara lenta. A finales del siglo XX, el barrio se había desplazado varios cientos de metros, haciendo que algunas casas quedaran situadas en propiedades que reclamaba para sí el ayuntamiento. Este dijo a los propietarios que se marcharan, pero algunos ocupantes, entre ellos la propietaria Andrea Joannou, denunciaron al consistorio ante los tribunales para pedir que se volvieran a trazar las líneas de propiedad. En 2013, en el caso *Joannou contra la ciudad de Rancho Palos Verdes*, los tribunales fallaron a favor del ayuntamiento, dictaminando que, como el corrimiento de tierras no había sido causado por un acontecimiento repentino e imprevisto, los propietarios podrían haber tomado medidas al respecto: presumiblemente, medidas tales como anclar las casas al lecho rocoso o trasladarlas de nuevo colina arriba cada pocos años.

No obstante, si lo que se desplazara fuera el propio lecho rocoso, podrías encontrarte en un limbo jurídico. Si hubiera hitos fronterizos establecidos en las proximidades y estos se hubieran movido contigo, podrías argumentar que tu propiedad está anclada a dichos hitos. Al fin y al cabo, ellos son la última autoridad jurídica en cuanto a límites de propiedad. Pero si los hitos hubieran quedado lejos o incluso desaparecido —como suele ocurrir—, tu propiedad podría estar definida solo por coordenadas relativas a una cuadrícula mayor, y es posible que tu parcela hubiera pasado a manos de otra persona.

Si este fuera el caso, lo mejor sería intentar comprar el terreno que esté más alejado de la casa del vecino. Así, si tu vecino toma posesión de parte de tu casa, tú siempre podrás tomar posesión simultáneamente de parte de la suya.

Aunque, en todo lo que tenga que ver con la aplicación de normas sobre límites de propiedad en circunstancias inusuales, más te vale ser cauteloso. En su decisión de 1991 en *Theriault contra Murray*, el Tribunal Supremo de Maine dijo que los límites se determinan «... en prioridad descendente, por hitos, cursos, distancias y cantidad, **a menos que esta prioridad produzca resultados absurdos**».

Porque si al final acabas en los tribunales con tu vecino…

… el juez puede decidir que la situación reúne los requisitos.

Instrucciones para perseguir un tornado

(sin levantarte del sofá)

SI ESPERAS SENTADO EL TIEMPO SUFICIENTE, ANTES O DESPUÉS SE TE ACERCARÁ UN TORNADO. ESTE MAPA MUESTRA CUÁNTO TENDRÁS QUE ESPERAR —DE MEDIA— ANTES DE QUE UN TORNADO DE FUERZA 2 O SUPERIOR PASE JUSTO A TU LADO.

(ADAPTADO A PARTIR DE «A HAZARD MODEL FOR TORNADO OCCURRENCE IN THE UNITED STATES», DE CATHRYN MEYER ET AL., 2002)

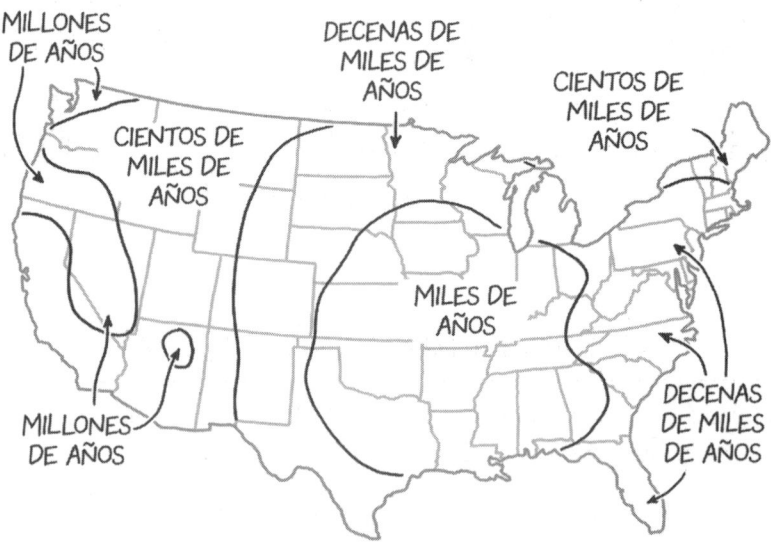

CAPÍTULO 9

Instrucciones para construir un foso de lava

Existen muchas razones para que desees instalar un foso de lava alrededor de tu casa, unas más prácticas que otras. Quizá quieras disuadir a posibles ladrones, evitar que te entren hormigas en casa o impedir que los muchachos del barrio roben las tartas que dejas enfriando en el alféizar. O tal vez quieras darle a tu jardín un aire más propio de un «supervillano medieval» y crear expectación entre tus vecinos, los bomberos y la junta local de urbanismo.

CÓMO FABRICAR LA LAVA

En realidad fabricar lava es algo bastante fácil, al menos en principio; solo hacen falta dos ingredientes: rocas y calor.

```
┌─────────────────────────────────────────────┐
│ LAVA                                          │
│ INFORMACIÓN NUTRICIONAL                       │
├─────────────────────────────────────────────┤
│ TAMAÑO DE LA RACIÓN: 1 KG                     │
│ RACIONES POR VOLCÁN: DEPENDE                  │
├─────────────────────────────────────────────┤
│ CALORÍAS TOTALES: 350 (MUY CALIENTES)         │
├─────────────────────────────────────────────┤
│                          % VALOR DIARIO*      │
├─────────────────────────────────────────────┤
│ GRASAS TOTALES: 0g                      0%    │
│   GRASAS SATURADAS: 0g                  0%    │
│   GRASAS TRANS: 0g                      0%    │
│ COLESTEROL: 0g                          0%    │
│ SODIO: 28g                          1.200%    │
│ CARBOHIDRATOS TOTALES: 0g               0%    │
│   FIBRA ALIMENTARIA: 0g                 0%    │
│   AZÚCAR: 0g                            0%    │
│ PROTEÍNAS: 0g                                 │
├─────────────────────────────────────────────┤
│ CALCIO: 3.500 %      ACERO: 250.000 %         │
│ MAGNESIO: 5.000 %    ZINC: 450 %              │
│ * LOS PORCENTAJES DIARIOS ESTÁN BASADOS EN UNA│
│ DIETA NORMAL, EN LA QUE LA LAVA NO SE COMA.   │
└─────────────────────────────────────────────┘
```

La mayoría de las rocas se funden a temperaturas que oscilan entre 800 °C y 1.200 °C. Esa temperatura es más alta que la que te proporciona un horno doméstico, pero se puede lograr usando uno de alta temperatura, una fragua de carbón o incluso una lupa gigante.

Como material real de tu lava puedes intentar utilizar cualquier roca que encuentres por ahí, pero ten cuidado: al calentarse es posible que algunas de ellas se derritan o exploten debido a los gases atrapados. El Proyecto Lava de la Universidad de Siracusa (Nueva York), que produce lava artificial tanto para la investigación geológica como para proyectos artísticos, utiliza basalto de Wisconsin, un material que tiene mil millones de años de antigüedad. El basalto se formó cuando el núcleo del continente norteamericano desarrolló una grieta en el centro y grandes cantidades de magma burbujearon a través de ella. La grieta acabó cerrándose, pero dejó una cicatriz en forma de media luna de basalto denso enterrado bajo el suelo del Medio Oeste.

Pero si lo único que deseas es tener un foso que prenda fuego a las cosas, no tienes por qué ceñirte necesariamente a las rocas volcánicas; también podrías intentar usar el tipo de vidrio fundido que se aplica en el soplado de vidrio, o un metal con un punto de fusión razonable, como el cobre. El aluminio, al tener un bajo punto de fusión, podría ser un material atractivo para el foso, pero como se funde a una temperatura bastante baja en realidad no brilla tanto, y eso haría que el foso de lava perdiera bastante gracia.

CÓMO MANTENER FUNDIDA LA LAVA

Mantener la lava fundida es complicado, dado que esta irradia constantemente energía en forma de luz y radiación infrarroja. Al no disponer de un suministro constante de calor, la lava se enfriará rápidamente y se solidificará. Lo que quiere decir que no puedes simplemente fundir la lava, verterla en tu foso y dar por zanjado el trabajo. Para evitar que se enfríe y se solidifique, tendrás que suministrar un flujo constante de energía térmica que compense las pérdidas.

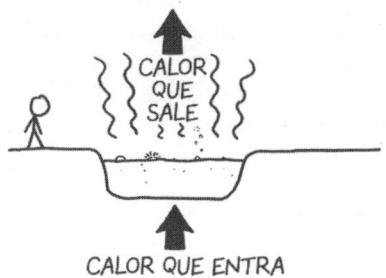

Así que tu foso va a necesitar que le incorpores algún tipo de sistema de calefacción.

Puedes imaginarte el foso de lava como una especie de horno largo, delgado y abierto que funcione a alta temperatura. Aunque los hornos industriales de este tipo suelen calentarse con gas, también hay versiones eléctricas que usan serpentines de calentamiento de alta temperatura. Y si bien la calefacción de gas puede resultar más barata, los hornos eléctricos suelen ser más simples y ofrecen un control más preciso de la temperatura. Pero, independientemente de la fuente de energía, el diseño básico es siempre el mismo: un crisol para contener la lava, un serpentín o un chorro de gas caliente para calentar el crisol y aislamiento alrededor.

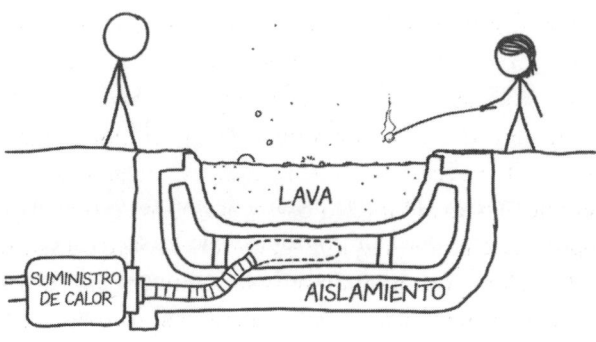

¿Y cuánto tenemos que calentar nuestra lava? Pues depende. Porque podemos escoger materiales con un punto de fusión bajo para reducir el consumo de energía, pero si la temperatura no fuera suficientemente alta, el foso no brillará.

TENEMOS EL CASTILLO PROTEGIDO POR UN FOSO DE LAVA... ¡HELADA!

Para que algo brille debido al calor, su temperatura tiene que ser superior a unos 600 °C, y si lo que buscas es obtener un color amarillo anaranjado brillante, de esos realmente bonitos y visibles durante el día, como el tipo de lava que se ve en las películas, necesitarás una temperatura superior a 1.000 °C.

Echemos un vistazo a lo que se ha investigado sobre flujos de lava reales para calcular cuánta energía irradiará un foso cuando la lava alcance una temperatura determinada; esto nos indicará cuánta energía necesitarás suministrar para mantenerla fundida.

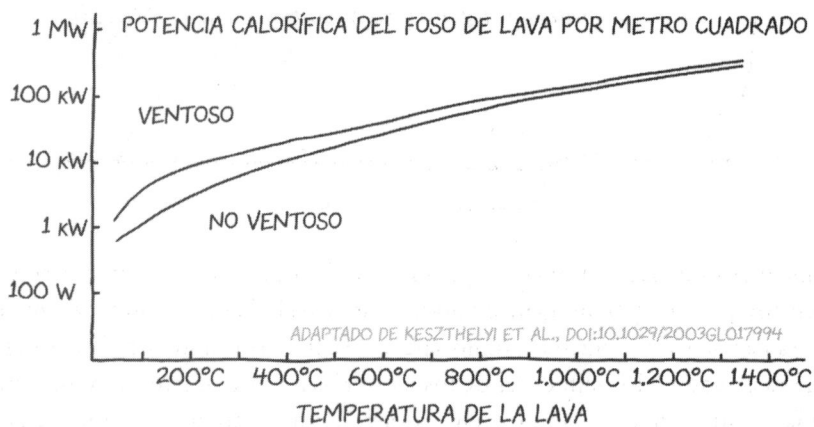

POTENCIA CALORÍFICA DEL FOSO DE LAVA POR METRO CUADRADO

VENTOSO

NO VENTOSO

ADAPTADO DE KESZTHELYI ET AL., DOI:10.1029/2003GL017994

TEMPERATURA DE LA LAVA

Este gráfico nos muestra que una piscina de lava de 900 °C irradiaría aproximadamente 100 kilovatios de calor por metro cuadrado. Si la electricidad cuesta unos 10 céntimos de dólar por kilovatio-hora, entonces calentar de forma eléctrica cada metro cuadrado de un foso de lava de 900 °C nos supondrá al menos 10 dólares a la hora. Si el foso que deseas tuviera un metro de ancho y encerrara una superficie de unos 4.000 metros cuadrados, mantenerlo fundido costaría unos 60.000 dólares diarios.

Probablemente un foso de un metro de ancho no te parezca demasiado ancho para disuadir a los intrusos humanos,[52] ya que la gente no suele tener problemas para saltar una distancia así. Sin embargo, el calor del foso de lava resultará peligroso para ellos incluso si no caen dentro. Cerca de la superficie de la lava, el calor será lo bastante intenso como para causar quemaduras de segundo grado en menos de un segundo. Incluso acercarse a la lava puede tener su trampa. Para alguien que se encontrara a unos metros, el flujo de calor sería bastante elevado: suficiente para causar dolor en la piel expuesta en 10 segundos, según las directrices de seguridad de los bomberos.

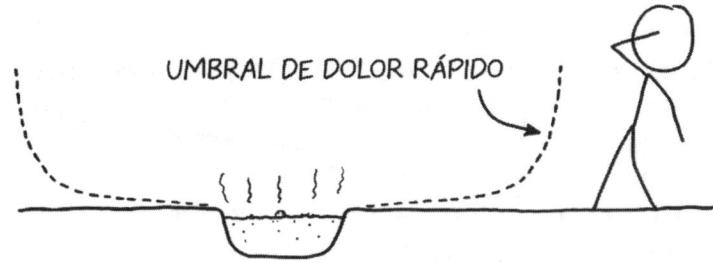

UMBRAL DE DOLOR RÁPIDO

De todas formas, tampoco es que un foso de un metro sea impenetrable; alguien con prendas y botas gruesas podría saltarlo sin hacerse daño, siempre que evitara caerse y no se quedara remoloneando cerca de ninguna de las orillas.

Para disuadir a los saltadores de foso, podrías hacer que este fuera más ancho o la lava estuviera más caliente. Obviamente, ambas opciones aumentarían el gasto, como muestra esta tabla de precios aproximados:

---

[52] Tu foso de lava puede ayudar a mantener alejadas a las hormigas, pero también podría atraer a los grillos de lava. Estos insectos, cuyo nombre científico es *Caconemobius fori*, viven sobre o cerca de flujos de lava que acaben de enfriarse. No se sabe mucho sobre ellos, ya que son —como puedes imaginar— animales difíciles de analizar.

GUÍA DE PRECIOS PARA CALENTAR EL FOSO DE LAVA
(RECINTO CERRADO DE 4.000 METROS CUADRADOS)

| | TEMPERATURA | | |
	600°C	900°C	1.200°C
1 m	$20.000	$60.000	$150.000
2 m	$40.000	$120.000	$300.000
5 m	$100.000	$300.000	$750.000
10 m	$200.000	$600.000	$1.500.000

ANCHURA

CÓMO REFRIGERAR

Hasta ahora, solo hemos hablado del coste de calentar la lava. Pero si vas a vivir rodeado por este foso, también tendrás que preocuparte por la refrigeración de la casa. Porque, incluso aunque existiera un espacio considerable entre el foso y la casa, la radiación de calor de la lava acabará provocando que dentro de la vivienda se pase un calor demasiado incómodo. Por ejemplo, si el lateral de la casa se encontrara a 10 metros del foso, y tú te situaras cerca de una ventana, la radiación térmica que soportarías superaría los límites de exposición a la misma recomendados por los bomberos.

Para reducir la cantidad de radiación térmica que llega a la casa, puedes empotrar el foso en el suelo, de forma que la mayor parte del calor irradie hacia arriba. Sin embargo, esto solo resolverá a medias el problema, ya que el suelo situado alrededor del foso seguirá estando bastante caliente e irradiará calor hacia donde te encuentras. Con que soplara una leve brisa, esta arrastraría una corriente de aire caliente a sotavento de la lava, y ahí está uno de los problemas inherentes a los fosos de lava: no importa de qué lado sople el viento, porque tú *siempre* estarás a sotavento.

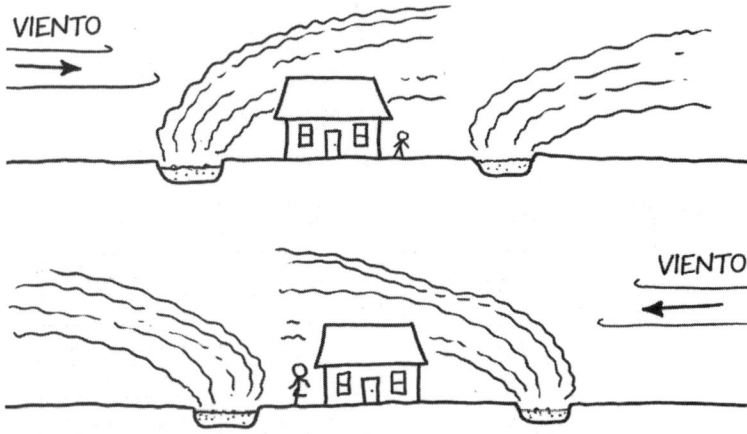

Afortunadamente, te resultará más fácil enfriar la casa que calentar el foso. Si dispones de una fuente de agua fría cercana, como un manantial o un río, podrías hacer que el agua pasara por tus paredes para que se llevara el exceso de calor. Dada la enorme capacidad de almacenamiento de calor del agua, esta puede utilizarse para eliminar mucha temperatura con solo unos costes de bombeo mínimos. Es la estrategia que utilizan algunas empresas tecnológicas para refrigerar sus salas de servidores. Google, por ejemplo, tiene un centro de datos en la costa de Finlandia refrigerado por agua de mar.

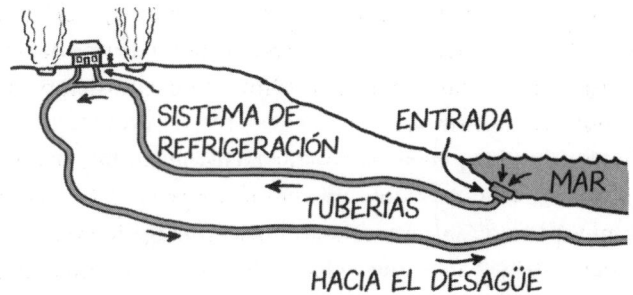

Otra posibilidad es poner una fuente de ventilación desde el exterior del foso, sobre todo si la mezcla de lava que has escogido es propensa a desprender gases tóxicos. Por suerte, el calor de la lava jugará en tu favor en este caso: si instalas túneles de ventilación bajo la fosa, el aire ascendente de la lava tenderá a aspirar aire a través de los túneles de bajo nivel. Este efecto de «tiro natural» se utiliza en las torres de refrigeración industriales, como las que hay sobre los reactores nucleares, y puede reducir la necesidad de ventiladores para introducir aire frío.

CONDUCTOS DE AIRE

Pero, ojo, porque si alimentas tu sistema de refrigeración extrayendo el agua del océano, puede que se obstruya inesperadamente. Se han dado casos en que los reactores nucleares han entrado en parada de emergencia al bloquear sus tomas enjambres de medusas.

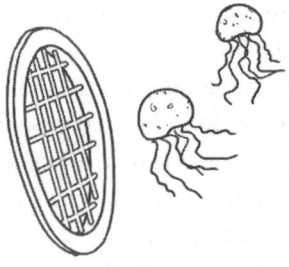

Este ejemplo de las medusas pone de relieve un problema más profundo de los fosos de lava. Instalar uno proporciona protección adicional, pero también requiere una infraestructura adicional, lo que crea sus propias vulnerabilidades.

Que las tomas de agua puedan quedar obstruidas por medusas ya es un problema en sí, pero..., desde el punto de vista de un supervillano, quizá debería preocuparte aún más la red de conductos de aire que necesitarás instalar debajo de tu casa. Porque si hay algo que todos hemos aprendido de las películas de acción...

... es que siempre acaba colándose alguien por los conductos de ventilación.

CAPÍTULO 10

Instrucciones para lanzar cosas

Según una conocida leyenda, una vez George Washington lanzó un dólar de plata al otro lado de un gran río.

Como muchas de las anécdotas que existen sobre él, esta historia no se difundió hasta después de su muerte, y los detalles nunca quedaron claros. A veces se trata de un dólar de plata; otras, de una roca; en ocasiones, el río es el Rappahannock; y otras veces es el Potomac, mucho más ancho. Lo único que podemos afirmar con seguridad es que a la gente le gustaba mucho contar historias sobre George Washington y, al parecer, «lanzar algo al otro lado de un río y sin motivo aparente» se consideraba un acto heroico.

No está muy claro por qué motivo arrojar un dólar de plata al otro lado de un río iba a ser una buena cualificación para ser presidente, pero a la gente parecía impresionarle. Es una pena que la anécdota no se hiciera popular hasta después de su muerte, porque los anuncios de la campaña podrían haber sido bastante buenos.

¿Qué objetos podría haber lanzado Washington al otro lado de qué ríos? ¿Cómo se compararía con otros presidentes, y con otros no presidentes?

Echemos un vistazo a una representación muy abstracta de lo que ocurre cuando una persona lanza algo:

1. La persona tiene agarrado el objeto
2. ¿¿¿???
3. El objeto sale volando

Es curioso, pero, incluso sin saber lo que ocurre exactamente en el paso 2, resulta que podemos hacer una conjetura bastante aproximada sobre la distancia a la que alguien puede lanzar un objeto observando las limitaciones que nos impone la física.

Dado que el cuerpo humano tiene un tamaño limitado, lo que el lanzador le haga al proyectil tiene que ocurrir dentro del pequeño espacio que rodea su cuerpo.

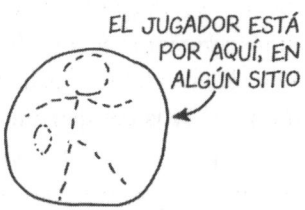

EL JUGADOR ESTÁ
POR AQUÍ, EN
ALGÚN SITIO

Para lanzar algo, una persona necesita hacerlo acelerar usando sus músculos, y los cuerpos humanos solo pueden ejercer una cantidad determinada de potencia muscular a la vez. Existen gran variedad de deportes, desde el remo hasta el ciclismo, en los que la potencia que los mejores atletas pueden proporcionar a un objeto durante un breve instante —como una brazada de remo— suele limitarse a unos 20 vatios por kilogramo de peso corporal. Esto sugiere que un atleta que pese 60 kilogramos podría disponer de 1.200 vatios de potencia para aplicar al lanzamiento.

Imaginemos que el atleta «lanza con todo el cuerpo», transmitiendo toda esa potencia a la pelota durante la corta distancia que existe antes de que esta salga de su alcance:

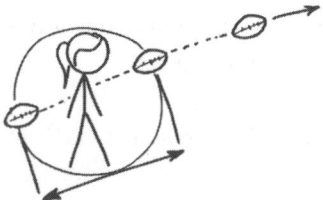

AQUÍ ES DONDE SE HACE EL TRABAJO

Suponiendo todo esto, podemos utilizar las ecuaciones del movimiento bajo potencia constante[53] para determinar la velocidad final de la bola:

$$\text{velocidad} = \sqrt[3]{\frac{3 \times \text{longitud del movimiento de lanzamiento} \times \text{masa corporal} \times \text{potencia}}{\text{masa de la bola}}}$$

Si introducimos el peso medio de un lanzador de béisbol de la MLB (95 kg) y la masa de una pelota de béisbol (145 g), y suponemos que el movimiento de lanzamiento abarca una distancia similar a su altura (1,88 m), deberíamos poder hacer una estimación muy aproximada de la velocidad de la bola rápida de un lanzador:

---

[53] Las clases de física elemental suelen analizar el movimiento bajo *fuerza* constante, y los alumnos tienen que estudiarse esas ecuaciones tan a menudo que se las llegan a aprender de memoria. Las ecuaciones del movimiento bajo *potencia* constante, con diferentes exponentes y coeficientes, resultan un poco más difíciles de comprender. Se describen en un artículo de 1930 de Lloyd W. Taylor, del Oberlin College, titulado *Las leyes del movimiento bajo potencia constante*.

$$\text{velocidad} = \sqrt[3]{\dfrac{3 \times 1{,}88 \text{ m} \times 95 \text{ kg} \times 20 \frac{W}{kg}}{145 \text{ g}}} = 151 \text{ km/h}$$

¡151 km/h es casi *exactamente* la velocidad media de una bola rápida de cuatro costuras! No está nada mal para una fórmula que en realidad no sabe nada del lanzador.

Si ahora metemos las medidas de un quarterback y un balón de fútbol, obtenemos 107 km/h. Nos ha salido un resultado un poco más rápido que los pases de fútbol reales, que alcanzan un máximo de 100 km/h, pero tampoco nos hemos ido demasiado lejos.

$$\text{velocidad} = \sqrt[3]{\dfrac{3 \times 1{,}90 \text{ m} \times 102 \text{ kg} \times 20 \frac{W}{kg}}{425 \text{ g}}} = 107 \text{ km/h}$$

Por desgracia, la precisión de nuestro resultado probablemente se deba a una mera coincidencia, ya que este modelo presenta un problema.

Según nuestra ecuación, las pelotas extremadamente ligeras podrían llegar a lanzarse a una velocidad arbitraria: ¡una pelota de béisbol que pesara 14 g podría lanzarse a 320 km/h! Pero la realidad es que un lanzador de béisbol no puede transmitir toda su potencia a la pelota, sino que necesita acelerar con ella partes de la mano y del brazo a altas velocidades.

Para tener en cuenta este límite de velocidad de la mano, podemos añadir un pequeño «factor de manipulación», retocando la fórmula y sumando un poco de peso a la pelota —igual a 1/1000 del peso corporal del jugador— a fin de representar así el peso de la parte más rápida de su mano. Esto pone un límite superior a la velocidad de lanzamiento para los objetos ligeros, que es coherente con la realidad, pero no distorsiona demasiado los resultados para los objetos más pesados.[54]

Podemos combinar esto con una ecuación aproximada de la distancia que un proyectil volará por el aire[55] para producir una **teoría unificada de la gente que lanza cosas muy lejos:**

---

[54] Nota: la fórmula subestima ahora la velocidad de lanzamiento de un jugador de béisbol, que es de solo unos 130 km/h, pero por lo demás da resultados razonables. La discrepancia podría explicarse por el hecho de que los jugadores de béisbol saltan un poco hacia delante, lo que les confiere cierta velocidad en la salida y estira su lanzamiento a lo largo de una distancia mayor, pero se trata de un modelo muy simple: no queremos ir demasiado lejos intentando explicar o corregir cada desviación.

[55] Esta ecuación se basa en aproximaciones del artículo de 2017 *Approximate Analytical Investigation of Projectile Motion in a Medium with Quadratic Drag Force*, de Peter Chudinov. Si el proyectil es denso o la atmósfera es fina, es equivalente a la ecuación de alcance estándar para un objeto lanzado en un ángulo de 45° (alcance = v^2 / g), pero, a velocidades más altas, donde la resistencia del aire es un factor más importante, da distancias más cortas.

$$v = \sqrt[3]{\frac{3 \times \text{altura del lanzador} \times \text{peso del lanzador} \times \text{potencia de salida}}{\text{masa de la bola} + \frac{\text{masa corporal}}{1.000}}}$$

Potencia de salida: 20 W/kg para un atleta entrenado, 10 W/kg para una persona normal

$$v_t = \sqrt{\frac{2 \times \text{masa de la bola} \times \text{gravedad}}{\text{área de la sección transversal} \times \text{densidad del aire} \times \text{coeficiente de resistencia}}}$$

$$\text{alcance} \approx \frac{v^2\sqrt{2}}{\text{gravedad}\sqrt{\frac{4}{5}\frac{v^4}{v_t^4} + 3\frac{v^2}{v_t^2} + 2}}$$

v = velocidad de lanzamiento, v_t = velocidad final

A pesar de todo, este modelo no es perfecto. Es un conjunto de ecuaciones difícil de manejar y se basa en unas pocas variables de entrada y en suposiciones extremadamente simples, por lo que en realidad no es más que una aproximación. Podríamos precisar mucho más introduciendo un modelo más específico de la mecánica de lanzamiento, o datos más exactos de los lanzadores. Pero si el modelo fuera más específico, estaríamos reduciendo el ámbito en el que podríamos aplicarlo. Y lo divertido de este es lo amplio que es: en él podemos introducir *cualquier cosa*.

Obviamente, podemos utilizar el modelo para calcular lo lejos que es capaz de lanzar un balón un quarterback. Los pases más largos de la NFL suelen recorrer sesenta y pico yardas por el aire, y nuestra ecuación da un resultado bastante aproximado.

(quarterback de la NFL, fútbol americano) → **73 yardas**

Pero también podemos utilizarlo para averiguar a qué distancia puede lanzar un quarterback otros objetos. Probemos, por ejemplo, con una batidora Vitamix 750 de 5 kg:

(quarterback de la NFL, batidora de 5 kg) → **18 yardas**

Lo único que necesitamos es una idea aproximada del peso, la forma y los coeficientes de resistencia de la batidora.

Tampoco tenemos por qué ceñirnos solo a los quarterbacks. Podemos introducir a cualquier persona cuya estatura y peso podamos estimar.

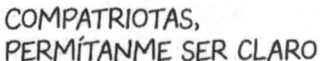

(Barack Obama, expresidente: jabalina olímpica) → **30 metros**

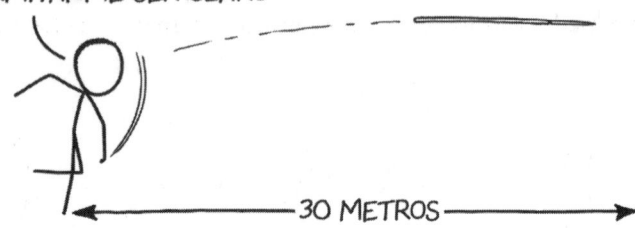

(Carly Rae Jepsen, cantante: horno microondas) → **3,65 metros**

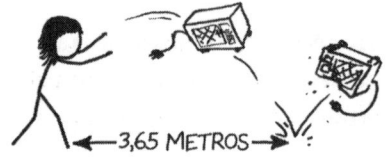

Puedes jugar con esta calculadora en xkcd.com/throw.

O utilizar esta fórmula, metiendo tu altura, peso y capacidad atlética, para calcular a qué distancia puedes lanzar objetos arbitrarios.

EL LANZAMIENTO DE WASHINGTON

Y, a todo esto, ¿qué diría nuestro modelo sobre la hazaña del dólar de plata de George Washington?

A Washington, de reconocida capacidad atlética, le gustaba lanzar cosas —según se dice, lanzó una roca a la cima del Puente Natural de Virginia desde el río que hay debajo—, así que le daremos un ratio de potencia de 15 W/kg. Ese dato lo situaría a medio camino entre una persona normal y un atleta de élite entrenado.

PERSONA NORMAL — GEORGE WASHINGTON — ATLETA DE ÉLITE ENTRENADO

El coeficiente de resistencia de un dólar de plata puede variar mucho en función de cómo se lance este. Si la moneda va dando vueltas, tendrá un coeficiente de resistencia mucho mayor, pero si vuela girando como un *frisbee*, lo hará con mayor eficiencia.

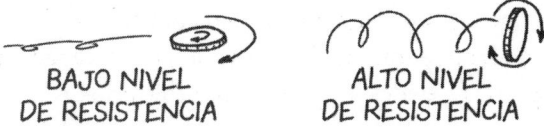

BAJO NIVEL DE RESISTENCIA — ALTO NIVEL DE RESISTENCIA

(George Washington, dólar de plata —como un *frisbee*—) → 142 metros
(George Washington, dólar de plata —dando vueltas—) → 53 metros

El río Rappahannock solo tiene 113 metros de ancho en el lugar donde supuestamente Washington lanzó el dólar. Con el giro adecuado, ¡es posible que el expresidente pudiera haber logrado lanzarlo a la otra orilla! (Que lo hubiera hecho en el Potomac ya sería otra historia; con más de 548 metros, es sin duda demasiado ancho). Y, para confirmarlo, muchas personas han recreado con éxito el lanzamiento. En 1936, el lanzador de béisbol Walter Johnson, ya retirado en ese momento, lanzó con éxito un dólar de plata 117 metros sobre el Rappahannock. Un día antes, el primera base Lou Gehrig lanzó un dólar de plata sobre un tramo de 121 metros de ancho del Hudson.

Nuestro modelo es solo una aproximación, pero las respuestas que da no parecen muy alejadas de la realidad, y es sorprendente que podamos obtener respuestas vagamente realistas sobre una acción física compleja como «lanzar algo» utilizando tan pocas piezas de física elemental.

Al menos las respuestas son realistas en ciertos aspectos, si no en todos.

(Carly Rae Jepsen, George Washington) → 90 centímetros

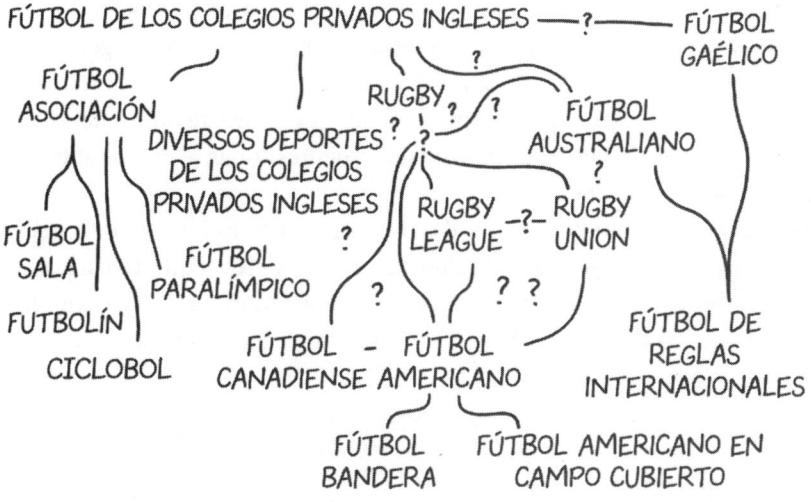

CAPÍTULO 11

Instrucciones para jugar al fútbol

Hay muchos deportes similares dentro de la familia del «fútbol», conectados a través de un complicado árbol genealógico.

FÚTBOL DE LOS COLEGIOS PRIVADOS INGLESES ——?—— FÚTBOL GAÉLICO

FÚTBOL ASOCIACIÓN

RUGBY ? ? FÚTBOL AUSTRALIANO

DIVERSOS DEPORTES ? ? DE LOS COLEGIOS PRIVADOS INGLESES

RUGBY _?_ RUGBY LEAGUE UNION

FÚTBOL SALA

FÚTBOL PARALÍMPICO

FUTBOLÍN

CICLOBOL

FÚTBOL — FÚTBOL CANADIENSE AMERICANO

FÚTBOL DE REGLAS INTERNACIONALES

FÚTBOL BANDERA

FÚTBOL AMERICANO EN CAMPO CUBIERTO

Si no estás seguro de a qué versión estás jugando, puedes intentar preguntar a los otros jugadores, u observar lo que hace la gente y adivinarlo por el contexto.

VALE, EQUIPO: ¿A QUÉ TIPO DE FÚTBOL ESTAMOS JUGANDO?

YO HE VISTO A ALGUIEN PATEAR UNA PELOTA.

ESO PODRÍA SER EN CUALQUIERA DE ELLOS. ¿LA PELOTA ERA REDONDA?

PUES... NO SABRÍA DECIRTE.

BUENO, ACORDAOS: SI VEIS A UNOS DE BLANCO Y NEGRO, ¡NO HAGÁIS FALTAS!

La mayoría de las versiones del fútbol comparten una serie de elementos. En todos participan dos equipos de aproximadamente una docena de jugadores, un equipo a cada lado de un gran campo, cada uno de los cuales intenta introducir un balón en la meta del equipo contrario. Y aunque casi siempre se dan patadas en algún momento del partido, según las distintas versiones del juego puede permitirse o no tocar el balón con el resto de las partes del cuerpo.

A pesar de que en el campo están presentes muchos jugadores, generalmente solo uno de ellos puede tener el balón a la vez, así que es bastante probable que tan solo te toque correr por el campo sin tener que ocuparte nunca del balón. Si haces todo lo posible por parecer ocupado, mientras no te acerques al balón, es probable que nadie se fije en ti.

En algún momento puede que alguien intente darte el balón; esto ocurre a menudo si, por ejemplo, juegas al fútbol americano y eres el quarterback. O puede que te aburras de correr y decidas tú *coger* el balón, ya sea atrapándolo o —según las reglas de cada versión— arrebatándoselo a alguien que se te acerque.

TODO EL MUNDO PARECE MUY EMOCIONADO POR LLEVAR LA PELOTA. QUIZÁ DEBERÍA INVESTIGAR POR QUÉ.

Eso sí, una vez que tengas el balón, no solo *todo el mundo* te prestará atención, sino que mucha gente además intentará quitártelo. Por tanto, si no te gusta la presión, casi mejor se lo pasas a un compañero.

Si quieres sentirte protagonista, puedes intentar marcar puntos tú mismo. En el fútbol, como en tantos otros deportes, la forma general de conseguirlo es sencilla: lleva el balón a la meta contraria.

LANZA EL BALÓN A LA PORTERÍA

En algunas versiones de este deporte, vale marcar puntos haciendo llegar el balón a la meta contraria desde cierta distancia, algo que puedes hacer lanzándolo, chutándolo o utilizando alguna otra parte de tu cuerpo.

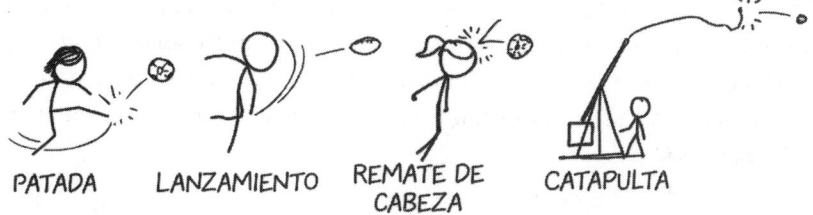

PATADA   LANZAMIENTO   REMATE DE CABEZA   CATAPULTA

También puede ser que no esté permitido lanzar o chutar el balón directamente a la portería. En algunos casos es posible que las reglas no te dejen marcar un gol de esta forma: en el fútbol americano, por ejemplo, el quarterback no puede simplemente lanzar el balón a través de la portería (por muy tentador que resulte a veces).

Si decides intentar lanzar o chutar el balón hacia la portería, toma nota de la distancia que te separa de esta y del peso del balón, y luego pasa al capítulo 10, «Instrucciones para lanzar cosas».

En las versiones del fútbol en las que *sí está permitido* lanzar el balón directamente a la portería, hacerlo desde una gran distancia puede no dar un gran resultado. En el fútbol asociación, por ejemplo, es perfectamente legal que el portero lance el balón hacia la portería del equipo contrario, pero casi nunca se hace. Si el portero intentara lanzar el balón tan lejos, por lo general botaría, rodaría y se ralentizaría, dando al portero contrario mucho tiempo para que lo cogiera.

Así que, si quieres intentar marcar un punto, pero no te ves capaz de lanzar el balón desde donde estás, tendrás que llevarlo tú mismo a la portería.

LLEVA TÚ MISMO EL BALÓN A LA PORTERÍA

Si solo tenemos en cuenta la distancia, caminar hasta la portería contraria con el balón apenas debería llevarte un minuto, o incluso menos si estuvieras dispuesto a trotar:

Pero, ojo, puede que los demás jugadores no cooperen contigo…, sobre todo los del equipo contrario.

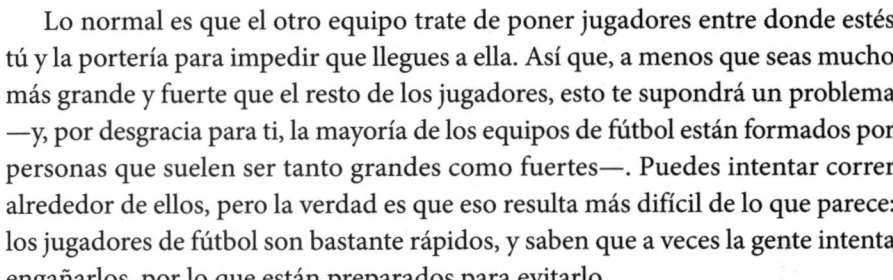

Lo normal es que el otro equipo trate de poner jugadores entre donde estés tú y la portería para impedir que llegues a ella. Así que, a menos que seas mucho más grande y fuerte que el resto de los jugadores, esto te supondrá un problema —y, por desgracia para ti, la mayoría de los equipos de fútbol están formados por personas que suelen ser tanto grandes como fuertes—. Puedes intentar correr alrededor de ellos, pero la verdad es que eso resulta más difícil de lo que parece: los jugadores de fútbol son bastante rápidos, y saben que a veces la gente intenta engañarlos, por lo que están preparados para evitarlo.

Si el otro equipo trata de impedirte llegar a su portería, correr más rápido tampoco te servirá de gran cosa. Los jugadores pesan tanto como tú, y son muchos, por tanto podrán absorber casi todo tu impulso hacia delante. Se necesitaría una enorme cantidad de energía para que los empujaras a todos.

Una forma de atravesar el muro de jugadores contrarios sería tomar medidas para aumentar tu peso, velocidad y potencia.

Una persona subida a un caballo muy grande tiene un peso conjunto más o menos igual al de un equipo de fútbol americano completo, y la gran velocidad del animal le daría además una ventaja de impulso, por lo que sería más fácil atravesar el equipo rival.

Las *Reglas de Juego* de la FIFA, es decir, el reglamento oficial del fútbol asociación, no contienen la palabra «caballo»,[56] así que podrías intentar argumentar al más puro estilo Air Bud: ninguna regla dice que no se pueda utilizar un caballo en el fútbol. Es verdad que existen normas en contra de determinadas equipaciones, pero un caballo no es una equipación…, es un animal.

Como seguramente los árbitros no encuentren convincente tu argumento, en caso de que entres a caballo en el campo, es muy probable que intenten detenerte. Los árbitros suelen ser más pequeños que los jugadores, y además no hay tantos, pero aun así se sumarían a la multitud que tendrías que atravesar en tu camino hacia la portería. También puede que decidan que tu gol no cuenta, aunque a estas alturas quizá ya hayas renunciado a eso.

Un caballo es mucho más grande que una persona, y obviamente puede apartar a un puñado de ellas de su camino. Sin embargo, un grupo más numeroso de gente tal vez suponga una barrera demasiado grande incluso para un caballo de tamaño considerable.

La batalla culminante con la que finaliza la trilogía cinematográfica de *El Señor de los Anillos* muestra a caballos cabalgando a través de un mar aparentemente interminable de orcos, apartándolos de su camino a medida que avanzan. ¿Sería posible que un caballo hiciera esto sin perder velocidad?

En realidad es posible responder a esta pregunta utilizando las ecuaciones de la resistencia del aire, pero con orcos en lugar de aire.

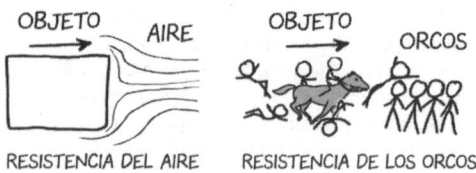

OBJETO AIRE

RESISTENCIA DEL AIRE

OBJETO ORCOS

RESISTENCIA DE LOS ORCOS

---

[56] En cambio, el reglamento de la NFL sí contiene la palabra «caballo», pero solo en referencia a un movimiento denominado «placaje con cuello de caballo».

La fórmula básica para calcular la resistencia del aire es la ecuación de resistencia:

fuerza de resistencia = $\frac{1}{2}$ × coeficiente de resistencia × densidad del aire × área frontal × velocidad^2

Cuando un objeto vuela, choca con moléculas de aire y tiene que apartarlas de su camino. En cierto sentido, podemos pensar que la ecuación de la resistencia representa la masa total de aire que el proyectil tiene que atravesar, y cuánto impulso transporta ese aire:

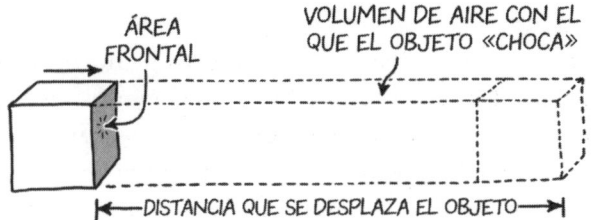

Las partes principales de la ecuación de resistencia pueden deducirse de este diagrama.[57] Cuanto más deprisa va un objeto, con más moléculas de aire por segundo choca, y más deprisa se mueven dichas moléculas de aire en relación con el objeto; de ahí que la velocidad se eleve al cuadrado. Si la velocidad de un objeto se duplicara, chocaría con el doble de aire por segundo y el aire iría el doble de rápido, por lo que el impulso ofrecido por el aire cada segundo —la fuerza— se multiplicaría por 4.

Podemos utilizar esta misma ecuación para calcular cuánta potencia ha de ejercer un objeto para superar esta resistencia y mantener su velocidad. La energía es la fuerza multiplicada por la distancia, y la potencia es la energía por segundo, por lo que la potencia que necesita ejercer el objeto es igual a la fuerza de resistencia multiplicada por la distancia que recorre cada segundo. Como la distancia por segundo es la velocidad, la potencia es igual a la fuerza de resistencia por la velocidad. Ya hemos multiplicado por la velocidad dos veces para obtener la fuerza de resistencia, y ahora tenemos que multiplicar de nuevo por la velocidad:

---

[57] Si alguna vez has asistido a clases de física y miras fijamente este diagrama durante el tiempo suficiente, tal vez comiences a preguntarte qué hace ese ½ en la ecuación de resistencia. Como el coeficiente de resistencia es un factor de escala arbitrario y sin unidades, el ½ podría eliminarse simplemente duplicando todos los coeficientes de resistencia. El físico deportivo John Eric Goff ha señalado que si derivas la ecuación pensando en el impulso que ejercen las moléculas de aire entrantes, da la impresión de que un factor de 1 —o posiblemente de 2— sería más natural que el de ½. No obstante, si piensas en la resistencia en términos de energía cinética del aire entrante, entonces tiene más sentido trasladar el ½ de la ecuación de la energía cinética. Los físicos suelen explicarlo así, diciendo que la ecuación de la resistencia representa la «presión dinámica» del aire entrante, pero no todos los expertos están de acuerdo. El libro de texto *Mecánica de fluidos*, de Frank White, sencillamente denomina al factor de ½ un «tributo tradicional a Euler y Bernoulli».

$$\text{potencia} = \tfrac{1}{2} \times \text{coeficiente de resistencia} \times \text{densidad del aire} \times \text{área frontal} \times \text{velocidad}^3$$

Ese «3» en el exponente nos indica que a medida que un objeto va más rápido, la potencia que tiene que ejercer para vencer la resistencia aumenta muy deprisa.

Por raro que nos resulte, podemos utilizar este mismo enfoque para calcular cuánta energía ejercería un caballo al intentar atravesar una multitud de orcos, siempre que consideremos a los orcos como un gas uniforme de moléculas muy grandes.

VOLUMEN DE AIRE CON EL QUE EL OBJETO CHOCA

VOLUMEN DE ORCOS CON EL QUE EL CABALLO CHOCA

ALTURA DE LOS ORCOS

ANCHURA DEL CABALLO

Si adaptamos la ecuación a la geometría caballo-orco, obtenemos esta ecuación para la potencia:[58]

$$\text{potencia} = \text{densidad de la multitud de orcos} \times \text{altura de los orcos} \times \text{anchura del caballo} \times \text{velocidad}^3$$

Nota: hemos eliminado el factor de ½ y el coeficiente de resistencia. Para este «gas» formado por moléculas individuales que no interactúan y que rebotan en la parte frontal de un objeto curvo cuando se mueve, el coeficiente de resistencia es aproximadamente 2.

Los orcos de la película probablemente estuvieran de pie con una densidad aproximada de un orco por metro cuadrado. Si suponemos que cada orco pesa unos 90 kilos, y que el caballo mide 75 centímetros de ancho en el pecho y galopa a 40 km/h, el resultado es:

$$\frac{1 \text{ orco}}{\text{m}^2} \times \frac{90 \text{ kg}}{\text{orco}} \times 75 \text{ cm} \times 40 \text{ km/h}^3 = 97 \text{ kW}$$

¿Es capaz un caballo de mantener una potencia de casi 100 kilovatios? Para saberlo necesitaríamos conocer la potencia sostenida de un caballo. Como el «caballo de vapor» ya existe como unidad, algo que aquí nos viene de perlas, el cálculo no es más que una simple conversión de unidades:

$$97 \text{ kilovatios} \approx 130 \text{ caballos de vapor}$$

---

[58] Esta ecuación de resistencia de caballos no tiene un nombre común en física, y sinceramente sería bastante raro que lo tuviera.

Ciento treinta caballos de potencia es demasiado para un caballo. Un animal de este tipo puede sin duda hacer más de un caballo de fuerza durante un corto espacio de tiempo —un caballo de fuerza se define por el trabajo realizado durante un largo periodo—, podría incluso alcanzar una potencia máxima a corto plazo de 10 o 20 caballos de fuerza, pero aun así estaríamos muy por debajo de los 130 necesarios para la hazaña de la película. Para reducir la potencia necesaria para abrirse paso entre la multitud de orcos, el caballo tendría que reducir la velocidad al trote.

La ecuación de la resistencia de los orcos también podría aplicarse a los jugadores de fútbol, los árbitros y cualquier otra horda de enemigos que quisieras atravesar a caballo. Pero si fueras a abrirte paso a través de una multitud de jugadores a caballo, tendrías que ir muy despacio, y eso daría a tus rivales la oportunidad de bracear contra ti, subirse a tu caballo para sobrecargarlo, o agarrarte de las piernas y arrastrarte desde la silla de montar hasta el campo, donde podrían placarte de la forma tradicional.

¡NO! ¡EL BALÓN ES *MI TESORO!*
¡NUNCA ME LO QUITARÉIS!

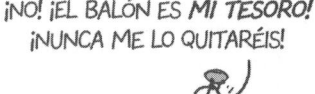

Como cualquier otro truco, el gambito del caballo pierde toda su eficacia si el bando contrario tiene la oportunidad de prepararse para evitarlo. En cuanto los jugadores contrarios se enteraran de tu plan, podrían prepararse con medidas defensivas anticaballo, como largas lanzas clavadas en el suelo, trincheras excavadas en el campo o golosinas estratégicamente colocadas para distraer a tu montura.

ENTRENADOR, OIGO RELINCHOS Y PIAFARES EN SU VESTUARIO.

VALE, HAREMOS ENTONCES LA JUGADA PARA DISTRAER A LA CABALLERÍA. JOHNSON, TE TOCA DEFENDER EN ZONA. SMITH, CORRE AL CENTRO, SUJETA UNA MANZANA ROJA BRILLANTE Y HABLA EN SUSURROS.

ENTENDIDO.

Pero, dado que solo hay un puñado de jugadores esparcidos por el campo, si encontraras un hueco en su línea defensiva, podrías abrirte paso en apenas unos cuantos choques. Ningún corredor humano puede alcanzar a un caballo a todo galope, de manera que en cuanto superaras a los defensas, tendrías vía libre hasta la portería.

CAPÍTULO 12

Instrucciones para predecir el tiempo

¿Qué tiempo hará mañana?

Cuando la gente habla del tiempo que hace en su localidad, con frecuencia repite un viejo refrán: «Si no te gusta el tiempo que hace en [escribe aquí el nombre del lugar], espera cinco minutos». Como todo dicho ingenioso, suele atribuirse a Mark Twain. En este caso concreto, probablemente lo dijera él de verdad, pero si resulta que no fue así, siempre puedes atribuírselo a Dorothy Parker o a Oscar Wilde.

La gente usa una y otra vez esta cita casi en cualquier lugar situado en las zonas templadas, porque allí el tiempo cambia continuamente y por alguna razón eso no deja de sorprendernos.[59] Aunque estos cambios pueden ser difíciles de predecir, como el tiempo es algo con lo que todo el mundo tiene que lidiar —estamos todos atrapados juntos dentro de esta atmósfera—, lo intentamos de todas formas.

Hay muchas maneras de predecir el tiempo, unas mejores que otras. Las mejores predicciones meteorológicas modernas se basan en sofisticados modelos informáticos, pero quizá podamos comenzar con una técnica básica y consagrada: *adivinar al azar*.

---

[59] A los humanos se nos da bien que nos sorprendan los cambios predecibles. Cada vez que veo a una amiga con su bebé, siento el impulso de comentar: «¡Oh, pero cuánto has crecido desde la última vez que te vi!». Por lo visto, una parte de mí espera que los bebés tengan el mismo tamaño o se vuelvan cada vez más pequeños con el tiempo.

Esto no suena nada bien.

Un método algo mejor es hacer tu pronóstico fijándote en las temperaturas medias de ese lugar en la misma época del año. Es a lo que se llama *previsión climatológica*.

En lugares donde el tiempo no cambia mucho, como los trópicos, este método es bastante fiable. Por ejemplo, la temperatura máxima media en Honolulú, Hawái, a mediados de julio es de 31 °C, por lo que podemos utilizarla para hacer una previsión para el próximo mes de julio:

Y esta es la temperatura real registrada en esos días de un año reciente —2017— en Hawái:

¡Qué bien! Nuestro «pronóstico» acierta bastante. Hemos clavado la temperatura en 4 de los 7 días, y nunca fallamos por más de un grado. La fama y la fortuna como meteorólogo nos esperan.

Ahora tomemos este magnífico método y apliquémoslo a San Luis (Misuri) en septiembre. La media de las temperaturas máximas a mediados de septiembre es de 26 ºC, así que la utilizaremos para hacer nuestra previsión:

Y aquí tienes la temperatura real de 2017 en esos días:

¡Dios mío! ¡No hemos dado *ni una*!

La previsión basada en promedios funciona mejor en los trópicos porque allí varía menos el tiempo. En cambio, en las zonas templadas, como en la que se encuentra San Luis,[60] el tiempo está dominado por el movimiento de grandes y lentos sistemas de altas y bajas presiones, que pueden provocar olas de calor, o de frío y sobre todo muchas quejas.

En líneas generales, realizar una suposición basándonos en promedios no parece una gran estrategia. Pero antes de pasar a una táctica mejor, hay otra mala

---

[60] Desde 2019.

estrategia que quizá sí debamos tener en cuenta: observar el tiempo que hace en este momento y suponer que nunca cambiará.

Puede que te parezca una tontería, porque pensarás que el tiempo cambia constantemente, pero el caso es que no lo hace *tan* rápido. Si llueve ahora, es bastante probable que siga lloviendo dentro de 30 segundos. Y si ahora hace un calor inusual, hay bastantes probabilidades de que siga haciéndolo dentro de una hora. Así que puedes utilizar este principio para realizar un pronóstico: comprueba el tiempo que hace ahora mismo. Y ahí tienes tu previsión. A esto se le llama *previsión de persistencia*.

En intervalos de tiempo muy cortos, la previsión de persistencia funciona mejor que la previsión basada en promedios, y en los que son muy largos, sucede justo lo contrario. En algunas zonas del mundo, donde los patrones meteorológicos tienden a prolongarse durante días, es más útil la previsión de persistencia. Y en otras, en cambio, el tiempo que hace un día no se parece en nada al que hará el día siguiente. En esas zonas funciona mejor la previsión basada en promedios.

ORDENADORES

En los años siguientes a la Segunda Guerra Mundial, en los albores de la era informática, el matemático John von Neumann puso en marcha un proyecto para que se usaran ordenadores en la previsión meteorológica. En 1956 había llegado a la conclusión de que los pronósticos podían dividirse en tres tipos: a corto, medio y largo plazo. Acertó al suponer que el enfoque necesario para cada uno de ellos sería muy diferente, y que el tipo intermedio —el de medio plazo— sería el más complejo.

La previsión a corto plazo abarca las próximas horas o días. En este intervalo, pronosticar el tiempo se basa en obtener suficientes datos y luego hacer muchas cuentas con ellos. La atmósfera funciona según leyes de dinámica de fluidos que comprendemos relativamente bien. Si somos capaces de medir el estado actual de la atmósfera, también podremos realizar una simulación que nos muestre cómo va a evolucionar esta. Dichas simulaciones nos darán previsiones bastante buenas para los próximos días.

Podemos afinar aún más estos pronósticos recopilando más información sobre el estado de la atmósfera, combinando datos procedentes de globos meteorológicos, estaciones meteorológicas, aviones y boyas oceánicas. Del mismo modo, podremos perfeccionar las simulaciones, utilizando más potencia de cálculo para ejecutarlas con una resolución cada vez mayor.

Pero si lo que pretendemos es ampliar la previsión a varias semanas, entonces nos encontraremos con un problema.

Edward Lorenz, que trabajaba en la predicción meteorológica por ordenador en 1961, se dio cuenta de que cuando ejecutaba dos versiones de una simulación con una diferencia mínima entre ellas —como ajustar la temperatura en un lugar de 10 °C a 10,001 °C—, el resultado era completamente distinto. Dicha disparidad no era perceptible al principio, pero, poco a poco, la pequeña diferencia iba creciendo y extendiéndose por el sistema. A partir de cierto punto, los sistemas no se parecían en nada a gran escala. Para explicar todo esto acuñó el término *efecto mariposa*, basándose en la idea de que una mariposa que agitara las alas en un lado del mundo podría acabar cambiando el curso de las tormentas en el otro extremo del planeta. Esta idea evolucionó hasta convertirse en la teoría del caos.[61]

Como el tiempo meteorológico es un sistema caótico, la previsión a medio plazo —es decir, cómo será el tiempo dentro de un mes o un año— puede resultarnos hasta cierto punto incognoscible. Porque, aunque hemos descubierto algunos ciclos lentos que impulsan los cambios estacionales, como El Niño y la Oscilación del Pacífico Norte, que nos dan pistas sobre los rasgos generales de la próxima estación, puede que nunca nos sea posible predecir el 1 de mayo si lloverá el 1 de octubre.

El tipo de pronóstico a largo plazo abarca desde décadas hasta siglos, y es lo que ahora consideramos predicción del cambio climático. En horizontes temporales largos, la variación caótica del día a día se promedia, y el clima está dominado por las entradas y salidas de energía a largo plazo. Probablemente nunca sea posible hacer predicciones climáticas perfectas —ya que el caos subyacente siempre puede echar a perder el sistema—, pero podemos afirmar con cierta seguridad cómo cambiarán las cosas por término medio. Si aumenta la cantidad de luz solar que entra en la atmósfera, también lo hace la temperatura media. A medida que la cantidad de dióxido de carbono (CO_2) en la atmósfera disminuye, la radiación infrarroja escapa de la superficie, y la temperatura baja. Existen todo tipo de complicados bucles de retroalimentación, algunos de los cuales aún no comprendemos del todo, pero el comportamiento básico del sistema es, en principio, predecible.

Nuestros tres tipos quedarían así:

- Corto plazo: totalmente predecible, con simulaciones informáticas bastante buenas
- Largo plazo: difícil de predecir con certeza, pero posible por término medio
- Medio plazo: puede ser literalmente imposible

La gente solía protestar continuamente de que las previsiones meteorológicas fallaran. Aún siguen existiendo las quejas, por supuesto, pero parece que estas

---

[61] Y, según *Parque Jurásico*, de alguna manera llevó a que un montón de dinosaurios se comieran a la gente.

van siendo cada vez menos frecuentes. A medida que mejoramos nuestras simulaciones informáticas y nuestra recopilación de datos, nuestras predicciones a corto plazo —las que incluyen la previsión meteorológica a 5 días— son cada vez más precisas. En 2015, las previsiones a 5 días eran tan precisas como las de 3 días en 1995. A mediados del siglo XX, los pronósticos del tiempo a más de 2 o 3 días vista no eran mejores que los que obtendrías con los métodos simples de persistencia y promedio, que no necesitaban ningún ordenador. Ahora nuestros mejores modelos informáticos hacen previsiones meteorológicas que superan a esos métodos simples hasta con 9 o 10 días de antelación.

En líneas generales, durante el último medio siglo, los pronósticos meteorológicos han ido mejorando a un ritmo de un día por década, lo que equivale aproximadamente a un segundo por hora.[62] Los cálculos físicos sugieren que el límite fundamental de nuestras previsiones basadas en simulaciones oscila en un rango de un par de semanas. Superado este plazo, la naturaleza caótica inherente al sistema hace imposible la predicción.

Pero tampoco es que te sea imprescindible tener acceso a un superordenador para predecir el tiempo.

SOL PONIENTE, EL CIELO GRANA

Según la sabiduría popular, podemos predecir el tiempo basándonos en el color del cielo. Suele decirse: «Sol poniente, el cielo grana, buen tiempo para mañana» y «Cielo rojo a la alborada, cuidado, que el tiempo se enfada».

Estos dichos han existido en diversas formas desde hace mucho tiempo; hay incluso una versión de los mismos en la Biblia.[63] La razón por la que se han seguido usando tanto es que realmente aciertan, al menos en algunas partes del mundo. No obstante, al contrario de lo que podría pensarse, el método del cielo rojo no tiene tanto que ver con unas nubes rojas en sí; es más bien como si utilizáramos el Sol para hacer una radiografía de la atmósfera sobre el horizonte... ¡y luego las nubes nos sirvieran de pantalla sobre la que proyectar los resultados!

ESPERA, ¿QUÉ?

---

[62] Si quieres molestar a un físico, menciónale que la unidad del sistema internacional para «segundos por hora» es «radianes».

[63] «Al atardecer decís: "Va a hacer buen tiempo, porque el cielo está rojo". Y por la mañana: "Hoy lloverá, porque el cielo está rojo oscuro"», Mateo 16, 2-3.

En las zonas templadas, los sistemas meteorológicos normalmente se mueven de oeste a este. No es que lo hagan demasiado deprisa —en general, el tiempo meteorológico se desplaza por la Tierra a la velocidad que nosotros lo hacemos por la carretera o incluso más despacio—, por lo que un sistema de tormentas situado a mil kilómetros a tu oeste no te alcanzará hasta dentro de un día o así. Debido a la curvatura de la Tierra y a la bruma de la atmósfera, no puedes ver las nubes que hay a tu oeste; si pudieras, la predicción meteorológica sería mucho más fácil.

El truco del «cielo rojo» evita esto utilizando el Sol. Las longitudes de onda rojas atraviesan el aire con mayor facilidad que las azules. Cuando el Sol se pone por el oeste, su luz atraviesa cientos de kilómetros de atmósfera, volviéndose extremadamente roja en el proceso, antes de chocar con las nubes que tienes sobre ti. Las longitudes de onda azules, más cortas, rebotan en el aire y salen en otras direcciones. Por eso el cielo es azul, porque refleja la luz azul. Las nubes blancas reflejan todos los colores, así que cuando la luz roja incide sobre ellas, también parecen rojas.

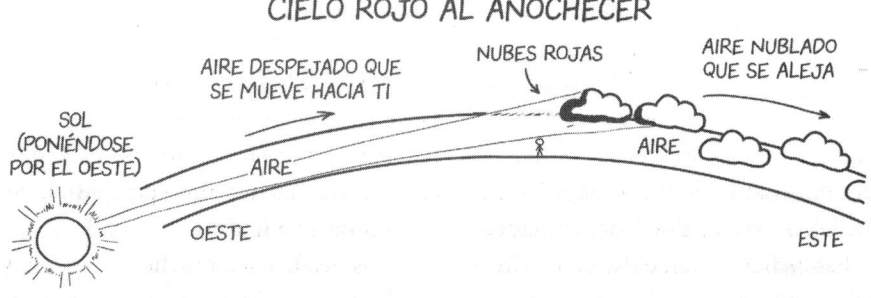

Si hay nubes de tormenta a tu oeste, la luz roja del sol se detiene antes de que pueda llegar hasta ti, y la puesta de sol no parece especialmente roja:

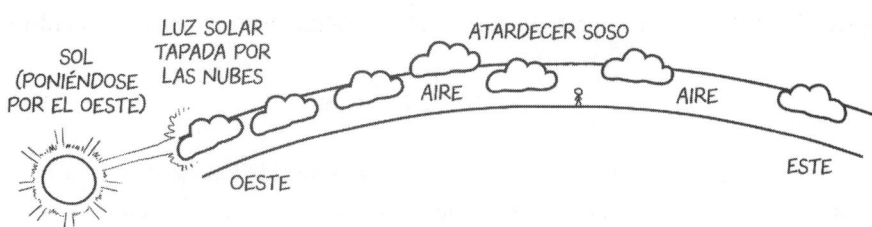

En cambio, si está despejado durante cientos de kilómetros hacia tu este, la luz del sol lo atraviesa todo para llegar al cielo que está sobre ti, tiñéndolo de rojo. Si hay nubes por encima, la luz roja las ilumina, creando un amanecer espectacular.

CIELO ROJO AL AMANECER

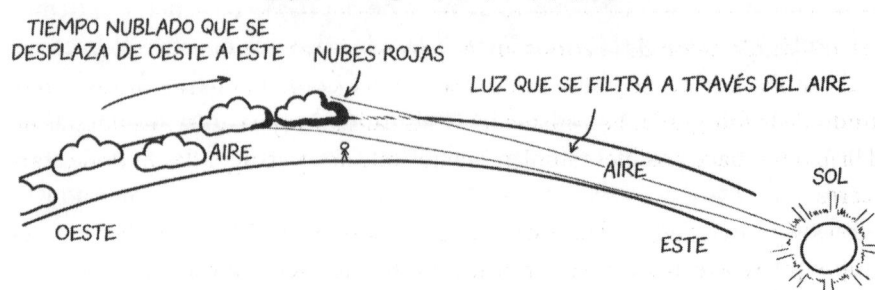

Cuando el tiempo meteorológico se desplaza de oeste a este, un cielo rojo por la noche significa que hay nubes por encima, pero cielos despejados hacia el oeste, lo que te indica que el tiempo probablemente se despejará.

En cambio, un cielo rojo por la mañana significa que hay aire despejado hacia el este…, pero nubes por encima. Eso quiere decir que la zona despejada se aleja y las nubes se acercan.

Estos refranes no suelen acertar en los trópicos, donde los vientos dominantes tienden a moverse de este a oeste y tienden a ser más impredecibles. Por otra parte, el tiempo en los trópicos es mucho más estable —exceptuando algún ciclón ocasional e impredecible—, por lo que no suele hacer falta este tipo de regla empírica.

LA HORA DORADA

El efecto de filtración de la atmósfera es parte de la razón por la que el momento cercano al amanecer y al atardecer se conoce como la «hora dorada» en el mundo de la fotografía. Esa misma luz, más cálida y rojiza, que crea puestas de sol brillantes, hace posibles también buenos retratos y estupendas fotos de atardeceres.

Esto significa que, en las zonas templadas, puedes obtener un indicio del tiempo que se avecina con solo mirar las fotos que se publican en internet. Si consultas Facebook por la noche y ves fotos de la puesta de sol con un número de píxeles rojos y amarillos superior al normal, y selfis cálidamente iluminados que obtienen un número inusual de «me gusta», eso sugiere que está dejando de hacer mal tiempo. En cambio, las fotos del amanecer y los selfis matutinos brillantes pueden ser una muy mala señal.

Es posible que pronosticar el tiempo analizando el color de las fotos no sea tan fiable como una simulación de la atmósfera realizada por un superordenador, pero es bastante impresionante para ser un método antiguo contenido en un refrán pegadizo.

Y si ves que este no acierta, siempre puedes modificar la redacción según sea necesario.

YA SABES LO QUE DICEN...

SI PUBLICAS BUENAS FOTOS DE ATARDECERES CON GANAS, BUEN TIEMPO PARA MAÑANA.

SI TE SACAS UN SELFI POR LA MAÑANA, CUIDADO, QUE EL TIEMPO SE ENFADA.

Instrucciones para ir a los sitios

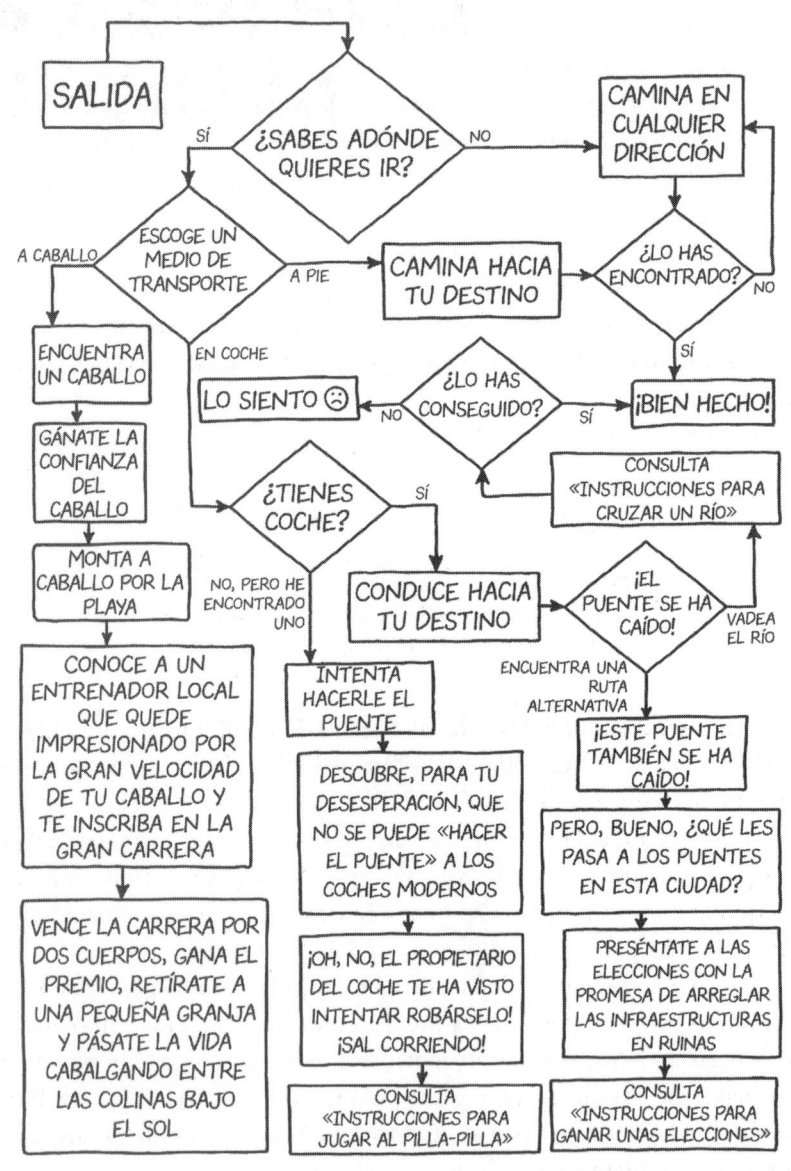

CAPÍTULO 13

Instrucciones para jugar al pilla-pilla

Las reglas del pilla-pilla son sencillas: un jugador **la liga** e intenta perseguir y tocar a otro jugador. Si el que **la liga** atrapa a alguien, será esa persona quien **la ligue**.

Hay innumerables variantes de las reglas básicas del juego del pilla-pilla —hasta hay una liga parecida al parkour, llamada World Chase Tag, que organiza competiciones en las que los deportistas se persiguen unos a otros mientras saltan y se lanzan por encima de obstáculos—, pero la versión estándar del juego del pilla-pilla tiene muy pocas reglas específicas. No requiere puntuaciones, porterías, equipamiento ni un área de juego específica. Ni siquiera suele tener un final definido. Tampoco se puede ganar; solo se puede dejar de jugar.

En teoría, en una partida idealizada de pilla-pilla —en la que algunos jugadores son más rápidos que otros, y todos corren a su velocidad máxima—, la acción debería alcanzar un equilibrio natural: si la persona que **la liga** no es el jugador más lento, atrapará a un jugador más lento, lo pillará y dejará de **ligarla**. Pero, al final, el jugador más lento **la ligará**, será incapaz de pillar a ningún otro jugador, y seguirá **ligándola** para siempre.

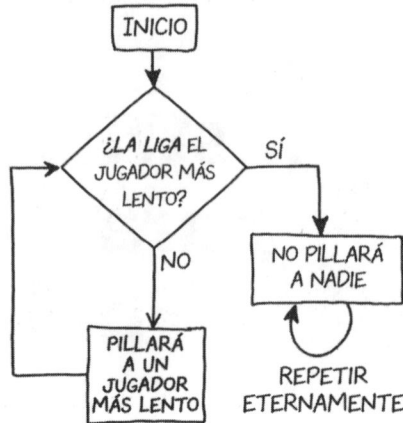

Si la partida no termina nunca, los jugadores que no **la liguen** tienen que seguir corriendo porque, en caso de que se detuvieran a descansar, se arriesgarían a un escenario de tortuga y liebre. Si eres un jugador más rápido que quien **la liga**, pero quieres dormir ocho horas diarias, tienes que asegurarte de que consigues una ventaja lo suficientemente grande sobre tu adversario como para poder descansar sin que te alcance.

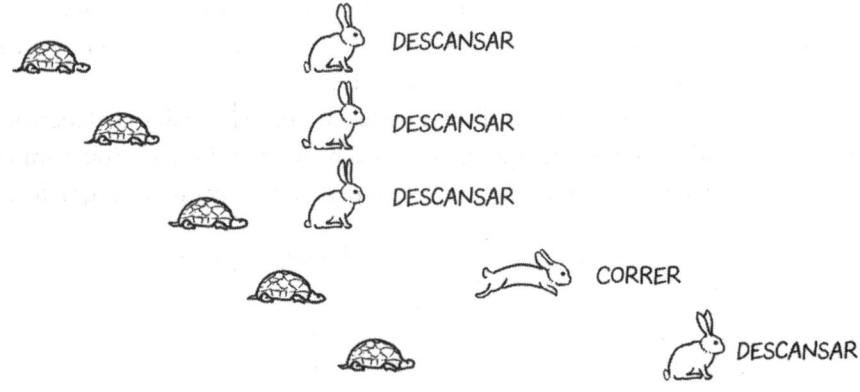

De todas formas, nuestro modelo sigue estando muy idealizado. En realidad, los corredores no solo tienen una «velocidad máxima». Algunas personas son rápidas en distancias cortas, mientras que otras pueden mantener un ritmo constante durante mucho tiempo. Añadir esto a nuestro modelo simplista del pilla-pilla lo volvería un poco más interesante.

Imaginemos una partida de pilla-pilla entre Usain Bolt, el velocista de corta distancia más rápido del mundo, e Hicham El Guerrouj, que ostenta el récord mundial de la milla. Supongamos que ambos corredores están en su mejor momento de forma, y utilicemos las medidas de sus carreras de récord mundial para modelar su ritmo.

USAIN BOLT
(RÁPIDO, PERO
POCO TIEMPO)

HICHAM EL GUERROUJ
(RÁPIDO, PERO MÁS
RATO)

Los corredores de fondo y los velocistas dependen de distintos mecanismos fisiológicos para obtener energía. Un velocista se apoya en procesos anaeróbicos, que proporcionan mucha energía en distancias cortas, pero al cabo de uno o dos minutos agotan la reserva energética del cuerpo. Los corredores de fondo lo hacen en procesos más aeróbicos, consumidores de oxígeno, que les proporcionan un suministro más constante de energía en distancias largas.

Usain Bolt es el actual plusmarquista mundial en la mayoría de las pruebas de velocidad. Es la persona más rápida del mundo…, salvo que tenga que correr más allá de unos cientos de metros. Su tiempo en los 400 metros lisos es bueno, pero está a más de dos segundos del récord mundial.[64] En distancias superiores, ni siquiera iguala a un buen velocista de instituto. El agente de Bolt declaró a *The New Yorker* que Bolt *nunca* ha corrido una milla.

Supongamos que en la partida de pilla-pilla comienza **ligándola** El Guerrouj, aunque en realidad no importa quién lo haga al principio: si **la liga** Bolt, simplemente correrá hacia delante y pillará a El Guerrouj en los primeros segundos.

BOLT *LA LIGA*   EL GUERROUJ *LA LIGA*

Para evitar que lo pillaran, Bolt empezaría a correr. Al principio sacaría ventaja; su velocidad le permitiría poner rápidamente cierta distancia entre él y El

---

[64] 400 metros es aproximadamente lo suficiente para agotar las reservas anaeróbicas de un velocista y requerir algo de energía aeróbica.

Guerrouj, que es más lento. A los 30 segundos de juego, cuando Bolt hubiera rebasado los 300 metros, aventajaría en 70 metros a su perseguidor.

Sin embargo, a los 30 segundos la distancia entre ambos empezaría a reducirse. Y, transcurridos poco más de 90 segundos, El Guerrouj alcanzaría a Bolt justo antes de la marca de los 700 metros y lo pillaría.

Bolt, agotado, podría intentar perseguirle, pero sería incapaz de alcanzarlo.

Suponiendo que no seas un campeón de maratón, los buenos corredores de larga distancia tendrán una enorme ventaja sobre ti en las partidas de pilla-pilla. Ya seas Usain Bolt, Uwe Boll,[65] Ugo Boncompagni[66] o *Usnea barbata*,[67] no podrás atrapar a un corredor de maratón una vez que este coja velocidad.

Así que, si fueras Bolt, y tuvieras que enfrentarte a alguien con capacidad para correr distancias más largas, ¿estarías condenado a **ligarla** siempre?

Pues… probablemente.

---

[65] Un director de cine de terror.

[66] Nombre de nacimiento del papa Gregorio XIII.

[67] Una especie de liquen.

CÓMO PILLAR A UN CORREDOR DE FONDO

Si no puedes alcanzar a un corredor corriendo, puedes probar la opción más eficaz: caminar.

Caminar es más lento que correr, sí, pero es muchísimo más eficiente desde el punto de vista energético: requiere menos oxígeno y menos calorías por kilómetro. Esta es la razón por la que una persona sana puede tener dificultades para correr una milla, y sin embargo ser perfectamente capaz de caminar durante varias horas sin ningún problema. Correr supone una mayor demanda para tu sistema aeróbico; si tu cuerpo no puede mantener dicha demanda, no puedes seguir corriendo. Los corredores de fondo aprenden a correr de forma que gasten la menor energía posible, pero también acondicionan su sistema cardiovascular para suministrar energía a un ritmo que pueda satisfacer la demanda de la carrera sostenida.

Los montañeros suelen tardar entre 5 y 7 meses en recorrer los 3.500 km del sendero de los Apalaches. La cifra más baja equivale a un ritmo de algo menos de 24 km al día, así que supongamos que pudieras mantener ese ritmo indefinidamente.

Yiannis Kouros, campeón de carreras de larga distancia, corrió una vez 290 km en un solo periodo de 24 horas. Si persiguieras a Kouros a ritmo de montañero, podría pasarse el primer día corriendo 160 km para alejarse de ti; luego podría descansar más o menos otra semana hasta que lo alcanzaras. Y cuando estuvieras cerca de él, podría correr otros 160 km.

Si Kouros quisiera llevar una vida normal —pero estuviera empeñado en que no lo pillaran—, podría comprar dos o tres casas separadas unos 160 km. Cuando te acercaras a una de ellas, podría huir a la siguiente. De ese modo, podría tener una semana más o menos de descanso en cada casa antes de que lo alcanzaras y le obligaras a huir a la siguiente.

Esperemos que los familiares con los que viva también sean maratonianos; de lo contrario, tendrá que esforzarse mucho más para que no lo pilles.

CÓMO ESCAPAR DE UN CAMPEÓN DE MARATÓN

Si al final lograras acercarte sigilosamente a Kouros y pillarlo mientras no estuviera atento, tendrías un nuevo problema: te volvería a pillar de inmediato. Desde luego, no podrías dejarlo atrás.

Si no puedes ganar dentro de las reglas, tal vez puedas retorcerlas ligeramente. Supongamos que te subes a un patinete mágico, que te permite «correr» tan rápido como quieras, y pillas a Kouros al instante.

Supongamos que Kouros, una vez que empiece a perseguirte, se niegue a rebajarse a tu nivel e insista en tratar de pillarte a la antigua usanza. Por lejos que llegues, seguirá persiguiéndote, pero si consigues alejarte mucho, podrá darte tiempo a descansar y relajarte.

Puedes utilizar las indicaciones a pie de Google para intentar encontrar los dos puntos de la Tierra más alejados a pie. Los puntos cambian con el tiempo a medida que Google actualiza sus mapas, pero el artista científico Martin Krzywinski ha recopilado una lista de ellos. Una buena opción podría ser el trayecto desde Quoin Point, en Sudáfrica, hasta Magadan, ciudad de la costa oriental de Rusia.

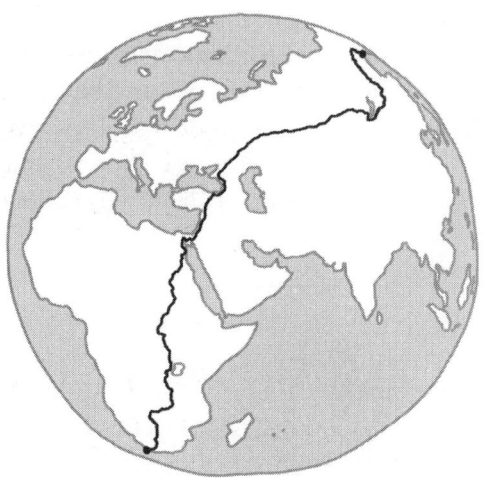

Esta ruta tiene unos 14.000 kilómetros de longitud. Atraviesa dieciséis países, utiliza transbordadores para cruzar varios ríos y canales,[68] y realiza más de dos docenas de cruces fronterizos. En total, el itinerario a pie incluye unas 2.000 indicaciones.

«GIRE A LA DERECHA, CAMINE 25,4 KILÓMETROS, CONTINÚE POR LA RUTA B8, AVANCE 2 KILÓMETROS, ENTRE EN TANZANIA, SIGA POR...».

Como la ruta es bastante accidentada —más de cien kilómetros de desnivel total— y atraviesa prácticamente todas las zonas climáticas, desde la selva tropi-

---

[68] Dependiendo de los cierres de carreteras y de los procedimientos fronterizos, es posible que también tengas que tomar un transbordador en el lago Nasser / Nubia para cruzar la frontera entre Egipto y Sudán.

cal hasta el desierto cálido y la tundra siberiana, resulta difícil calcular a qué velocidad podría recorrerla tu perseguidor. Lo que sí sabemos es que el tiempo récord para recorrer el sendero de los Apalaches es en la actualidad de algo más de 41 días, a una media de 85 kilómetros diarios y que, a ese ritmo, la travesía entre Quoin Point y Magadan llevaría unos nueve meses.

Podrías seguir yendo y viniendo indefinidamente, desarraigando tu vida cada año más o menos para mudarte al otro lado del mundo, hasta que tu perseguidor se diera por vencido.

O podríais hablar las cosas. Si una partida de pilla-pilla nunca acaba, y alguien tiene que **ligarla**, ¿por qué no compartir la responsabilidad? En lugar de correr de un lado a otro del mundo, podrías elegir un buen lugar para vivir, quizá alguna ciudad que hayas encontrado en tus viajes. Tú y tus compañeros podríais mudaros a casas contiguas, e intercambiar quien la liga cada día…

… chocando los cinco a diario con tus nuevos vecinos.

Tal vez, después de todo, sí haya una forma de ganar al pilla-pilla.

CAPÍTULO 14

Instrucciones para esquiar

Esquiar consiste en atarse unos objetos largos y planos a los pies y deslizarse por una superficie o por una pendiente. La superficie suele ser agua, congelada o líquida, aunque no necesariamente.

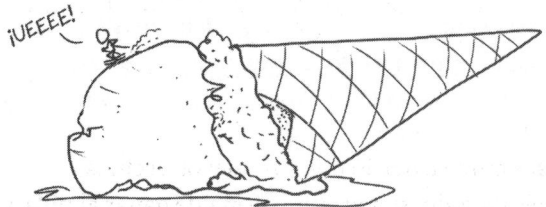

¡UEEEE!

Puedes deslizarte por cualquier pendiente siempre que esta sea lo suficientemente empinada. Cuando un objeto se encuentra en una pendiente, la gravedad en parte tira de él hacia abajo en sentido vertical y en parte tira de él hacia delante por la pendiente. Un objeto empieza a deslizarse cuando la fuerza que tira de él hacia delante por la superficie de la pendiente supera a la fuerza de rozamiento.

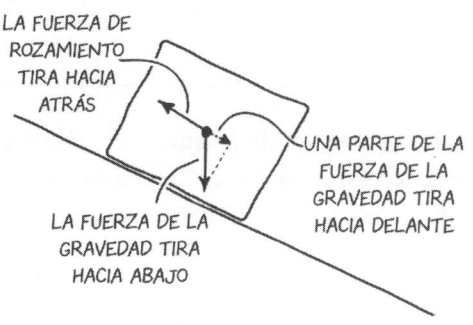

LA FUERZA DE ROZAMIENTO TIRA HACIA ATRÁS

UNA PARTE DE LA FUERZA DE LA GRAVEDAD TIRA HACIA DELANTE

LA FUERZA DE LA GRAVEDAD TIRA HACIA ABAJO

Dependiendo del material del que estén hechos tus esquís y de la superficie, puede que te cueste un poco empezar a deslizarte. Si los esquís son de goma y la superficie es de cemento, necesitarás una pendiente bastante pronunciada para esquiar; tal vez sea esa la razón por la que el esquí de goma sobre cemento es tan impopular.[69]

Cualquiera que sea la combinación de material de superficie y material de esquí, puedes utilizar una sencilla relación física para calcular la inclinación que tendrá que tener la pendiente para que te deslices. Aunque, en principio, podría parecer un problema difícil, gracias a una conveniente coincidencia, la mayoría de las partes complicadas se anulan y todo se resuelve con esta ecuación tan sencilla:

coeficiente de rozamiento = tg (ángulo de inclinación)

Si quieres conocer el ángulo de inclinación, puedes invertir la ecuación:

ángulo de inclinación = tg^{-1} · coeficiente de rozamiento

Esta ecuación es deliciosamente sencilla, a la altura de $E = mc^2$ y $F = ma$. A diferencia de esas ecuaciones más famosas, la nuestra solo es útil para este problema concreto, pero no deja de ser ingeniosa su sencillez.

A continuación te dejo una tabla de coeficientes de rozamiento de diferentes materiales de esquí/superficie:

Superficie	Material de esquí		
	Goma	Madera	Acero
Cemento	0,90	0,62	0,57
Madera	0,80	0,42	0,30
Acero	0,70	0,30	0,74
Goma	1,15	0,80	0,70
Hielo	0,15	0,05	0,03

Y aquí, una tabla de coeficientes de rozamiento y el correspondiente ángulo de inclinación mínimo necesario para empezar a deslizarte:

---

[69] Podría decirse que nunca ha llegado a cuajar.

- ▨ 0,01/0,6° (bicicleta con ruedas)[70]
- ▨ 0,05/3° (teflón sobre acero, deslizamiento de esquí sobre nieve)
- ▨ 0,1/6° (diamante sobre diamante)
- ▨ 0,2/11° (bolsas de plástico de la compra sobre acero)
- ▨ 0,3/17° (acero sobre madera)
- ▨ 0,4/22° (madera sobre madera)
- ▨ 0,7/35° (goma sobre acero)
- ▨ 0,9/42° (goma sobre hormigón)

Los esquís de madera funcionarían en una rampa de acero de 16°. Si los esquís fueran de goma, una rampa de acero debería tener 35° para que pudieras deslizarte. El coeficiente de rozamiento entre el caucho y el hormigón es aún mayor —0,9— y necesitarías una pendiente bastante pronunciada, de unos 42°, para poder deslizarte con ellos. Esto también implica que una persona con zapatillas de suela de goma no puede subir por una rampa que tenga una pendiente superior a 42°.

Hasta cierto punto, los esquiadores no son más que alpinistas a los que se les da excepcionalmente mal escalar, pero que lo compensan con un equilibrio muy bueno.

El hielo es resbaladizo en comparación con la mayoría de las superficies, y en la nieve —que en realidad es hielo de fantasía— tampoco es fácil mantenerse firme. Por eso, todos los deportes de los Juegos Olímpicos de Invierno implican algún tipo de deslizamiento.

Las razones por las que el hielo es resbaladizo son en realidad un poco misteriosas. Durante mucho tiempo, la gente creyó que la presión de una cuchilla

---

[70] Las bicicletas tienen ruedas, claro, pero siguen estando sujetas al rozamiento; las ruedas solo desplazan la ubicación de parte del rozamiento del suelo a los cojinetes del eje.

de patín derretía la superficie del hielo para crear una capa fina y resbaladiza de agua. A finales del siglo XIX, científicos e ingenieros demostraron que la presión de una cuchilla de patín podía reducir el punto de fusión del hielo de 0 °C a -3,5 °C. Durante décadas, la fusión por presión se aceptó como la explicación canónica del funcionamiento de los patines de hielo. Por algún motivo, a nadie se le ocurrió que era posible patinar a temperaturas más frías que -3,5 °C. La teoría de la fusión por presión sugiere que debería ser imposible, pero los patinadores sobre hielo lo hacen todo el tiempo.

Por sorprendente que parezca, la explicación real de por qué el hielo es resbaladizo sigue siendo todavía objeto de investigación física en curso. La explicación general parece ser que hay una capa de agua líquida en la superficie del hielo porque las moléculas de agua no están firmemente encerradas en la red cristalina del hielo. De este modo, un cubito de hielo es algo así como un trozo de tela con los bordes deshilachados. En el centro de la tela, los hilos están bloqueados en una estructura bien organizada, pero en los bordes se encuentran menos apretados y es más probable que se suelten y se muevan. Del mismo modo, las moléculas de agua cerca del borde de un trozo de hielo se sueltan y se mueven, creando una fina capa de agua. Sin embargo, las propiedades de esta capa de agua y la forma en que un patín interactúa con ella no se comprenden del todo.

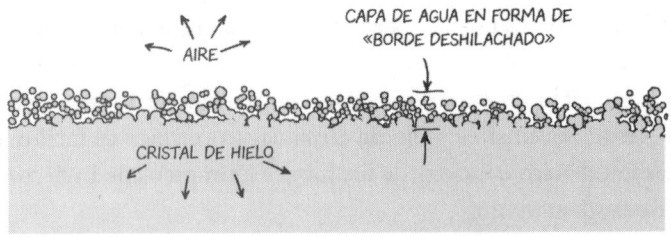

Si nos paramos a pensar la cantidad de tiempo que dedica la física moderna a misterios profundos y abstractos, como la búsqueda de ondas gravitacionales o del bosón de Higgs, puede sorprendernos ver cuántos fenómenos cotidianos básicos siguen sin comprenderse bien. Además del funcionamiento de los patines sobre hielo, los físicos tampoco entienden de verdad qué provoca que se acumulen cargas eléctricas en las tormentas, por qué la arena de un reloj de arena fluye a la velocidad que lo hace o por qué nuestro pelo adquiere una carga estática si lo frotamos contra un globo. Afortunadamente, los esquiadores y patinadores pueden deslizarse sobre la nieve y el hielo sin esperar a que los físicos terminen de descifrar las cosas.

La nieve ya es bastante resbaladiza de por sí, pero para ganar un poco más de deslizamiento, los esquiadores suelen añadirle una capa de cera a sus esquís. Esta sirve como capa semilíquida, evitando que los cristales de hielo afilados se claven en el material duro de los esquís y los ralenticen.

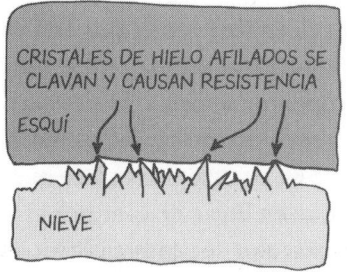
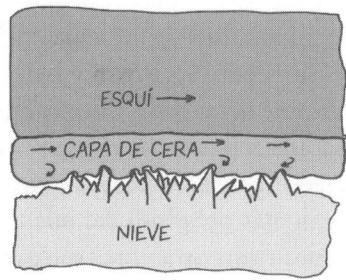

Unos esquís encerados experimentan un coeficiente de rozamiento sobre la nieve de aproximadamente 0,1, cifra que baja a 0,05 una vez que los esquís empiezan a moverse.[71] Esto significa que te hace falta una pendiente de 5° para empezar a deslizarte por tu propio peso, pero que, una vez que te pongas en movimiento, solo necesitarás una pendiente de unos 3° para seguir avanzando.

En cuanto comiences a deslizarte por la pendiente, seguirás acelerando hasta que te quedes sin nieve o alcances una velocidad a la que la resistencia del aire te empuje hacia atrás con más fuerza que la gravedad hacia delante. Como la resistencia del aire en realidad no empieza a actuar hasta velocidades más altas, incluso una pendiente suave puede permitir a un esquiador o a un trineo ir bastante rápido si es lo bastante larga. La velocidad máxima teórica de un esquiador o un usuario de trineo en una pendiente de 5° y de longitud ilimitada es de unos 50 km/h, o hasta 70 km/h si son especialmente aerodinámicos. En una pendiente de 25° deberían ser posibles velocidades de más de 160 km/h para un esquiador o trineo aerodinámico.

---

[71] Todos los objetos tienen un coeficiente de rozamiento menor cuando empiezan a moverse. Esta es la razón por la que, si resbalas sobre un trozo de hielo, tus pies se te escapan tan bruscamente. En cuanto tus zapatos empiezan a moverse, pierden completamente el agarre.

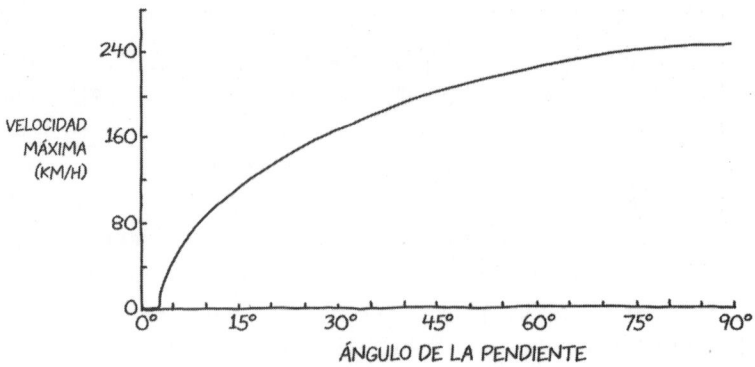

El récord mundial de velocidad máxima alcanzada con esquís está en torno a los 250 km/h, pero la gente no suele estar atenta ese récord, porque resulta que no es un límite demasiado interesante de superar. La forma de alcanzar mayor velocidad es simplemente encontrar una pendiente más larga y empinada. Si sigues así, el esquí se transforma poco a poco en paracaidismo, solo que en una versión aún más peligrosa del mismo, ya que en lugar de caer por el aire, los participantes están rozando el suelo. Los obstáculos son muy difíciles de evitar cuando se esquía a 250 km/h, e incluso una pendiente suave, un pequeño bache o un giro mínimo podrían ser mortales al instante.

Cuando la puntuación de un competidor en un deporte está directamente relacionada con sus probabilidades de morir, surgen problemas evidentes para el desarrollo de dicho deporte. El esquí de velocidad apareció brevemente en los Juegos Olímpicos de 1992, pero, tras varios accidentes mortales, se ha abandonado en su mayor parte a nivel competitivo.

CUANDO LLEGAS ABAJO

Si estás esquiando pendiente abajo, en algún momento llegarás a un punto en el que ya no podrás seguir avanzando. Esto te puede ocurrir por varios motivos:

▨ Te has encontrado árboles, rocas o colinas en el camino
▨ Has llegado al pie de la montaña
▨ Ya no hay nieve

Si te lo estás pasando genial y no quieres dejar de esquiar, tienes algunas opciones.

Si te has encontrado árboles en el camino, puedes intentar quitarlos; para más información sobre cómo hacerlo, consulta el capítulo 25, «Instrucciones para decorar un árbol». Si lo que te has encontrado son rocas, a fin de saber si puedes moverlas, puedes consultar el capítulo 10, «Instrucciones para lanzar cosas». Si has llegado al pie de la montaña, puedes intentar seguir acelerando hacia delante; encontrarás algunos consejos útiles en el capítulo 26, «Instrucciones para llegar rápido a algún sitio», o en el capítulo 13, «Instrucciones para jugar al pilla-pilla». Si quieres continuar cuesta abajo aunque ya no haya ninguna colina, ve al capítulo 3, «Instrucciones para cavar un hoyo».

Si lo que pasa es que te has quedado sin nieve, sigue leyendo.

QUÉ HACER SI TE QUEDAS SIN NIEVE

Por todo lo que hemos explicado antes sobre el rozamiento, ya sabemos que los esquís no sirven de gran cosa en la mayoría de las superficies que no son nieve. Hay algunas pistas de esquí artificiales que utilizan polímeros especiales de baja fricción, con una textura erizada parecida a la del cepillo de pelo que proporciona cierta suavidad y permite que los esquís se claven al girar. También existen esquís especiales diseñados para su uso en hierba y otras superficies, pero utilizan ruedas o bandas de rodadura en lugar de deslizamiento.

Pero si lo que pretendes es seguir esquiando sobre nieve y te has quedado sin ella, tendrás que fabricarla tú mismo.

NIEVE

SUELO

NECESITO MÁS NIEVE AQUÍ
(CUANTO ANTES)

Alrededor del 90 % de las estaciones de esquí estadounidenses utilizan nieve artificial para asegurarse de que sus pistas estén cubiertas en cuanto hace suficiente frío para que la nieve se adhiera, y para mantenerlas así durante toda la temporada de esquí aunque el tiempo no ponga de su parte. Además, la nieve artificial también ayuda a reponer la nieve perdida a lo largo de la temporada debido al deshielo y la erosión de los esquiadores.

Las máquinas de nieve fabrican nieve artificial utilizando aire comprimido y agua para crear una corriente de diminutos cristales de hielo, y luego rocían estos con más gotas de agua mientras flotan en el aire. Cuando esa especie de rocío cae al suelo, las gotas de agua se congelan en los cristales de hielo y forman copos de nieve.

AGUA HIELO

BLOOP

AIRE

HIELO AGUA

GOTITAS MÁS GRANDES

GOTITAS MÁS PEQUEÑAS QUE SE CONVIERTEN EN CRISTALES DE HIELO ENSEGUIDA

LAS GOTITAS DE AGUA SE CONGELAN ALREDEDOR DE LOS CRISTALES DE HIELO FORMANDO GRUPOS MÁS GRANDES

Los copos de nieve que se crean así presentan una forma más compacta y deforme que esa tan delicada que tienen los copos de nieve naturales. La razón es que estos disponen de mucho más tiempo para crecer lentamente en una nube, una molécula de agua cada vez, lo que permite que se creen formas intrincadas y simétricas. En cambio, la nieve artificial se forma rápidamente, en el poco tiempo que tarda el agua en descender de la boquilla al suelo, a partir de un puñado de gotas torpemente revueltas.

COPO DE NIEVE NATURAL   COPO DE NIEVE ARTIFICIAL

Supongamos que necesitas un camino de 1,5 m de ancho para esquiar, y que vas a descender a una velocidad de 32 km/h. La nieve natural podría tener un 10 % de agua y un 90 % de aire en volumen, aunque esta proporción varía bastante dependiendo de lo ligera y esponjosa que sea la nieve. Para simplificar, supongamos también que quieres unos 20 cm de nieve algo pesada para esquiar, con nieve que tenga una densidad ocho veces menor que la del agua, equivalente en masa a una capa de agua de 2,5 cm de espesor. La cantidad total de agua que necesitarás es, por tanto:

$$1{,}5 \text{ m} \times 20 \text{ cm} \times \frac{1}{8} \times 32 \text{ km/h} = 340 \frac{\text{litros}}{\text{segundo}} = 1.250 \frac{\text{m}^3}{\text{hora}}$$

Esquiar la longitud de un campo de fútbol requerirá 4.000 litros de agua, junto con el equipo para convertirla en nieve.

AGUA

Me parece que te va a costar encontrar un equipo que produzca nieve lo bastante rápido para ti. Las máquinas de innivación más grandes pueden producir nieve a razón de 100 metros cúbicos por hora. Y eso es solo el 10 % de lo que estamos calculando que necesitas, así que puede que te hagan falta muchas…

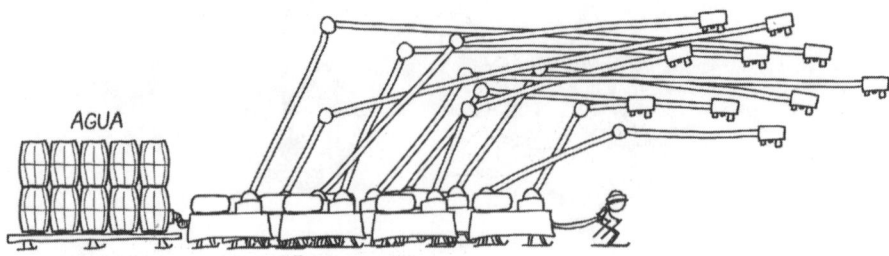

AGUA

Además, la nieve procedente de los típicos equipos de innivación necesita mucho tiempo para descender hasta el suelo, lo que significa que tendrás que producir la nieve muy por delante de tu posición para darle tiempo a asentarse, y el movimiento de las corrientes de aire puede dificultar que se concentre lo suficiente a lo largo de un camino estrecho.

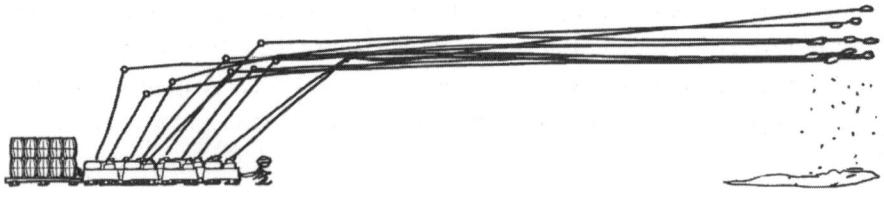

Que la nieve vaya cayendo desde cierta altura y lentamente es necesario porque las gotas de agua tardan mucho tiempo en perder calor en el aire por evaporación para adherirse a los cristales de hielo. *Sí que existen* formas de enfriar las gotas de agua más rápido, pero tienen algunos inconvenientes.

Si inyectas sustancias de baja temperatura, como nitrógeno líquido, en la corriente de aire/agua, estas pueden reducir la temperatura y provocar una congelación casi instantánea. Estas técnicas son capaces de producir nieve rápidamente, y por eso las utilizan algunas empresas de fabricación de nieve para acontecimientos especiales en zonas donde la temperatura del aire es demasiado alta para producir nieve artificial normal. Las estaciones de esquí no suelen usar estas técnicas de congelación criogénica: congelar el agua de este modo es demasiado caro y requiere demasiada energía en comparación con dejar que se congele por sí sola en el aire.

Pero tal vez para tu pequeña pista de esquí, que es tan estrecha, el nitrógeno líquido sí pueda resultar asequible. Si lo compras en pequeñas cantidades, tu pista podría costar 50 dólares por segundo, pero adquiriéndolo a granel seguramente los proveedores industriales puedan hacerte un precio mucho mejor.

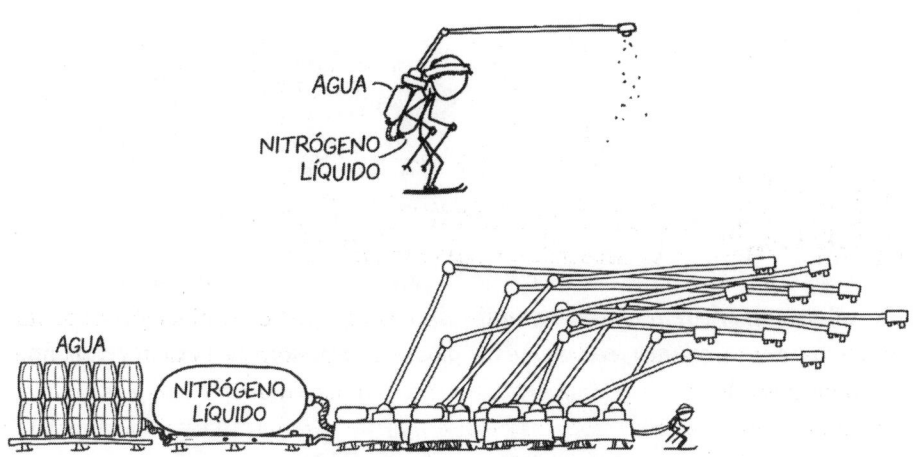

Además, tampoco tienes por qué usar nitrógeno líquido, también podrías probar con otros gases criogénicos. El oxígeno líquido es similar al nitrógeno líquido e igual de fácil de producir, y en teoría podría utilizarse para fabricar nieve. Sin embargo, no es recomendable. El nitrógeno líquido es un fluido criogénico popular en parte porque es muy inerte y no reactivo. El oxígeno líquido no es ni lo uno ni lo otro.

CÓMO HACER QUE EL PROCESO SEA MÁS EFICIENTE

Podrías reducir el consumo de nieve si lograras recoger de algún modo la nieve que vas dejando detrás de ti y reutilizarla, en lugar de verte obligado a producir más nieve a medida que avanzas.

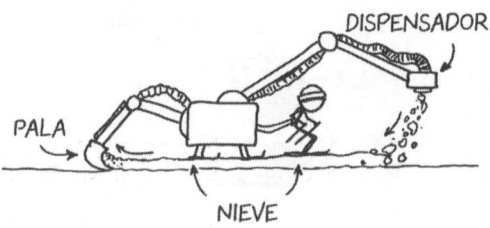

Si colocaras algún tipo de lona bajo la nieve, podrías recoger toda la capa de nieve y reutilizarla con pérdidas mínimas.

Obviamente, cuanto más cierres el bucle de transferencia de nieve, menos nieve necesitarás.

Hasta podrías hacer los bucles más pequeños que tu propio cuerpo si te pasaras el chorro de nieve alrededor de las piernas, en lugar de por encima de la cabeza...

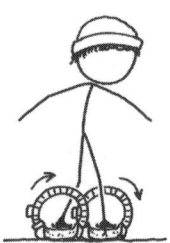

... pero entonces te darías cuenta de que has reinventado los patines.

CAPÍTULO 15

Instrucciones para enviar un paquete por correo

(desde el espacio)

Según la media calculada entre 2001 y 2018, uno de cada 1.500 millones de seres humanos está en el espacio en un momento dado, la mayoría de ellos a bordo de la Estación Espacial Internacional.

Los miembros de la tripulación de la EEI envían paquetes desde la estación colocándolos en la nave espacial que lleva a la tripulación de regreso a la Tierra. Pero si no está prevista ninguna salida hacia la Tierra en breve —o si la NASA se harta de entregar tus devoluciones de compras por internet—, puede que tengas que tomar cartas en el asunto.

¡PERO SI LA PEGATINA DE DEVOLUCIÓN DICE QUE PUEDO ENVIARLO DESDE CUALQUIER SITIO!

DEBERÍAS HABERTE PROBADO LOS ZAPATOS *ANTES* DE QUE TE LOS MANDARAN AQUÍ ARRIBA...

Hacer llegar algo a la Tierra desde la Estación Espacial Internacional es sencillo: simplemente lánzalo por la ventana y espera. Antes o después, caerá a la Tierra.

A la altitud a la que se encuentra la EEI hay muy poca cantidad de atmósfera. Y aunque es cierto que no es mucha, sí es suficiente para producir cierta cantidad de resistencia, mínima pero mensurable. Dicha resistencia hace que, antes o después, los objetos se ralenticen y vayan cayendo a una órbita cada vez más baja hasta que por fin entren en la atmósfera y (por lo general) entren en combustión. La propia EEI también nota esta resistencia; de hecho, usa sus propulsores para compensarla, impulsándose periódicamente a una órbita más alejada de la Tierra para volver a ganar la altitud perdida. Si no lo hiciera, su órbita iría decayendo de forma gradual hasta regresar a la Tierra.

En realidad, los astronautas envían por accidente paquetes a la Tierra de este modo todo el tiempo. Mientras trabajan en la EEI, a los astronautas se les han ido cayendo sin querer diversos objetos al azar, como unos alicates, una cámara, una bolsa de herramientas o incluso una espátula que un astronauta utilizaba para aplicar un adhesivo de reparación que estaba probando. Cada uno de estos satélites que crearon sin darse cuenta dio la vuelta a la Tierra durante unos meses o años antes de que su órbita decayera.

¡UY!

EH, CONTROL DE MISIÓN, AQUÍ ÁGUILA UNO.

ESTOY..., EH, ENCANTADO DE ANUNCIARLES EL LANZAMIENTO DE NUESTRO NUEVO SATÉLITE.

Así que cualquier paquete que lances por la ventana sufrirá el mismo destino que todas las piezas perdidas, bolsas y trozos aleatorios de equipamiento que se han alejado de la estación a lo largo de los años: se desorbitará y entrará en la atmósfera.

REPARTO ORBITAL

OPCIÓN DE ENVÍO	TIEMPO ESTIMADO	PRECIO
⭘ URGENTE (ENVÍO BALÍSTICO)	45 MINUTOS	70.000.000 $
⭘ PRIORITARIO (ENVÍO POR SOYUZ + CORREO AÉREO)	3-5 DÍAS	200.000 $
⦿ ECONÓMICO (RESISTENCIA ATMOSFÉRICA)	3-6 MESES	GRATUITO

Sin embargo, este método de envío tiene dos grandes problemas: el primero es que tu paquete arderá al entrar en la atmósfera antes de llegar al suelo; el segundo es que, en caso de que sobreviva, no tendrás forma de saber dónde aterrizará. Así que, si quieres enviar tu paquete, tendrás que resolver estos dos problemas.

En primer lugar veamos cómo hacer que tu paquete llegue intacto al suelo.

CALENTAMIENTO DE REENTRADA

Cuando un objeto entra en la atmósfera, a menudo entra en combustión. Esto no se debe a ninguna extraña propiedad del espacio, sino a que todo lo que está en órbita va *muy deprisa*. Y cuando los objetos chocan con el aire a esas velocidades, al aire no le da tiempo a apartarse. Se comprime, se calienta, se convierte en plasma y, a menudo, en este proceso, funde o vaporiza el objeto en cuestión.

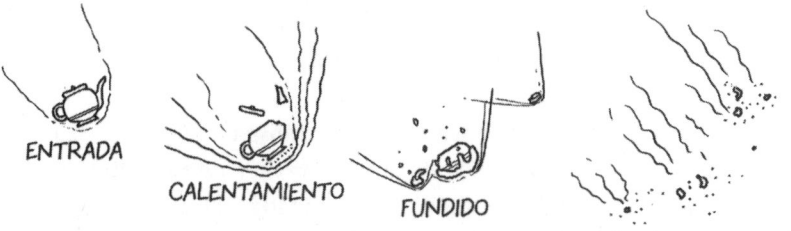

ENTRADA

CALENTAMIENTO

FUNDIDO

DESINTEGRACIÓN / VAPORIZACIÓN

Para evitar que a nuestras naves espaciales les ocurra lo mismo y acaben destruidas, les colocamos escudos térmicos en la parte delantera, intentando que estos absorban el calor de la reentrada y protejan el resto de la nave.[72] También les damos formas especiales, lo que ayuda a crear un colchón de aire entre la onda

---

[72] ¿Por qué las naves espaciales no reducen la velocidad con cohetes y luego entran en la atmósfera a menor velocidad, y así evitan que tengamos que colocarles un voluminoso escudo térmico? La respuesta es sencilla: haría falta demasiado combustible. Las naves espaciales que utilizan cohetes para aterrizar, como el rover Curiosity o los lanzadores reutilizables de SpaceX, realizan la mayor parte de su deceleración utilizando la resistencia atmosférica, y solo usan cohetes para la última parte del aterrizaje.

Hacer que una nave espacial vaya contra la gravedad lo suficientemente rápido como para entrar en órbita requiere decenas de veces el propio peso de la nave en combustible, por eso los cohetes son tan grandes. De igual modo, reducir la velocidad precisaría aproximadamente la misma cantidad. Lo que significa que en lugar de poner en órbita una nave espacial de 1 tonelada utilizando 20 toneladas de combustible, necesitaríamos lanzar una nave espacial de 1 tonelada *y además* 20 toneladas de combustible para frenarla. Pero ahora, en lugar de una nave de 1 tonelada, estás lanzando una nave de 21 toneladas, lo que significa que necesitarás 420 toneladas de combustible. Comparado con 420 toneladas de combustible, un escudo térmico de 50 kilos es una solución mucho más eficiente.

de choque y la superficie de la nave espacial, evitando que el plasma más caliente toque el casco.

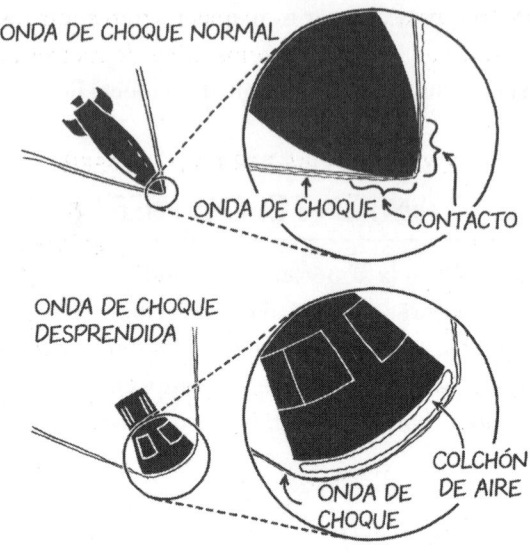

ONDA DE CHOQUE NORMAL

ONDA DE CHOQUE — CONTACTO

ONDA DE CHOQUE DESPRENDIDA

ONDA DE CHOQUE

COLCHÓN DE AIRE

El destino de un objeto que choca contra la atmósfera depende de su tamaño.

La atmósfera de la Tierra pesa tanto como una capa de agua de 10 metros de espesor. Para saber si es probable que un meteorito logre atravesarla, puedes imaginar que choca literalmente contra una capa de agua de 10 metros. Si el objeto pesa más que el agua que tendría que apartar para llegar a la superficie, probablemente lo conseguirá. Esta idea nos sirve bastante bien como aproximación.

Los objetos muy grandes —del tamaño de una casa o mayores— tienen suficiente inercia para atravesar la atmósfera y chocar contra el suelo sin perder mucha velocidad. Estos son los objetos que dejan cráteres en el suelo.

Los objetos pequeños —desde el tamaño de un guijarro hasta el de un coche— no tienen suficiente tamaño para atravesar la atmósfera. Cuando chocan contra ella, comienzan a calentarse hasta que se rompen, se evaporan o les suceden ambas cosas. A veces, trozos de estos objetos sobreviven a la entrada en la atmósfera, bien porque otros trozos absorben el calor y los protegen, bien porque están hechos de un material que puede soportar las condiciones de reentrada. Pero, cuando lo hacen, pierden su velocidad orbital y caen a velocidad terminal directamente contra el suelo. Tras el breve pulso de calor durante la desintegración, esta caída libre a través de la fría atmósfera superior dura varios minutos, que es el motivo por el cual los meteoritos suelen estar muy fríos cuando los encontramos.

Estos restos supervivientes golpean el suelo a velocidades relativamente bajas. Si aterrizan en tierra blanda o barro, pueden salpicar un poco, pero tampoco es que creen un gran cráter. Esta es la razón por la que todos los cráteres de impacto de la Tierra son grandes: solo los objetos pesados y de un tamaño considerable mantienen su energía cinética orbital hasta el suelo. Hay «cráteres» de impacto de unos pocos metros de diámetro —apenas mayores que los objetos que los originaron— y cráteres de impacto de unos miles de metros de diámetro, pero nada intermedio.

¿LOGRARÁ ATRAVESAR LA ATMÓSFERA?

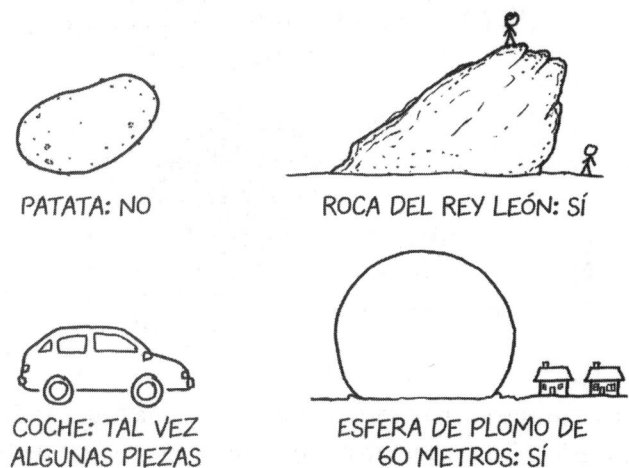

PATATA: NO

ROCA DEL REY LEÓN: SÍ

COCHE: TAL VEZ ALGUNAS PIEZAS

ESFERA DE PLOMO DE 60 METROS: SÍ

Si no llevan blindaje, las naves espaciales se desintegran en la atmósfera. Cuando las grandes naves espaciales entran en la atmósfera sin escudo térmico, entre el 10 % y el 40 % de su masa suele llegar a la superficie, y el resto se funde o evapora. Por eso son tan populares los escudos térmicos.

Así que, para proteger tu paquete durante el descenso, también puedes utilizar un escudo térmico. El tipo más sencillo es un escudo térmico *ablativo*, que se va quemando a medida que avanza. No es reutilizable, como las baldosas resistentes al calor del transbordador espacial, pero es más sencillo y puede soportar una gama más amplia de condiciones. En ese caso, solo tienes que configurar la cápsula para que apunte en la dirección correcta —con el escudo térmico delante, y el paquete detrás— y enviarla.

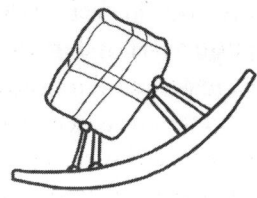

Además es posible que también quieras añadir un paracaídas para la caída final, pero si tu paquete es algo ligero o duradero, como calcetines, toallas de papel o una carta, podría sobrevivir relativamente intacto a la caída a velocidad terminal.

Todos los objetos construidos por el ser humano que han sido diseñados para sobrevivir a la reentrada han utilizado un escudo térmico protector curvado..., salvo algunas excepciones.

LAS MALETAS DEL APOLO

El programa Apolo envió siete equipos de astronautas a alunizar. Cada tripulación llevaba, entre otras cosas, un «paquete de experimentos» del tamaño de una maleta que se dejaría en la superficie de la Luna para realizar mediciones y transmitir información a la Tierra. Seis de los siete estaban alimentados por la radiactividad del plutonio. (El primer paquete de experimentos, el del Apolo 11, era más sencillo. Tenía energía solar para sus componentes electrónicos, pero seguía utilizando calefactores de plutonio a fin de que se mantuviera caliente).

Seis de los equipos Apolo aterrizaron en la Luna y desplegaron sus maletas. Uno de ellos, el Apolo 13, no lo hizo. Después de que parte de su nave espacial explotara,[73] abortaron la misión y volaron de vuelta a la Tierra. Todo el mundo estaba bien, fue muy heroico, etc. Pero hablemos de la maleta.

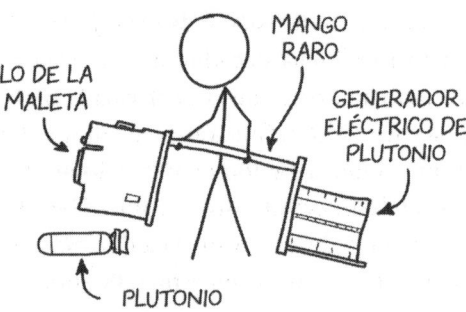

Como los astronautas no llegaron a la Luna, no pudieron dejar allí la maleta llena de plutonio, y esta volvió con ellos a la Tierra. Y eso creó un problema.

Únicamente el módulo de mando, con los astronautas en su interior, estaba diseñado para regresar de forma segura a la superficie terrestre. Las demás partes de la nave espacial, incluido el módulo de aterrizaje lunar, se concibieron para que entraran en combustión en la atmósfera. Así que el módulo de mando solo tenía

---

[73] No es tan malo como suena. Vale, era más o menos tan malo como suena.

espacio suficiente para los astronautas y sus muestras. La maleta y el consiguiente núcleo de plutonio, que se almacenaba por separado, tendrían que quedarse en el condenado módulo de aterrizaje. El problema era que si el recipiente que contenía el plutonio se rompía, se esparciría el material radiactivo por la atmósfera.[74]

Afortunadamente, los ingenieros que diseñaron la maleta tenían prevista esta posibilidad. El plutonio estaba contenido en un cofre de alta resistencia, del tamaño y la forma de un pequeño extintor, protegido por capas de grafito, berilio y titanio. Gracias a esto, aunque el resto del módulo lunar desechado se rompiera de forma violenta a su alrededor, la coraza protectora permitiría a dicho cofre sobrevivir a la reentrada.

Cuando, al irse acercando a la Tierra, los astronautas del Apolo subieron al módulo de mando, dejaron la maleta en el módulo lunar y, después, encendieron los motores de este para que se desviara hacia la zona cercana a la Fosa de Tonga, una de las partes más profundas del Pacífico, de modo que el barril cayera al mar y se hundiera todo lo posible. En las décadas que han transcurrido desde entonces, nunca se ha detectado un exceso de radiactividad, lo que quiere decir que la cubierta protectora ha cumplido su función hasta ahora. Por lo que sabemos, el contenedor de plutonio sigue yaciendo en el fondo del Pacífico y si bien este material radiactivo se ha desintegrado casi a la mitad, en 2019 sigue produciendo más de 800 vatios de calor. De hecho, quizá algún bicho de las profundidades esté muy a gusto acurrucado junto a él en este momento.

---

[74] Por otra parte, estábamos a mediados del siglo xx: si tanto les preocupaban las partículas radiactivas en la atmósfera, quizá deberían haber pensado en no detonar tantas bombas nucleares. Pero qué sé yo; yo no me encontraba allí.

ENVÍA UNA CARTA

Una de las mejores formas de superar los retos de ingeniería que supone la reentrada podría ser deshacerse por completo del escudo térmico en favor de una solución más sencilla: un sobre de papel manila.

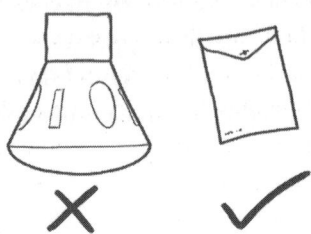

Los objetos ligeros que sufren mayor resistencia comienzan a ralentizarse a mayor altitud, donde la densidad del aire es menor. Como la atmósfera es tan fina, el objeto no se calienta con tanta eficacia, y aunque la reentrada se alarga, las temperaturas máximas pueden ser mucho más bajas. De hecho, según lo calculado por Justin Atchison y Mason Peck, un objeto con forma de hoja de papel, curvado para caer del lado plano primero, podría en teoría entrar en la atmósfera «suavemente» sin alcanzar nunca temperaturas especialmente altas.

Así que, si imprimes el mensaje que quieres enviar en una hoja de papel de horno, papel de aluminio o algún otro material fino y ligero que pueda sobrevivir al calor, tal vez puedas tirarlo por la ventana tal cual. Siempre que tenga la forma adecuada, podría llegar intacto al suelo. De hecho, un equipo de investigadores japoneses planeó intentarlo lanzando aviones de papel desde la EEI. Diseñaron los aviones para que sobrevivieran al calor y la presión de la reentrada, pero, por desgracia, el proyecto nunca se llevó a cabo.

Sin embargo, un paquete lanzado a mano desde la EEI descenderá gradualmente a lo largo de muchas órbitas y apenas tendríamos control sobre el punto de aterrizaje final. Controlar dónde aterrizará el paquete es mucho más difícil que hacer que llegue a la Tierra.

Por lo general, las naves espaciales que regresan tratan de saber dónde van a aterrizar. De todas formas, algunas lo logran con más precisión que otras. Mientras que los cohetes propulsores reutilizados de SpaceX pueden guiarse con la suficiente precisión como para aterrizar directamente sobre un objetivo en la cubierta de un barco, las antiguas naves espaciales Apolo y Soyuz han errado sus objetivos por unos pocos kilómetros.[75] No obstante, las naves espaciales que experimentan una

---

[75] Los módulos de mando del Apolo aterrizaron en el océano. Las naves Soyuz aterrizan en una gran zona abierta de Kazajistán donde no es probable que choquen con nada.

reentrada incontrolada —como sería el caso de tu paquete— pueden errar su lugar de aterrizaje previsto por cientos o miles de kilómetros.

Podrías precisar mucho más dónde caería tu paquete si lo lanzaras con mucha fuerza. Un lanzamiento rápido podría hacer que el paquete descendiera a la atmósfera más directamente, y sin un gran retraso, ya que la resistencia atmosférica hace que su órbita decaiga poco a poco de una forma difícil de predecir. Por sorprendente que parezca, la forma de llevarlo a cabo no sería lanzar el paquete hacia abajo, en dirección a la Tierra. En lugar de eso, deberías tirarlo en sentido contrario. Si lo lanzaras hacia abajo, seguiría teniendo suficiente velocidad de avance para permanecer en órbita, solo que sería una órbita ligeramente diferente. Y, en este caso, lo que tú quieres es que pierda velocidad.

Cuanto más rápido lances el paquete, más preciso será su aterrizaje. La EEI viaja a casi 8 kilómetros por segundo, pero por suerte no necesitas lanzar tu paquete tan rápido. Basta con recortar 100 metros por segundo de la velocidad orbital a la altitud de la EEI para que tu paquete llegue a la atmósfera. Por desgracia, lanzar algo a 100 m/s es difícil. Ni siquiera los lanzadores de béisbol más rápidos superan los 50 m/s. Las pelotas de golf, en cambio, sí viajan bastante deprisa. Un golfista que estuviera flotando junto a la EEI podría poner una pelota de golf fuera de órbita de un solo leñazo. Por tanto, si tu paquete tiene el tamaño de una pelota de golf, podrías probar ese método de entrega.

Si lanzaras el paquete a 100 m/s, este entraría en la atmósfera viajando en un ángulo descendente de más o menos 1º, lo que te daría una *huella de escombros* —la zona donde podría aterrizar tu paquete— de más de 3.000 km de longitud. Si tu objetivo es San Luis, aterrizaría en cualquier lugar situado entre Montana y Carolina del Sur. Si pudieras lanzarlo con más fuerza —250 o 300 m/s—, este entraría en la atmósfera con un ángulo proporcionalmente más pronunciado y así la huella de escombros quedaría reducida a unos cientos de kilómetros. Sin embargo, por muy rápido y preciso que fuera tu lanzamiento, las turbulencias y el viento son tan aleatorios que te impedirían dar en el blanco con una precisión superior a unos pocos kilómetros.

MIR

En marzo de 2001, la estación espacial Mir estaba a punto de regresar a la atmósfera. Se esperaba que la mayor parte de ella ardiera, pero que algunos de los módulos más grandes tuvieran posibilidades de llegar a la superficie. Los planificadores rusos que controlaban la misión intentaron cronometrar su reentrada para que descendiera sobre una región deshabitada del Pacífico, pero en realidad nadie sabía exactamente dónde aterrizaría.

Aprovechando esta circunstancia, la empresa de comida rápida Taco Bell ideó una promoción única: hizo flotar una sábana gigante en el Pacífico con una diana pintada en ella, y ofreció un taco gratis a cada estadounidense si algún trozo de la Mir acertaba en la diana.

Por desgracia, ningún resto de la nave dio en la diana.[76] La mayoría de las piezas más grandes chocaron contra la superficie del océano en las proximidades de las coordenadas 40° S 160° O —el «cementerio de naves espaciales», una región alejada de ninguna costa donde han salpicado los restos de más de cien naves espaciales— y se hundieron hasta el fondo.

A pesar de lo que afirmaban muchas subastas de eBay, nunca se confirmó que se recuperaran restos de Mir. Supongo que si alguna vez encuentras alguno, puedes intentar llevarlo a la sede de Taco Bell en Irvine (California); quizá te lo cambien por un taco.

PON LA DIRECCIÓN

También puede que no seas capaz de dirigir bien tu paquete, pero no desesperes: ¡eso no significa que no se pueda entregar! Lo único que te hace falta es averiguar qué dirección poner en él. Aunque, como aprendió el gobierno estadounidense en la década de 1960, averiguar qué escribir en los paquetes espaciales puede ser complicado.

Los primeros satélites espía estadounidenses utilizaban cámaras de carrete. Una vez tomadas las fotos, las cápsulas que contenían la película se dejaban caer de vuelta a la Tierra. Si todo iba bien, se rastreaba su descenso y un avión de las Fuerzas Aéreas las atrapaba literalmente en el aire utilizando un gancho largo.

NO PUEDO CREERME QUE ESTO HAYA FUNCIONADO

---

[76] ¿Lo diría en serio Taco Bell? Bueno, más o menos. Lo que hizo fue contratar una póliza de seguro de 10 millones de dólares que cubriera la demanda de tacos gratis en el improbable caso de que «acertaran». Esta póliza se contrató con SCA Promotions, una empresa que ofrece cobertura a los ganadores de concursos promocionales. Cuando una empresa quiere prometer un gran premio a quien complete una tarea difícil, paga una cantidad fija a SCA Promotions, y esta paga en caso de que el concursante logre la proeza. Sin embargo, las primas que Taco Bell pagó por la póliza probablemente tampoco fueran demasiado elevadas, ya que colocaron el objetivo cerca de la costa australiana, a miles de kilómetros al oeste de la trayectoria de reentrada.

Pero las cosas no siempre fueron según lo previsto. Varias cápsulas regresaron a la Tierra sin control; una, que cayó en el Ártico, cerca de Svalbard, nunca fue encontrada. Y otra, a principios de 1964, un satélite de reconocimiento Corona —tras tomar unos cientos de fotos—, se averió en órbita, dejó de responder y comenzó una reentrada incontrolada. Los funcionarios del gobierno observaban ansiosos, intentando determinar por dónde entraría en la atmósfera. Al final, quedó claro que aterrizaría en algún lugar cercano a Venezuela.

Se dijo a los observadores de la zona que vigilaran el cielo, y el 26 de mayo de 1964 se apreciaron restos sobrevolando la costa venezolana.

Aunque los funcionarios pensaron que era probable que hubiera caído en el océano, en realidad lo había hecho en la frontera entre Venezuela y Colombia. Allí lo encontraron unos campesinos, que lo desmontaron, extrajeron los discos de oro que descubrieron en su interior[77] e intentaron poner el resto a la venta. Incluso uno de los labradores utilizó las cuerdas del paracaídas para fabricar un arnés para sus caballos. Cuando nadie quiso comprarla, la cápsula fue entregada a las autoridades venezolanas, que se pusieron en contacto con las autoridades estadounidenses.

Hasta que se produjo ese incidente, las cápsulas de retorno llevaban etiquetas con las palabras ESTADOS UNIDOS y SECRETO escritas en letras amenazadoras, con la intención de disuadir a la gente de que las abrieran y accedieran a su carga secreta. Tras lo ocurrido en 1964, Estados Unidos cambió su estrategia de etiquetado. En lugar de una severa advertencia, simplemente las sellaron con un mensaje —en ocho idiomas— que prometía una recompensa por llevar la cápsula al consulado o embajada estadounidense más cercano.

Vista esta experiencia, si quieres aumentar las posibilidades de que la persona que encuentre tu paquete ayude a entregarlo a su destinatario, está claro que el soborno puede ser una buena idea.

---

[77] Los discos de oro formaban parte de un experimento científico que, en realidad, constituía una tapadera, por si alguien preguntaba qué hacía el satélite allí arriba.

CAPÍTULO 16

Instrucciones para suministrar energía a tu casa

(en la Tierra)

Tienes la casa llena de cosas que necesitan enchufarse. ¿Cómo suministras energía a tu casa?

Un hogar típico estadounidense consume alrededor de un kilovatio de electricidad de media al año. Con las tarifas eléctricas de 2018, eso equivale a 1.100 dólares al año. ¿Podría tu parcela de tierra ofrecer una alternativa más barata?

Veamos algunas de las distintas fuentes a las que podrías recurrir, tomando como ejemplo una vivienda típica estadounidense.

VIVIENDA TÍPICA ESTADOUNIDENSE CON SU TERRENO

800 M²

CASA

En Estados Unidos, una vivienda unifamiliar media de nueva construcción se asienta en un terreno de 800 metros cuadrados, el 25 % del cual está ocupado por la propia casa. Supongamos que vives en un hogar así, y que quieres plantearte a qué flujos de energía te da acceso tu pequeña parcela.

Tradicionalmente, cuando uno poseía tierras, también era el propietario de la columna de aire que había sobre ellas y de la suciedad que había debajo de las mismas, como expresa la máxima latina *Cuius est solum, eius est usque ad coelum et ad inferos*, que literalmente significa: «La propiedad que posees se extiende hacia arriba hasta el cielo y hacia abajo hasta el infierno».

COELUM

SOLUM

INFEROS

Sin embargo, en estos tiempos modernos, tu derecho de propiedad hacia arriba puede estar restringido de varias formas, como, por ejemplo, por la legislación urbanística local, la Administración Federal de Aviación y el Tratado del Espacio Exterior de 1967, que prohíbe las reivindicaciones de propiedad sobre el espacio exterior. Del mismo modo, tu propiedad hacia abajo también puede verse limitada por el hecho de que los derechos minerales suelen venderse por separado del terreno, de modo que puedes ser propietario de la finca, pero no de todo lo que haya enterrado bajo ella.

Pero suponiendo que tuvieras la propiedad completa, he aquí algunos de los recursos que puedes encontrar en esas tres regiones:

PARTE 1. *SOLUM*

Plantas

Las plantas crecen en la tierra, a veces con tanto entusiasmo que hay que trabajar mucho para detener su avance.

Las plantas pueden usarse como combustible si les prendemos fuego, aunque esta no es necesariamente la forma más limpia o más eficiente de producir electricidad. Si cultivaras y cosecharas árboles en tu terreno, podrías obtener un suministro constante de electricidad quemando la madera.

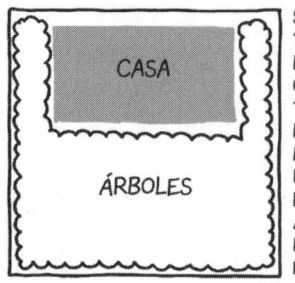

SI ES POSIBLE, TUS ÁRBOLES DEBERÍAN OCUPAR SOBRE TODO EL LADO DEL TERRENO MÁS ILUMINADO POR EL SOL (QUE ES EL LADO SUR; AL MENOS, EN EL HEMISFERIO NORTE)

Si bien la productividad de los bosques depende de las prácticas de gestión, la Asociación Nacional de Distritos de Conservación calcula que el suministro de madera de un pinar de 1.613 hectáreas con una gestión relativamente poco intervencionista puede suministrar un megavatio de energía eléctrica continua. Eso significa que si llenaras tu patio de árboles (excluyendo el 25 % que ocupa tu casa), la energía que podrías suministrar sería…

$$\frac{0{,}08 \text{ hectáreas} \times 75\% \times 1 \text{ megavatio}}{1.613 \text{ hectáreas}} = 38 \text{ vatios}$$

… 38 vatios. Lo que te bastaría para cargar el teléfono o hacer funcionar una tableta o un pequeño ordenador portátil, pero ni de broma para suministrar energía a toda la casa.

Otros cultivos podrían ser más eficientes: el pasto varilla, por ejemplo, podría producir alrededor de un kilovatio por cada media hectárea en gran parte del centro de Estados Unidos, y potencialmente el doble o el triple en otras zonas. Por desgracia, aunque lo plantaras en el tejado y en el jardín, tampoco sería suficiente para suministrar energía a toda tu casa.

Agua

El agua fluye por el suelo bajo la influencia de la gravedad, y esta energía gravitatoria puede ser aprovechada por turbinas hidroeléctricas.

En Estados Unidos caen una media de 0,5 litros de lluvia en toda su superficie, que posee una elevación media de 762 metros de altitud. Si consideráramos el país como una meseta uniforme, sobre la que la lluvia cayera y acabara derramándose por los bordes…

PRECIPITACIONES EN EE. UU.
(MODELO LIGERAMENTE MODIFICADO)

… el agua generaría un total de 1,7 teravatios de energía.

$$\frac{0,5 \text{ litros}}{\text{año}} \times \text{superficie total de EE. UU.} \times \text{densidad del agua} \times 9,8 \, \tfrac{m}{s^2} \times 762 \text{ metros} = 1,7 \text{ teravatios}$$

Como en Estados Unidos hay unos 120 millones de hogares, tocarían a… ¡14 kilovatios por hogar!

Sin embargo, por desgracia para tu casa, esta es una valoración muy optimista. La mayor parte de la lluvia de Estados Unidos cae en los niveles de altitud más bajos respecto al nivel del mar, y no toda fluye hacia arroyos fáciles de aprovechar. El Departamento de Energía sugiere que la energía hidroeléctrica total disponible en Estados Unidos —que incluiría la construcción de presas en reservas naturales y ríos pintorescos— es de 85 gigavatios, es decir, la vigésima parte del total que calculábamos nosotros. Y eso serían solo 700 vatios por hogar.

PARTE 2: *INFEROS*

Combustible enterrado

Dado que tu propiedad de 800 metros cuadrados representa la 1/12.000.000.000.ª parte de la superficie de Estados Unidos, vamos a suponer que contiene también la 1/12.000.000.000.ª parte de las reservas explotables de Estados Unidos. En realidad, como es obvio, todos esos recursos están distribuidos por el país en pequeñas bolsas, así que o atesoras mucho más que eso, o te ha tocado mucho menos. Pero si estuvieran distribuidos uniformemente, esto es lo que tendrías bajo tu propiedad:

- **3 barriles de petróleo.** Cada barril de crudo puede suministrar unos 6 gigajulios de energía, por lo que 3 barriles bastarían para abastecer tu casa durante unos 8 meses.
- **1.076 metros cúbicos de gas natural,** suficiente para suministrar energía a tu casa durante algo más de 16 meses.
- **19 toneladas de carbón.** El carbón tiene una densidad energética de unos 20 megajulios por kilogramo, por lo que tus 19 toneladas de carbón podrían suministrar energía a tu casa durante 12 años.
- **42 gramos de uranio,** lo que suministraría energía a tu casa durante unos meses si los usaras en un reactor nuclear tradicional, o incluso durante más de una década si lo hicieras en un tipo avanzado de reactor llamado «reactor de neutrones rápidos». Estos últimos son mucho más eficaces, pero su funcionamiento también es mucho más caro e implican un enriquecimiento del uranio más próximo al nivel en que podría ser útil para armas nucleares, por lo que tu actividad podría poner nerviosos a los organismos reguladores internacionales.

Si los sumaras todos, esos combustibles enterrados representarían unas cuantas décadas de energía.

El problema es que tu parcela, en realidad, seguramente no contenga todos esos depósitos de combustible; de hecho, con toda probabilidad, no contiene ninguno. E incluso si los tuviera, la energía que necesitaría un propietario para desenterrarlos sería mayor que la energía que estos le proporcionarían. Además, desde la perspectiva del impacto sobre el clima, los seres humanos no pueden permitirse quemar todos los combustibles fósiles ocultos en el suelo, por lo que casi mejor que los dejes.

Energía geotérmica

La Tierra aún se está enfriando, tanto por el calor generado cuando inicialmente colapsó en forma de bola, como por el que se ha provocado debido a la desintegración radiactiva del potasio, el uranio y el torio en las profundidades del planeta. El planeta se va enfriando al desprenderse del calor a través de su superficie. Y si bien en la mayoría de los lugares este calor suele ser muy tenue y difícil de detectar, en cambio, en otros sitios es muy difícil de ignorar.

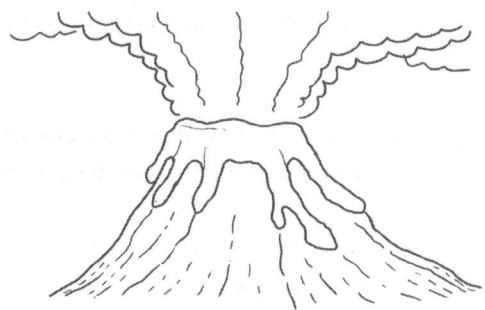

El flujo de calor generado en una zona geológicamente tranquila típica puede ser de 50 milivatios por metro cuadrado, por lo que, en principio, tu propiedad debería tener acceso a 40 vatios de energía calorífica de forma indefinida. Sin embargo, la producción real de energía geotérmica implica perforar pozos profundos en la Tierra, bombear agua hacia abajo y dejar que las rocas calientes hagan subir la temperatura del agua. Como el depósito de calor se iría reponiendo de las zonas circundantes, en realidad estarías extrayendo calor de debajo de *todo el mundo*.

No obstante, en la práctica, la energía geotérmica solo tiene sentido en zonas geológicamente activas, en las que puedan darse altas temperaturas cerca de la superficie. Por ejemplo, The Geysers, una extensa central geotérmica del norte de California, produce unos 77 kilovatios de energía por cada media hectárea, de modo que, si por casualidad vivieras allí, podrías suministrar energía a tu casa fácilmente.

En cambio, en zonas geológicamente más tranquilas, es probable que la energía geotérmica no sea más que —en el mejor de los casos— una fuente de agua un poco templada.

Placas tectónicas

Aunque vivir en una falla sin duda tendría sus desventajas, quizá también podrías encontrar formas de aprovecharlo. El suelo ejerce una fuerza sobre una distancia, y la fuerza multiplicada por la distancia es energía. Y si bien un centímetro de movimiento al año no es mucho, ese desplazamiento oculta una cantidad prácticamente infinita de fuerza detrás de sí. ¿Podrías aprovecharla para generar electricidad?

HUMM.   NO.

Pues, en teoría, ¡sí!

Supón que construyes un par de pistones gigantes, anclados a una gran zona de corteza situada a cada lado de la falla, y haces que los pistones compriman un depósito de fluido entre ellos.

A LA PRIMERA PLACA TECTÓNICA

LOS PISTONES COMPRIMEN EL AGUA

EL AGUA ES EMPUJADA A TRAVÉS DE LA TURBINA

A LA SEGUNDA PLACA TECTÓNICA

CÁMARA DE COMPRESIÓN   FUGA

ES LA PEOR IDEA DE INGENIERÍA QUE HABÍA OÍDO NUNCA, Y ESO QUE UNA VEZ VI UN VÍDEO DE YOUTUBE TITULADO «EL CASO DEL HYPERLOOP QUE PASEA PERROS».

Con el tiempo se acumularía la presión del fluido, y esta podría usarse para accionar una turbina. La presión teórica máxima que generaría este artilugio dependería de la que fuera capaz de tolerar el pistón. Si el material en el que estuviera fabricado este tuviera una resistencia máxima a la compresión de 800 megapascales, y los pistones tuvieran la anchura de tu patio y el doble de altura —de modo que las cabezas de los pistones tuvieran una superficie de 1.618 metros cuadrados—, entonces la potencia teórica total disponible vendría dada por la multiplicación del índice de movimiento de la falla por el área del pistón por la presión:

$$\frac{2{,}5 \text{ cm}}{\text{año}} \times 800 \text{ m}^2 \times 800 \text{ megapascales} = 1 \text{ kilovatio}$$

En realidad, todo este sistema es ridículo y técnicamente inviable por infinidad de razones, y si te pusieras a construir uno, quizá descubrieras otras nuevas. Pero uno de los motivos por los que es una idea ridícula es su coste.

Las «raíces» de la estructura que anclaba el generador a la corteza tendrían que extenderse hacia el exterior una gran distancia; de lo contrario, la corteza simplemente se agrietaría y se formarían nuevas fallas. Así que tendríamos que medir el volumen de estas «raíces» en millones de metros cúbicos. Si, por ejemplo, fueran de acero y se extendieran 5 kilómetros en cada dirección, pesarían 60.000 millones de toneladas y costarían algo así como 40.000 millones de dólares.

Ahora bien, 40.000 millones de dólares es mucho dinero, sí, pero también te ahorrarías 1.100 dólares al año en electricidad. Y a ese ritmo recuperarías el dinero en...

$$\frac{40.000 \text{ millones \$}}{1.100 \text{ \$ al año}} \approx 36 \text{ millones de años}$$

... 36 millones de años.

PARTE 3: *COELUM*

El Sol

Aunque la potencia media de la luz solar que incide sobre una parcela de tierra en Estados Unidos varía según la latitud, la nubosidad y la época del año, el valor medio es de unos 200 vatios por metro cuadrado. Esta sería la media de todo el año, porque la potencia puede llegar a alcanzar los 1.000 vatios por metro cuadrado cuando el Sol está en lo alto del cielo, pero las nubes, las estaciones y el hecho de que por la noche esté oscuro obviamente hacen bajar la media. (Los servicios públicos suelen medir las cosas en términos de kilovatios/hora; en esas unidades, 200 vatios equivalen a unos 5 kilovatios/hora al día).[78]

Hoy en día, los paneles solares modernos convierten aproximadamente el 15 % de la energía del Sol en electricidad, de modo que si cubres tu jardín de ellos, captarás 25 kilovatios, mucho más de lo que necesitas:

$$800 \text{ m}^2 \times 200 \ \frac{\text{vatios}}{\text{m}^2} \times 15\,\% \approx 25.000 \text{ vatios}$$

Podrías mejorar la eficiencia inclinando los paneles hacia el Sol, ya fuera para cubrir más superficie —aunque a costa de tus vecinos— o para obtener la misma cantidad de energía ocupando menos espacio en el suelo...

ALGUNAS OPCIONES PARA COLOCAR PANELES SOLARES

SIMPLE, AUNQUE ALGO INEFICIENTE

MEJORA LA EFICIENCIA CON PANELES INCLINADOS Y COLOCANDO ALGUNOS EN EL TEJADO

VENTAJAS: MUY EFICIENTE. DESVENTAJAS: ENFADA A LOS VECINOS Y TE CONDENA A TI A UNA VIDA DE OSCURIDAD

... pero en cualquier caso su efecto sería relativamente pequeño. El factor limitante de la energía solar no suele ser la superficie disponible, sino el coste de los paneles. Media hectárea de paneles solares puede costar más de 2 millones de dólares en 2019, y aún más si quieres poder almacenar la energía para cuando no dé el Sol.

Utilizando las tarifas eléctricas estadounidenses de 2019 (13 céntimos de dólar por kilovatio/hora), tardaríamos 14 años en amortizar un panel solar en nuestro terreno de ejemplo, si bien es cierto que diversos incentivos fiscales y la posibilidad de volver a suministrar el exceso de energía a la red podrían reducir significativamente ese «periodo de amortización». En cambio, en zonas con

---

[78] Nota sobre las unidades: «1,38 kilovatios» no es una medida anual, sino el consumo medio de electricidad de un estadounidense, promediado a lo largo del tiempo. La gente está acostumbrada a medir el consumo de electricidad en kilovatios/hora (la energía necesaria para suministrar un kilovatio durante una hora), ya que así es como se fija su precio y se comercializa. Esto es perfectamente válido, pero resulta un poco extraño desde el punto de vista de la física. Al fin y al cabo, la media podría expresarse simplemente en «kilovatios». Es como decir que la anchura de una carretera es de «9.290 metros cuadrados por cada kilómetro y medio» en lugar de decir que tiene unos 6 metros de ancho.

mucho sol y/o generosos incentivos a las energías renovables, los nuevos paneles solares pueden amortizarse en un plazo de pocos años.

Viento

La cantidad de energía eólica disponible depende de lo ventosa que sea tu zona y de a cuánta altura estés dispuesto a construir sobre tu terreno. En líneas generales, la velocidad del viento aumenta cuanto mayor es la altura, de modo que cuanto más alta construyeras la turbina, más energía podrías obtener de ella. El Laboratorio Nacional de Energías Renovables de EE. UU. ha trazado un mapa del potencial de energía eólica disponible en todo el país para turbinas de distintas alturas. La potencia disponible se mide en vatios por metro cuadrado, lo que te permite calcular la potencia que pasará por una turbina de un tamaño determinado.

Por ejemplo, una zona como San Luis, con vientos más o menos «normales», tiene un potencial de energía eólica de unos 100 W/m² a 50 metros sobre el suelo, 200 W/m² a 100 metros y quizá 400 W/m² a 200 metros. Otras zonas, de mucho mayor viento, como las Montañas Rocosas, podrían tener densidades de potencia hasta cuatro veces superiores, mientras que en zonas menos ventosas, como el centro de Georgia y Alabama, la potencia disponible podría ser la cuarta parte.

Si tu terreno de 800 metros cuadrados tiene, valga la redundancia, forma cuadrada, entonces podría caber un aerogenerador de 28 metros de diámetro, o incluso de 40 metros, si los vientos dominantes te permitieran ponerlo en diagonal.

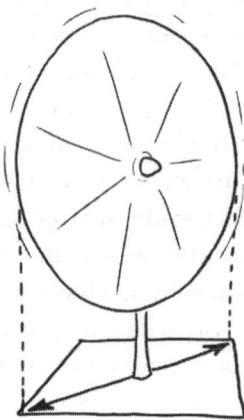

Una turbina de 28 metros de diámetro tiene una superficie de 640 m². Si se instala a una altura de 50 metros, donde el potencial es de 100 W/m², la potencia disponible será de 64 kilovatios. Los aerogeneradores no son eficientes al cien por cien; debido a la ley de Betz, nunca pueden extraer más del 60 % de la energía del viento que pasa por ellos. En la práctica, debido a la variación de la velocidad del viento y a las pérdidas de conversión, la potencia real captada se aproxima al 30 % de la media disponible. Aun así, el 30 % de 64 kilovatios son 19 kilovatios, que serían suficientes para suministrar energía a tu casa y *también* a las casas de 18 vecinos.

De hecho, esa buena voluntad podría serte bastante útil, ya que un aerogenerador de 28 metros a 50 metros del suelo podría causar algunos problemas en tu calle. La parte inferior de la pala estaría a solo 36 metros del suelo, por lo que es de esperar que no vaya a poder haber árboles demasiado altos.[79] Y probablemente también deberías disuadir a los niños del vecindario de volar cometas.

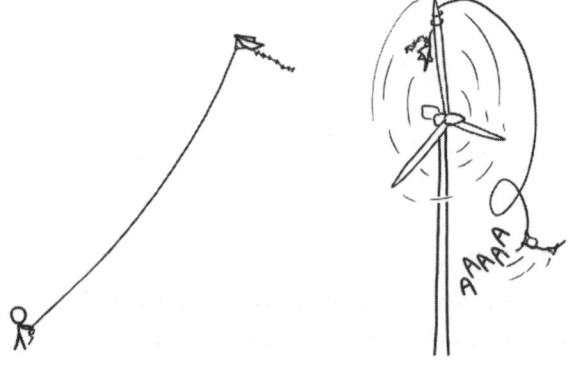

---

[79] Y si los hay, me temo que no será por mucho tiempo.

EPÍLOGO: EL ESPACIO EXTERIOR

Algunos modelos teóricos del universo sugieren que los campos cuánticos que componen el espacio existen en lo que se denomina un «falso vacío». Tras el Big Bang, el tejido del espacio se fue asentando desde una espuma cuántica caótica de alta energía hasta su forma actual. Según estos modelos, la forma en la que se depositó no está realmente asentada: el propio espacio-tiempo contiene una cierta cantidad de tensión y, si se perturbara de la forma adecuada, esta tensión podría liberarse y el espacio caería en un estado totalmente relajado y asentado.

En estos modelos, el falso vacío supone una enorme cantidad de energía potencial en cada metro cúbico de espacio. Dado que tu jardín tiene mucho espacio fácilmente accesible…, ¿podrías provocar ahí la misma descomposición del vacío y resolver así tus problemas para siempre?

Para responder a esta pregunta, me puse en contacto con la doctora Katie Mack, astrofísica y experta en el fin del universo. Le pregunté cuánta energía se liberaría si alguien provocara la descomposición del vacío en su propio jardín, y si podría aprovecharse para suministrar energía a su casa. Su primera respuesta fue: «Por favor, que ni se te ocurra».

«Si pudieras descomponer el vacío localmente, en principio se liberaría la energía del campo de Higgs, lo más probable que en forma de radiación de energía extremadamente alta —añadió—, pero junto con esa energía obtendrías una burbuja de vacío verdadero que se expandiría a la velocidad de la luz, lo que haría imposible aprovechar nada de la energía antes de que la burbuja te envolviera. Esa burbuja de vacío verdadero te incineraría, luego destruiría todas tus partículas y a continuación devoraría todo el universo. E inmediatamente después lo colapsaría».

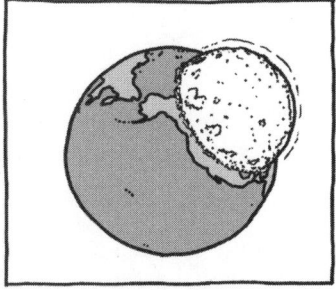

Por suerte para nosotros, el hecho de que el universo haya existido durante tanto tiempo sin descomponerse sugiere que, incluso si las teorías del falso vacío son correctas, la descomposición del vacío no sea algo especialmente *probable* a corto plazo.

«Aunque la descomposición del vacío es casi inevitable si nuestra comprensión actual de la física de partículas es correcta, es astronómicamente improbable que ocurra en algún momento de los próximos miles de millones de años. Hay formas mejores y más eficaces de obtener energía», añadió la doctora Mack. «Por ejemplo, ¿por qué no crear un agujero negro diminuto y utilizar la radiación de su evaporación Hawking como una hoguera? Dependiendo de la masa, ¡podrías obtener un bonito resplandor constante que durara años antes de que explotara de modo espectacular cuando al final se desintegrara!».

Sí, eso suena mucho más práctico.

CAPÍTULO 17

Instrucciones para suministrar energía a tu casa

(en Marte)

Es más difícil obtener energía en Marte que en la Tierra.

En parte por la evidente razón de que allí no hay red eléctrica. Pero aunque construyéramos una en el planeta rojo, las fuentes habituales de energía eléctrica que utilizamos en la Tierra no funcionarían tan bien en Marte.

Tipo de energía	¿Funciona en Marte?	Motivo
Energía eólica	En realidad, no	El aire es demasiado escaso
Energía solar	No igual de bien	El Sol queda más lejos
Combustibles fósiles	No	No hay fósiles
Energía geotérmica	No igual de bien	No hay mucha actividad geológica
Energía hidráulica	No	No hay ríos
Energía nuclear	No, a menos que te traigas tu propio combustible	Serían necesarios ciertos procesos geológicos para concentrar uranio
Energía de fusión	No	Ni siquiera funciona *en la Tierra*…

Sin embargo, en Marte hay una fuente potencial de suministro de energía muy inusual. Solo tienes que estar dispuesto a destruir una luna para conseguirla.

No deberías sentirte mal por destruir la luna Fobos de Marte: en realidad, ya está condenada.

La Luna de la Tierra orbita más despacio de lo que gira nuestro planeta, por lo que el arrastre de marea entre la Tierra y la Luna frena a la Tierra y acelera a la Luna. Como consecuencia de ello, la Luna se aleja progresivamente de nosotros.[80] En cambio, en Marte, la situación es la opuesta: Fobos orbita *más deprisa* de lo que gira Marte, por lo que el arrastre de marea tira de él hacia atrás, hacien-

---

[80] Para saber más sobre esto, consulta el capítulo 27, «Instrucciones para ser puntual».

do que caiga en una órbita más cerrada. Con el tiempo, Fobos se va acercando cada vez más a Marte.

Aunque pueda parecer que Fobos no es muy pesada en comparación con otras lunas —la nuestra, por ejemplo, es 7 millones de veces más grande—, sigue teniendo un tamaño considerable en comparación con los estándares humanos.

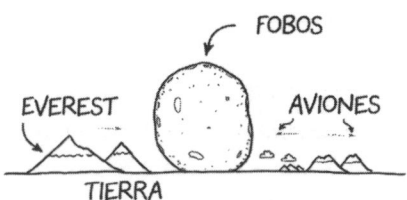

La masa y la velocidad de Fobos nos indican que lleva una enorme cantidad de energía cinética mientras gira alrededor de Marte, energía que podrías aprovechar.

UN CABLE A FOBOS

Anclar Fobos con un cable es algo que ya se ha propuesto en otras ocasiones. Normalmente se estudia la posibilidad con el objetivo de utilizar la posición y la energía orbital de este satélite para transportar de forma eficaz grandes cantidades de carga hacia y desde la superficie de Marte, lo que a menudo implica utilizar un extremo del cable como si fuera un «gancho en el cielo» para agarrar la carga que sale de la superficie de Marte.

No obstante, también se podría utilizar este anclaje para extraer energía directamente de Fobos. Si se fijara un cable de 5.820 kilómetros a la cara de Fobos que mira hacia Marte, el extremo de este quedaría colgando en la atmósfera de Marte. El extremo colgante se movería por la atmósfera de Marte a 530 metros por segundo. En la Tierra, eso sería aproximadamente 1,5 veces la velocidad del sonido, pero como la atmósfera de Marte está compuesta sobre todo de dióxido de carbono, el sonido allí viaja más despacio[81] y 530 metros por segundo es 2,3 veces la velocidad del sonido marciano.

TURBINAS DE VIENTO

Las turbinas eólicas no nos servirían de gran cosa en la superficie de Marte porque el aire es tan escaso y se mueve tan lentamente que tendría problemas incluso para hacer girar la pala de una turbina. Sin embargo, el extremo del cable experimentaría el viento que sopla a Mach 2,3, *y eso ya es otra historia*. El aire que pasara junto al cable transportaría unos 150 kilovatios de energía por metro cuadrado. Una turbina de 20 metros de diámetro podría transportar 50 megavatios de energía, lo que sin duda sería suficiente para suministrar energía a toda una ciudad.

TURBINA EÓLICA EN LA TIERRA

TURBINA EÓLICA EN MARTE

---

[81] Como la velocidad del sonido en Marte es menor, si intentaras hablar, tu voz sonaría significativamente más grave.

Por lo general, las turbinas eólicas no suelen diseñarse para funcionar a velocidades supersónicas, tal vez porque los vientos supersónicos son muy poco frecuentes en la Tierra, salvo por los impactos de meteoritos, las explosiones volcánicas y las ondas expansivas nucleares. Pero *sí existen* algunas turbinas diseñadas para acoplarse a aviones o cohetes supersónicos. Y estas están pensadas para generar energía a partir del flujo de aire que pasa por el fuselaje, en parte para suministrar energía a los sistemas del avión si se apagan los motores. Las turbinas supersónicas son aerodinámicas y tienen palas cortas y rechonchas; así que es probable que tu turbina de Marte deba parecerse más a ellas que a la típica turbina eólica.

Como tu turbina será arrastrada por Fobos a través de la atmósfera de Marte, esto restará impulso al satélite y hará que entre en espiral. Cuantas más turbinas añadas, más energía generarás y más rápido descenderá Fobos. Nota: a medida que Fobos se acerque, tendrás que acortar el cable de sujeción para evitar que choque contra el suelo. Afortunadamente, al ser más corto no necesitará ser tan macizo para soportar su propio peso, por lo que con el tiempo podrás soportar más turbinas con la misma cantidad de material de anclaje.

La energía total disponible al hacer descender Fobos a la parte superior de la atmósfera de Marte sería:

$$G \times \text{masa de Marte} \times \text{masa de Fobos} \times \tfrac{1}{2} \times \left(\frac{1}{\text{radio de Marte} + 100 \text{ km}} - \frac{1}{9{,}376 \text{ km}} \right) \cong 4 \times 10^{22} \text{J}$$

Dado que cada estadounidense utiliza, por término medio, 1,38 kilovatios de electricidad, este resultado significaría que la órbita de Fobos llevaría energía suficiente para abastecer las necesidades de electricidad de una población del tamaño de Estados Unidos durante casi tres milenios. Aunque se trasladaran a vivir allí muchos vecinos, Fobos tendría energía suficiente para todos.

Los proyectos de cables espaciales suelen implicar grandes cantidades de material, y este no va a ser una excepción. Por pequeño que fuera el anclaje de Fobos a Marte, pesaría miles de toneladas, y el peso aumentaría a medida que añadieras más turbinas y de mayor tamaño. La cantidad de energía producida por una turbina de anclaje es proporcional a la fuerza que el cable ejerce sobre ella, de modo que cada vatio adicional de capacidad de la turbina aumenta la tensión sobre el anclaje, y este tiene que hacerse más macizo para soportarla. Así que, razonando a la inversa, también podemos ver cada kilogramo añadido de material de cable como algo que «produce» una cierta cantidad de energía.

El peso del cable, así como su eficacia, dependerá de los materiales que utilices y de muchos detalles de ingeniería, pero en general el anclaje probablemente suministrará, como máximo, 2 vatios de energía por cada kilogramo de cable. Dado que el anclaje puede producir esa energía de forma indefinida, durante décadas, esos 2 vatios por kilogramo suponen mucha más energía total por kilogramo que los combustibles comunes, como las pilas, el petróleo o el carbón.[82]

Las turbinas serán ineficaces en un grado difícil de predecir. Dado que el flujo de aire es efectivamente ilimitado, tu principal preocupación será reducir la resistencia «desperdiciada» en el cable, en lugar de captar toda la energía del aire que pasa a través de él. Es posible que otros diseños de turbina resulten más eficientes y fiables: podrías experimentar con diseños como las turbinas Darrieus, las turbinas de arrastre o las turbinas de efecto Magnus, todas las cuales tienen usos especiales aquí en la Tierra:

TURBINAS EÓLICAS

NORMAL DARRIEUS DE ARRASTRE MAGNUS

Además de las ineficiencias asociadas a las turbinas, tendrías que preocuparte de trasladar la energía desde la turbina hasta tu casa, situada en la superficie, lo que inevitablemente implicará pérdidas adicionales. La energía puede transmitirse de muchas formas, ya sea mediante la emisión de microondas o a través del lanzamiento de un gran número de baterías recargables a la superficie.

FOBOS MARTE

---

[82] Sin embargo, no se acerca al plutonio, que produce cientos de vatios de calor por kilogramo durante muchas décadas. De todas formas, el plutonio es difícil de conseguir en grandes cantidades. El rover Curiosity —posiblemente en estos momentos tu vecino en Marte— se alimenta con un trozo de 5 kg de plutonio, adquirido por la NASA a un alto coste.

Cuando una luna orbita demasiado cerca de un cuerpo progenitor, las tensiones de marea pueden llegar a ser lo bastante fuertes como para arrancar material de la superficie lunar. La distancia a la que esto ocurre se denomina límite de Roche. Cuanto más se acerque Fobos a Marte, más probable es que se rompa en un anillo de escombros. Para evitar que esto ocurra, tal vez debas utilizar algún tipo de red de alta resistencia para mantener a Fobos unido, o dejar que se divida en varias lunas más pequeñas, cada una de las cuales puede mantenerse unida con la red con más facilidad.

Este tipo de turbina orbital tiene una característica especialmente extraña: cuanto más tiempo la utilices, más energía te suministrará. Tu cable ejercerá resistencia sobre Fobos, lo que hará que la luna descienda…, pero, al descender, también se acelerará, porque las órbitas más bajas son más rápidas. Y una órbita más rápida significa que el cable se moverá más deprisa, lo que a su vez implicará un flujo de aire más rápido y más potencia de turbina. Con lo que el cable irá suministrando cada vez más energía a lo largo de la vida de Fobos.

CUANDO FOBOS AMARTICE

Con el tiempo, una vez que el arrastre haya extraído los 4×1.022 julios de energía de Fobos —quizá dentro de milenios, o TAL VEZ dentro de unos pocos años, dependiendo de cuánta energía consuma tu casa y de si otros colonos también están aprovechando las turbinas—, este satélite llegará a la atmósfera de Marte.

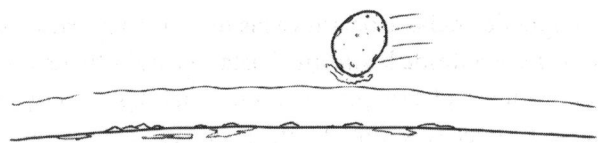

Fobos tiene un tamaño similar al de la roca que colisionó con la Tierra a finales del Cretácico, colisión que provocó la extinción de la mayoría de los dinosaurios. Y me temo que el impacto de Fobos con Marte, ya sea en una sola pieza o en varias en ese momento, será igualmente perturbador. El cable, a lo largo de miles de años, habrá consumido la energía potencial gravitatoria de Fobos y entregado un total de 4×1.022 julios de la misma al planeta, al tiempo que provocará la aceleración de Fobos en su descenso. Así que el impacto de Fobos con la superficie entregará una cantidad similar de energía…, pero toda de golpe.

Este impacto de Fobos dejará una larga cicatriz alrededor de Marte, y la colisión rociará un enorme volumen de escombros al espacio, la mayoría de los cuales volverán a caer en una lluvia de roca fundida que llegará a todas partes en la superficie del planeta rojo. Así que una vez más, como suele ocurrir, una fuente de energía «gratuita» acaba teniendo un terrible coste a largo plazo.

No obstante, las consecuencias apocalípticas no serán *todas* negativas. Durante un breve tiempo, hasta que amaine la lluvia de lava, algunos de los valles inferiores de Marte podrían calentarse lo suficiente como para que pudiera existir agua líquida en charcos estables en la superficie.

Si por casualidad tu casa estuviera situada en uno de estos valles..., tal vez quieras consultar el capítulo 2, «Instrucciones para organizar una fiesta en la piscina».

CAPÍTULO 18

Instrucciones para hacer amigos

Simplemente con que te pongas a caminar, te acabarás topando con alguien.

Sin embargo, te puede llevar algo de tiempo. Porque tal vez tengas suerte y te cruces con una multitud de gente, pero si estás en una zona poco habitada, podrías tardar semanas en lograrlo. Si empiezas a caminar desde un lugar al azar en una zona con un cierto número de personas, puedes calcular el tiempo que tardarás en encontrarte con alguien utilizando el concepto físico de *trayectoria libre media*:

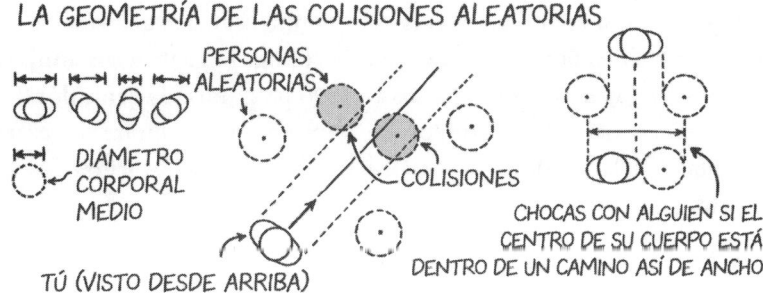

$$\frac{\text{tiempo}}{\text{por colisión}} = \frac{1}{\text{colisiones / hora}} = \frac{1}{(\text{anchura de hombros} + \text{diámetro medio del torso}) \times \text{velocidad} \times \text{densidad de población de la zona}}$$

Sin duda, algunas zonas facilitan los encuentros más que otras. Aquí tienes el intervalo medio de colisión para algunas regiones diferentes:

- Canadá: 2,5 días
- Francia: 2 horas
- Delhi: 75 segundos
- París: 40 segundos
- Estadio Mercedes-Benz de Atlanta en un partido de localidades agotadas: 0,6 segundos
- Terreno de juego durante el partido: 3 minutos

Está claro que si quieres chocar físicamente con la gente, tendrás más suerte en un estadio de fútbol americano abarrotado que en los bosques boreales de Canadá. Y si lo intentas en el estadio, tendrás más posibilidades en las gradas que en el terreno de juego, aunque los choques en el campo probablemente serán más estrepitosos.

¡AMIGO!

Sin embargo, la mayoría de las veces, los encuentros fortuitos no conducen a amistades. Y tampoco pasa nada. De vez en cuando oirás a alguien quejarse de que la gente que pasea en público no salga de sus rutinas y de que esté demasiado metida en sus pequeños mundos. Pero es que la gente tiene su propia vida. No todo el mundo tiene por qué estar buscando una conexión en el momento en que tú lo haces.

Pero, entonces, si es tan difícil conectar, ¿cómo es que la gente hace amigos?

Las encuestas nos permiten saber dónde conoce la gente a sus amigos. Una realizada por Gallup a estadounidenses en 1990 preguntó a la gente dónde había conocido a la mayoría de sus amigos. La respuesta más popular fue el trabajo, seguida de la escuela, la iglesia, los barrios, los clubes y organizaciones y «a través de otros amigos».

  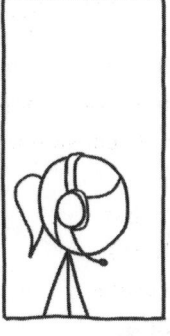 

En una encuesta más exhaustiva, elaborada por el doctor Reuben J. Thomas y publicada en *Sociological Perspectives*, se pidió a 1.000 encuestados estadounidenses que contaran cómo conocieron a sus dos amigos más íntimos. El estudio utilizó las respuestas para elaborar un perfil de cómo se forman las amistades a distintas edades.

Algunas fuentes de amistades se mantenían relativamente estables: a todas las edades, la gente hacía alrededor del 20 % de sus nuevas amistades a través de la familia, amigos comunes, organizaciones religiosas o encuentros en lugares públicos. Otras fuentes de amistades aumentan o disminuyen a lo largo de la vida: al principio predomina la escuela, seguida del trabajo. Luego, a medida que la gente se acerca a la edad de jubilación, es más probable que haga amigos en el vecindario y en organizaciones de voluntariado.

DÓNDE CONOCE LA GENTE A SUS AMIGOS, SEGÚN LA EDAD

ADAPTADO DE THOMAS, REUBEN J., «SOURCES OF FRIENDSHIP AND STRUCTURALLY INDUCED HOMOPHILY ACROSS THE LIFE COURSE», *SOCIOLOGICAL PERSPECTIVES*, DOI: 10.1177/0731121419828399

Aunque solo sea por eso, estos estudios ayudan a responder a la pregunta de dónde hace amigos la gente. No es que estos sean necesariamente los lugares a los que debes ir para que aumenten tus posibilidades de hacer nuevos amigos, pero sí son donde empiezan la mayoría de las amistades.

Y ahora que ya te has encontrado con alguien, ¿cómo conviertes a un conocido en un amigo?

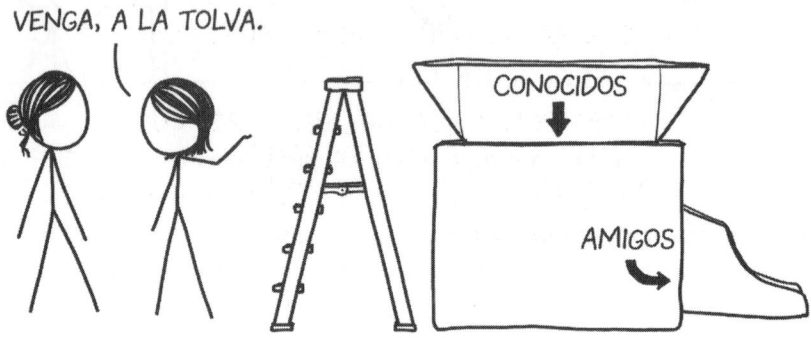

Esta es la mala noticia: no existe ninguna fórmula o truco mágico que pueda convertir a alguien en tu amigo. Si la hubiera, podrías aplicársela a cualquiera independientemente de quién fuera o de cómo se sintiera. Pero es que si no te importara quién es alguien o cómo se siente, entonces es que no serías su amigo.

Immanuel Kant desarrolló una regla llamada «imperativo categórico», que constituía el centro de su idea de la ética. Expresó la regla en varias formulaciones diferentes; la segunda de ellas decía, en parte: «Obra de tal modo que trates a la humanidad […] siempre como un fin en sí mismo y nunca simplemente como medio».

En la novela *Carpe Jugulum* de Terry Pratchett, el personaje Granny Weatherwax expresó el mismo principio de forma más sucinta. Un joven intentó decirle a la abuela que la naturaleza del pecado era algo complicado. Ella respondió que no, que era muy sencilla. «Pecado —dijo— es cuando tratas a las personas como cosas».

Tanto si te crees la filosofía del imperativo categórico como si no, este último es un buen consejo práctico, porque la gente se da cuenta de cuándo la están cosificando. Sean cuales sean nuestros defectos, los humanos tenemos innumerables milenios de experiencia en juzgar las intenciones de los demás, una habilidad mucho más antigua y profunda que nuestra capacidad para expresar nuestros sentimientos con palabras. Podemos ser miopes y confusos y cometer muchos errores, pero somos capaces de oler el desdén y la condescendencia a kilómetros de distancia.

Así que, aunque *conocer a la gente* pueda ser fácil, no hay un único conjunto de pasos que debas seguir para *hacerte su amigo*, porque la amistad significa preocuparse por cómo se siente la gente. Y no hay forma de decidir tú mismo cómo se sienten los demás, por mucho que investigues o pienses. Lo que tienes que hacer es preguntárselo…

… y escuchar lo que te cuenten.

Instrucciones para soplar las velas de cumpleaños

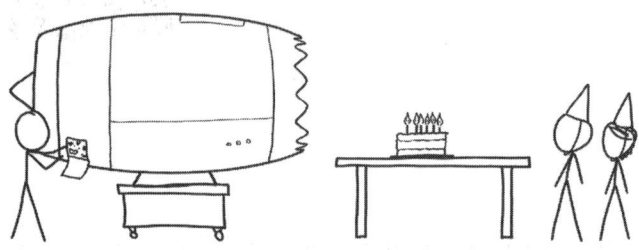

Instrucciones para pasear al perro

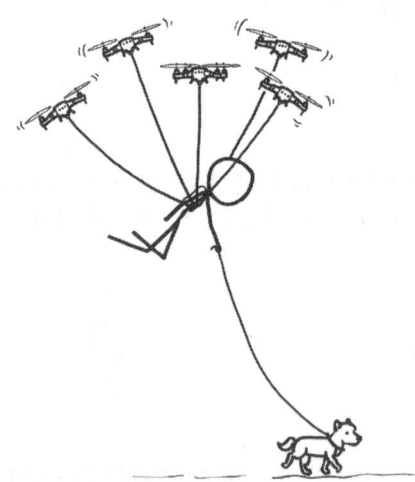

SKREEEEE!

CAPÍTULO 19

Instrucciones para enviar un archivo

Enviar grandes archivos de datos puede ser difícil.

Los sistemas de software modernos se han alejado del concepto de «archivo». Ya no te muestran una carpeta llena de archivos de imagen, sino una colección de fotos. Pero los archivos continúan existiendo como tales, y probablemente seguirán haciéndolo durante décadas. Y mientras tengamos archivos, necesitaremos enviárselos a la gente.

ORDENADOR DONDE ESTÁ EL ARCHIVO

PERSONA A LA QUE QUIERES MANDÁRSELO

La forma más sencilla y obvia de enviar un archivo es coger el dispositivo en el que está almacenado, acercarse al destinatario y entregárselo.

Llevar ordenadores puede no resultar sencillo —sobre todo los primeros que hubo, que eran del tamaño de una habitación entera—, así que en lugar de transportar el aparato entero, puedes intentar separar la pieza del ordenador que contenga el archivo. A continuación puedes llevarle dicha pieza a la otra persona y dejar que la transfiera a su propio dispositivo. En un ordenador de sobremesa, los archivos se almacenan en un disco duro, que normalmente puede extraerse sin que tengas que destruir el ordenador.

En algunos dispositivos, sin embargo, el almacenamiento de archivos está permanentemente unido a los componentes electrónicos, lo que vuelve mucho más difícil extraerlo.

Una solución más cómoda y menos destructiva es el almacenamiento extraíble. Esto te permite hacer una copia del archivo, ponerla en un dispositivo y luego darle este a la persona.

Trasladar dispositivos de almacenamiento es una forma sorprendentemente rápida de transferir información. Así, una maleta llena de tarjetas MicroSD contiene muchos petabytes de datos; y si quieres transferir cantidades muy grandes de datos, enviar por correo cajas de unidades de disco será casi siempre más rápido que transferirlos por internet.[83]

Si lo que pretendieras es enviar datos a un lugar concreto que estuviera demasiado lejos para ir andando, pero al que no fuera conveniente llegar por correo —por ejemplo, la cima de una montaña cercana—, podrías intentar utilizar algún tipo de vehículo autónomo para transportarlos. Un dron de reparto, por ejemplo, podría transportar fácilmente una pequeña mochila de tarjetas SD con terabytes de datos.

---

[83] Para saber más sobre esto, consulta «Ancho de banda de FedEx» en ¿Qué pasaría si...?

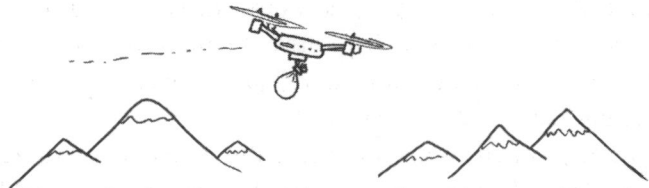

Los drones tipo cuadricóptero no te sirven de mucho para cubrir distancias largas debido a las limitaciones de sus baterías. Si un dron tiene que llevar su propia batería, solo puede planear durante un tiempo determinado. Si lo que deseas es que vuele más tiempo, debe llevar una batería más grande, pero eso significa más peso y un consumo de energía más rápido. Por la misma razón por la que una casa sostenida por motores a reacción solo puede flotar durante unas horas,[84] los drones pequeños del tamaño de un posavasos suelen volar tan solo algunos minutos, y los más grandes utilizados para fotografía suelen estar limitados a menos de una hora en el aire. Aunque fuera capaz de volar muy rápido, un dron diminuto que llevara una tarjeta MicroSD solo podría recorrer unos pocos kilómetros antes de quedarse sin energía.

Podrías aumentar la autonomía haciendo el dron más grande, añadiendo paneles solares, volando más alto y yendo más rápido. O podrías recurrir a las verdaderas maestras del vuelo eficiente a larga distancia...

Las mariposas.

---

[84] Consulta el capítulo 7, «Instrucciones para mudarse».

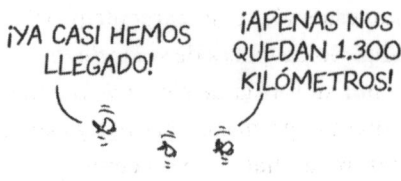

Durante su migración a través de Norteamérica, las mariposas monarca recorren miles de kilómetros, y algunas incluso viajan desde Canadá hasta México en una sola temporada. Si levantas la vista durante la primavera o el otoño en la costa este de Estados Unidos, a veces podrás verlas planeando silenciosamente sobre tu cabeza, a unos cientos de metros del suelo. Su enorme autonomía de vuelo avergüenza a los drones e incluso a muchos aviones grandes.

Podrías pensar que las mariposas disponen de una ventaja injusta sobre los vehículos aéreos impulsados por baterías, ya que pueden detenerse para consumir néctar y «recargar pilas». Sin duda, las mariposas repostarán si lo necesitan, pero no tienen por qué hacerlo. Otra especie de mariposa, la dama pintada (*Vanessa cardui*), logra algo aún más impresionante: emigra de Europa a África central, realizando un vuelo de 4.000 kilómetros sobre el mar Mediterráneo y el desierto del Sáhara.

Las mariposas realizan estos viajes únicamente provistas de pequeñas reservas de lípidos almacenados. Son capaces de volar de forma mucho más eficiente que los drones, en parte por su forma de elevarse: buscan columnas térmicas y olas montañosas, luego mantienen firmes sus alas y cabalgan por el aire ascendente como lo hace un buitre, un halcón o un águila.

Si quisieras enviar tu archivo a alguien que viva en la ruta migratoria, ¿podrías hacer que una mariposa lo llevara por ti?

Pues las mariposas sí pueden transportar pesos. Los voluntarios de grupos como Monarch Watch marcan entre decenas de miles y cientos de miles de mariposas monarca cada año para seguir su migración y controlar su población (que ha disminuido en las últimas décadas). Las etiquetas más pequeñas que les ponen pesan alrededor de un miligramo, pero algunas monarcas han completado su migración con etiquetas más grandes, de 10 mg o más.

Si bien es cierto que las tarjetas MicroSD pesan varios cientos de miligramos, es decir, un peso similar al de la propia mariposa —por lo que les costaría llevarlas—, no hay motivo por el que un dispositivo de almacenamiento no pueda hacerse más pequeño. Las tarjetas MicroSD contienen chips de memoria, y la densidad de almacenamiento de estos podría ser de hasta un gigabyte por milímetro cuadrado. Dados esos tamaños, una mariposa podría llevar fácilmente un chip diminuto con un gigabyte de datos. Si tu archivo fuera más grande, podrías dividirlo en varias mariposas y enviar varias copias por redundancia.

El problema es que, cuando tus datos llegaran por fin a su destino, el destinatario tendría que comprobar un montón de mariposas para ensamblar todas las piezas del archivo. Tal vez deberías desarrollar algún tipo de escáner contactless para mariposas que le permita al destinatario escanear muchas mariposas a la vez.

También podrías evitar esa dificultad —y aumentar drásticamente tu ancho de banda— utilizando un almacenamiento basado en el ADN. Los investigadores han almacenado datos codificándolos en una muestra de ADN, y luego secuenciando el ADN para recuperarlos. Sistemas de este tipo podrían alcanzar densidades muy superiores a cualquier cosa que hiciéramos con chips: sería posible almacenar y recuperar cientos de petabytes de datos utilizando un solo gramo de ADN.

Cada año, de decenas a cientos de millones de mariposas monarca llegan a México para pasar el invierno juntas en gigantescas colonias en las montañas. Si etiquetaras a 10 millones de estas mariposas con diminutas bolsas que contuvieran 5 mg de almacenamiento de ADN cada una, la capacidad total de tu armada de mariposas sería de unos 10 zettabytes (10.000.000.000.000.000.000.000 bytes). Esa es aproximadamente la cantidad total de datos digitales existentes a finales de la década de 2010.

Así que si hace bueno, los vientos son favorables y es la época del año adecuada, podrías utilizar mariposas para enviarle a alguien… internet enterito.

CAPÍTULO 20

Instrucciones para cargar el teléfono

(cuando no encuentres un enchufe)

La forma más fácil de cargar tu teléfono es enchufarlo a una toma de corriente. Lamentablemente no siempre es fácil encontrarlas cuando las necesitas.

A veces, cuando das con una, ya hay algo enchufado, como el teléfono de otra persona o un aparato que alguien ha dejado allí. Si llevas contigo una regleta portátil, quizá puedas desenchufar el cable un momento y conectarlo a la regleta, y luego usar una de las otras tomas, aunque tal vez debas tener cuidado al hacerlo.

Si no encuentras ningún enchufe *en absoluto,* tu tarea se complica un poco más. En lugar de recibir energía de una pared amiga, tendrás que tomarla del entorno de alguna otra manera.

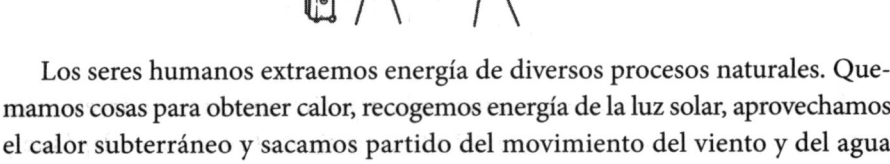

Los seres humanos extraemos energía de diversos procesos naturales. Quemamos cosas para obtener calor, recogemos energía de la luz solar, aprovechamos el calor subterráneo y sacamos partido del movimiento del viento y del agua haciéndolos girar en las aspas de las turbinas.[85]

Aunque en teoría todas estas técnicas también podrían llevarse a la práctica en interiores, creo que resultaría un poco más difícil. Claro que puedes encontrar luz, calor, agua corriente y cosas inflamables en un aeropuerto, pero por lo general en cantidades mucho menores que en el exterior. Esto se debe principalmente a que, en un entorno artificial, todo lo que ves lo ha puesto allí alguien. En física, energía y trabajo son sinónimos. Así que si algún artilugio construido por el hombre está arrojando tanta energía al entorno que merece la pena que tú le dediques tiempo a recogerla, eso implica que quien lo mantiene en funcionamiento está haciendo mucho trabajo para nada.

---

[85] Para saber más sobre cómo aprovechar las fuentes de energía en el exterior, consulta el capítulo 16, «Instrucciones para suministrar energía a tu casa (en la Tierra)».

A diferencia de la mayoría de las personas, los planetas y las estrellas no tienen ningún problema en hacer el trabajo gratis.[86] Por ejemplo, el Sol inunda de luz todo el sistema solar, incluso las partes vacías, y seguirá haciéndolo durante miles de millones de años sin descanso; así que lo único que tienes que hacer es poner un panel solar y captar una mínima cantidad de ella. En interiores hay menos energía de este tipo, por lo que no será tan fácil poder capturarla, pero sigue siendo posible. A continuación te dejo algunas formas de captar energía en un aeropuerto o un centro comercial:

AGUA

Seguramente en un aeropuerto no haya ríos como tales, pero sí suele haber agua corriente. La encontrarás en grifos y fuentes, y no hay ninguna razón por la que no puedas utilizar esta agua para generar electricidad del mismo modo que lo hace una presa hidroeléctrica.

Tampoco es que necesites construir toda una diminuta presa hidroeléctrica a escala.[87] Como el sistema de agua del edificio retiene el agua en un depósito y ya la dirige a las tuberías por ti, puedes saltarte todo eso y montar una turbina directamente en la boca del grifo o la fuente de agua. De hecho, hay empresas que fabrican estas turbinas, ya sea para hacer funcionar pequeños equipos acoplados a las tuberías, o simplemente como sustituto de una válvula de alivio de presión, para extraer algo de energía aprovechable del agua. A finales del siglo XIX y principios del XX, muchos edificios tenían agua corriente pero no electricidad, y este tipo de generadores —llamados «motores de agua» o «dinamos hidroeléctricas»— gozaron de una breve popularidad.

Una tubería puede llegar a suministrar una cantidad de energía sorprendentemente grande. El agua en movimiento transporta mucha energía, y las turbinas pueden ser muy eficientes: las pequeñas pueden convertir el 80 % de la energía

---

[86] Aunque corre el rumor de que Júpiter está planteándose establecer un muro de pago.

[87] Pero, oye, si realmente lo deseas, adelante.

del agua en electricidad, y las grandes pueden alcanzar eficiencias incluso mayores. Un suministro de agua con una presión de algo más de 2 bares y un caudal de 15 litros por minuto puede producir más de 40 vatios de potencia, lo que sería suficiente para suministrar energía a varias bombillas led, cargar docenas de teléfonos o incluso hacer funcionar un pequeño ordenador portátil con varias pestañas del navegador abiertas.

Pero no te preocupes, la energía que utilizas la suministran las bombas de la compañía de aguas, que son las que crean la presión del agua. Eso sí, al final, alguien del aeropuerto —o de la empresa local de suministro de agua— acabará dándose cuenta. E incluso si no lo hacen, hay otro problema: 15 litros por minuto se acumulan rápidamente. Tanto si eres tú quien paga el agua como si no, tendrás que encontrar un lugar donde meterla.

Aunque, ahora que lo pienso, quizá esas rampas inclinadas que nos llevan hacia el avión...

¿POR QUÉ SE NOS ESTÁ INUNDANDO EL AVIÓN?

AIRE

Por desgracia, la energía eólica no es una gran opción para obtener energía en interiores. Aunque es verdad que en los aeropuertos circula mucho aire, el «viento» que sale de un conducto de ventilación suele transportar mucha menos energía que el agua que sale de un grifo y además es más difícil de obtener con eficacia. Un minúsculo molinillo de viento del tamaño de un ventilador portátil de mano, colocado en la rejilla de ventilación de un sistema de aire acondicionado, probablemente apenas produciría unos 50 milivatios de electricidad —es decir, ni siquiera lo suficiente para mantener cargado un solo teléfono—. Incluso si cubrieras con ventiladores toda la rejilla, tendrías dificultades para obtener siquiera una fracción de la energía que podrías sacar de un grifo.

En realidad ocurre lo mismo en el exterior: es mucho más fácil obtener energía del agua que fluye que del aire que pasa a nuestro lado. El motivo por el que utilizamos aire es sencillamente que hay mucho más. De hecho, existe una posibilidad razonable de que estés sintiendo una brisa ahora mismo mientras lees esto, pero las probabilidades de que estés de pie en un río son más bien escasas. El mundo tiene más viento que ríos; la energía total transportada por los ríos es del orden de un teravatio, mientras que la energía total transportada por el viento se acerca más a un petavatio.

FUEGO

SE ME HA OCURRIDO UNA IDEA PARA OBTENER ENERGÍA: QUEMAR ALGO. AQUÍ HAY MUCHAS COSAS INFLAMABLES.

¿ESTÁS HABLANDO DE PROVOCAR UN INCENDIO?

BUENO..., ¡ERA UNA IDEA!

NO PUEDES IR QUEMANDO COSAS AL AZAR Y PENSAR QUE ESO VALE COMO «IDEA»...

ESCALERAS MECÁNICAS

AH, SÍ, LOS CUATRO ELEMENTOS: AIRE, AGUA, FUEGO... Y ESCALERAS MECÁNICAS.

Las escaleras mecánicas transmiten energía a sus usuarios. Cuando subes a una escalera mecánica y empiezas a ascender, esta tiene que consumir energía eléctrica adicional para hacer girar los motores que te elevan. Dicha energía se te transfiere en forma de energía potencial. Si te dieras la vuelta y te deslizaras por el pasamanos de vuelta al nivel inferior, llegarías a gran velocidad, habiendo convertido la energía potencial de los motores de la escalera mecánica —que la escalera te ha ofrecido de forma gratuita— en energía cinética.

Si bien las escaleras mecánicas están diseñadas para darte energía potencial, con la ayuda de algunos mecanismos sencillos podrías hacer que la escalera te ofreciera en su lugar energía *eléctrica*. En realidad, las escaleras mecánicas no son más que grandes cascadas metálicas, y podrías utilizar las escaleras en movimiento para hacer girar un eje, igual que una cascada hace girar una noria en un molino.

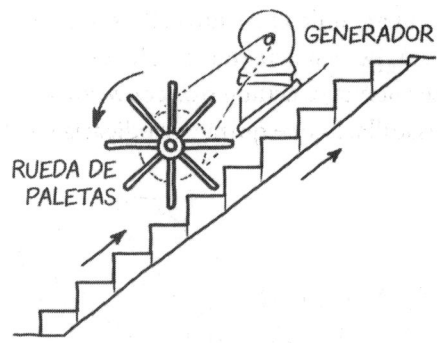

Si pusieras una simple rueda con paletas planas, esta se entrelazaría de forma torpe con la escalera mecánica. Podrías hacer que el mecanismo funcionara más suavemente construyendo una rueda con paletas curvas que se engranaran con la escalera mecánica. Si dieras forma a estas paletas con cuidado, la rueda podría llegar a permanecer en contacto constante con la escalera mecánica sin necesidad de deslizarse.[88]

---

[88] La idea de una rueda que pudiera rodar suavemente por unas escaleras se les ocurrió a la doctora Anna Romanov y su compañero David Allen cuando eran estudiantes de matemáticas en la Universidad Estatal de Colorado. Su diseño funcionaría en escaleras con una inclinación de 45° y

La cantidad de energía que podrías obtener de una escalera mecánica de este modo sería considerable. El trabajo mecánico que realiza una escalera mecánica cada minuto es fácil de calcular: es igual al número máximo de pasajeros por minuto multiplicado por el peso de cada pasajero multiplicado por la altura de la escalera mecánica multiplicado por la aceleración de la gravedad. Cuando está totalmente cargada de gente, una escalera mecánica de dos pisos puede producir fácilmente 10 kilovatios de potencia mecánica, gran parte de la cual podrías capturar con una rueda bien diseñada. No es que sirva para cargar un teléfono, sino que podría hacer funcionar una casa entera.

Consejo profesional: probablemente deberías hacer que la rueda fuera estrecha, en lugar de que ocupara todo el ancho de la escalera mecánica. De cualquier forma iba a ser insegura, pero si ocupara toda la escalera mecánica y alguien se subiera a ella sin darse cuenta, tu artilugio se convertiría sin querer en una trituradora humana de pesadilla, lo que quizá perjudicaría su eficacia.

Para hacer girar una rueda de paletas, sería mejor que usaras la escalera mecánica «de subida» y no la «de bajada». Es posible que en ambas funcione la idea,

---

un tamaño de peldaño; la forma exacta de los pétalos podría ajustarse de modo que se adaptara a un conjunto específico de escaleras.

pero la escalera mecánica «de subida» es la que está diseñada para ejercer más fuerza cuando se encuentra cargada de personas. Una escalera mecánica «de bajada» tiene que hacer menos trabajo cuando la gente sube a ella, ya que obtiene ayuda de la gravedad, y podría tener problemas para ejercer la fuerza descendente adicional necesaria para hacer girar una rueda. También podrías utilizar varias ruedas, que te ayudarían a repartir el peso de la escalera mecánica.

Situar una noria así en una escalera mecánica podría hacerte obtener cantidades significativas de energía, pero sin duda también le supondría unos costes económicos significativos a los propietarios de la escalera. Si te conectaras a una escalera mecánica y la obligaras a suministrar 10 kilovatios más de energía durante 12 horas al día, eso podría suponer a los propietarios del edificio más de 400 dólares al mes en facturas de electricidad. Ni que decir tiene que, si se enteraran, tal vez no les hiciera mucha ilusión.

Si, a consecuencia de ello, te echaran del aeropuerto, deberías intentar llevarte dichas ruedas contigo. Porque, además de funcionar como eventuales norias generadoras de energía en las escaleras mecánicas, pueden rodar por las escaleras sin rebotar, lo que sin duda es una propiedad bastante chula.

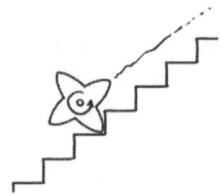

El cómico Mitch Hedberg comentó una vez que una escalera mecánica nunca puede romperse, que como mucho se convierte en una escalera normal. Pues bien, del mismo modo, una noria generadora de energía en escaleras mecánicas nunca puede romperse...

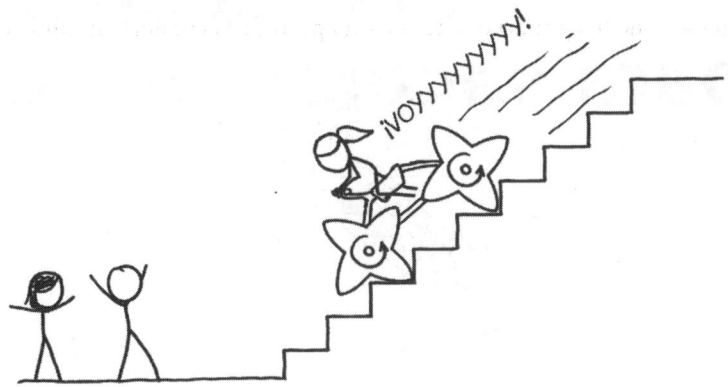

... como mucho se convierte en una bicicleta extremadamente indomable.

CAPÍTULO 21

Instrucciones para sacarse un selfi

Aunque a veces pensamos en nuestros ojos como en un par de cámaras, en realidad los sistemas visuales humanos son mucho más sofisticados que ningún equipo fotográfico. Lo que sucede es que resulta fácil pasar por alto su complejidad porque se comportan de forma automática. Cuando miramos una escena, obtenemos una imagen en nuestra cabeza, pero no nos damos cuenta de la cantidad de procesamiento, análisis e interacción que tienen lugar para producir esa imagen.

Las cámaras suelen ver todas las zonas de una imagen casi con la misma resolución. Si hicieras una foto de esta página con la cámara de un teléfono, una palabra en el centro de la imagen estaría formada aproximadamente por el mismo número de píxeles que una palabra situada cerca del margen. Pero tus ojos no funcionan así: nuestros sistemas visuales perciben cantidades de detalle muy distintas en el centro de la visión y en los bordes. La «rejilla de píxeles» real del ojo tiene un aspecto muy extraño:

REJILLA DE PÍXELES
DE UNA CÁMARA

«REJILLA DE PÍXELES»
DE TU OJO

El motivo por el que no nos damos cuenta de estas resoluciones tan dispares es que nuestros cerebros están acostumbrados a ello. Nuestros sistemas visuales procesan la imagen y nos dan la impresión general de que lo que estamos percibiendo es simplemente el aspecto de la escena, lo mismo que vería una cámara. Y en principio esto funciona... hasta que empezamos a comparar nuestra imagen mental con la que producen las cámaras reales, y descubrimos que hay un montón de variables que nuestro cerebro ha estado ajustando por nosotros entre bastidores.

Una de las cosas en las que las cámaras y los ojos pueden diferir es su campo de visión. El campo de visión es responsable de muchas confusiones en fotografía, y tiene algunos efectos especialmente significativos en los selfis.

Cuando te acercas una cámara a la cara, hace que tus rasgos parezcan diferentes. Para entender por qué —y cómo afecta esto a toda clase de fotografías— hablaremos de las **superlunas**.

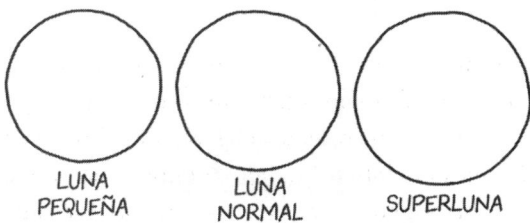

Cada cierto tiempo circulan por internet historias virales que difunden afirmaciones descabelladas sobre algún acontecimiento astronómico venidero.

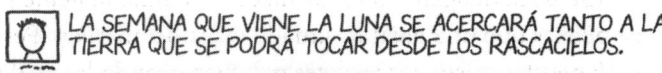

LA SEMANA QUE VIENE LA LUNA SE ACERCARÁ TANTO A LA TIERRA QUE SE PODRÁ TOCAR DESDE LOS RASCACIELOS.

EL 15 DE ABRIL ¡UN ASTEROIDE GIGANTE CHOCARÁ CONTRA LA TIERRA! SEGÚN LOS CIENTÍFICOS, ¡¡LOS DINOSAURIOS PODRÍAN EXTINGUIRSE!!

SEGÚN LOS ASTRÓNOMOS, ESTE VIERNES, ¡EL SOL PASARÁ ENTRE LA TIERRA Y LA LUNA!

EL 24 DE MARZO ¡VEREMOS MARTE DEL TAMAÑO DE LA TIERRA! ¡PÁSALO!

LA NASA HA ANUNCIADO QUE, EL PRÓXIMO 30 DE JULIO, LA GALAXIA ANDRÓMEDA COLISIONARÁ CON LA VÍA LÁCTEA; ASEGÚRESE DE QUE SUS MASCOTAS ESTÉN A RESGUARDO Y DE CUBRIR SUS PLANTAS DE INTERIOR PARA EVITAR QUE SE LES DAÑEN LAS HOJAS.

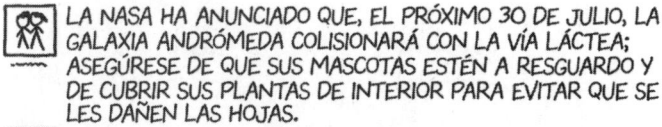

EL 4 DE OCTUBRE APAGARÁN EL SOL DURANTE 12 HORAS PARA REALIZAR TAREAS DE LIMPIEZA.

LA LLUVIA ANUAL DE LAS PERSEIDAS TENDRÁ LUGAR ALREDEDOR DEL 11 O 12 DE AGOSTO, SEGÚN UN MENSAJE QUE LOS ASTRÓNOMOS HAN RECIBIDO... *¡DE LOS ALIENS!*

A veces incluso aparecen acompañadas de fotos de la «superluna» detrás de una línea del horizonte, como esta.

Sin embargo, cuando la gente sale a hacer fotos de la Luna, lo que le sale es más o menos esto otro:

¿Qué ha ocurrido? ¿Era falsa la primera foto?

Pues podría haberlo sido, pero no suele ser esa la explicación. Lo que sucede es que se trata de una foto tomada con un ángulo muy estrecho, a través de un teleobjetivo.

Cada foto muestra un determinado campo de visión. Un campo de visión amplio muestra cosas a los lados, y uno estrecho muestra solo los objetos presentes directamente delante del objetivo.

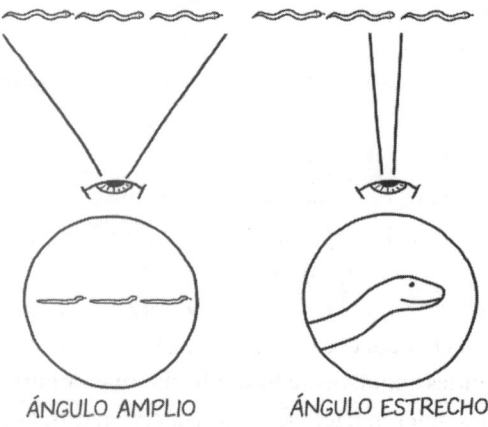

ÁNGULO AMPLIO   ÁNGULO ESTRECHO

Cuando «hacemos zoom» estamos reduciendo el campo de visión. Es fácil pensar que hacer zoom es «acercarse» al sujeto, porque como resultado vemos que un sujeto pequeño se agranda y llena el encuadre. Pero hacer zoom no es lo mismo que acercarse. Cuando te acercas a un sujeto, este se agranda dentro de la imagen, pero el fondo lejano mantiene el mismo tamaño. En cambio, cuando haces zoom, se agrandan *tanto* el sujeto *como* el fondo.

La razón por la que a la gente puede engañarle esta diferencia es que nuestros ojos solo tienen un campo de visión. Aunque centremos nuestra atención en algo situado en el centro de nuestra visión, el área total cubierta por nuestros ojos sigue siendo la misma. Y eso hace que las fotos con campos de visión inusualmente amplios o estrechos puedan sorprendernos.

Durante décadas, la regla general entre los fotógrafos ha sido que son los objetivos de 50 mm full frame (o de formato completo) los que producen las imágenes que a la gente le parecen «naturales»: ni demasiado anchas ni demasiado estrechas. Este tipo de objetivo «natural» produce un campo de visión sorprendentemente estrecho; tiene unos 40° de ancho, similar al área que 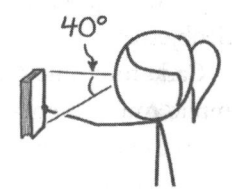 cubre un libro de tapa dura cuando lo sostienes a unos 30 cm de tu cara.

No obstante, tal vez los smartphones estén a punto de cambiar esa percepción, pues las cámaras de los teléfonos tienen campos de visión *mucho* más amplios que los antiguos objetivos de 50 mm.

El iPhone X, por ejemplo, tiene un campo de visión horizontal de 65°, lo que permite a los usuarios encuadrar una escena más amplia sin tener que retroceder. (Sin embargo, no es lo bastante amplio para un tema fotográfico habitual: el arcoíris. Un arcoíris cubre 83° del cielo, lo que lo hace ligeramente demasiado ancho para caber en el encuadre de un iPhone).

Quizá estos grandes angulares se hayan hecho más comunes porque los usuarios de smartphones quieren hacer fotos de aspecto natural de escenas de la vida real, o selfis que muestren a varias personas. Y es bastante difícil hacerse un selfi con una cámara tradicional de 50 mm sostenida a la distancia de un brazo. Además, los teléfonos facilitan que recortemos nuestras imágenes después de hacerlas, por lo que siempre tendrá más sentido pasarse por «demasiado ancho» y dejar que los usuarios hagan zoom y recorten. Sin embargo, este amplio campo de visión tiene un coste: cuando utilizas un gran angular para hacer una foto de un sujeto pequeño o lejano, probablemente no te muestre lo que esperas.

Si es una persona quien está mirando, la Luna le llama la atención. Aunque no «hagamos zoom» literalmente con los ojos, estrechamos nuestra atención para aislarla. Utilizamos nuestra visión de alta resolución para captar sus detalles, ignorando ese cielo tan comparativamente aburrido que la rodea.

Pero un smartphone no sabe «estrechar el foco» como nuestro cerebro. La Luna no es más que otra mancha de píxeles, perdida en el gran angular de su cámara. Para obtener una buena foto de la Luna, debes hacer zoom, algo que con los teléfonos inteligentes tiene sus limitaciones.

CÓMO VEN LA LUNA
MIS OJOS

CÓMO VE LA LUNA MI
CÁMARA

Si tienes una cámara con zoom, el resto de las cosas que desees incluir en la fotografía, como los edificios y los árboles que te rodean, no te cabrán en el encuadre. Porque esas cosas parecen más grandes que la Luna desde donde tú estás, aunque por supuesto no lo sean (a menos que tu ciudad tenga una legislación urbanística inusualmente laxa).

¿SABÍAS QUE ESA TORRE ES DIEZ VECES MÁS GRANDE QUE LA LUNA?

Si lo que pretendes es que un objeto parezca pequeño en relación con la Luna, tienes que alejarte lo suficiente para que este ocupe un ángulo menor del cielo. En el caso de un edificio, esta distancia puede ser bastante grande. Por ejemplo, para hacer una de esas fotos que muestran una Luna enorme detrás del horizonte de una ciudad, el fotógrafo generalmente necesita situarse a kilómetros de distancia de la población. Lo más seguro es que esa foto tan bonita requirió una gran cantidad de trabajo y planificación.

TUVE QUE SUBIR A UNA COLINA EN NEW JERSEY Y CONGELARME ALLÍ ARRIBA DURANTE UNA HORA CACHARREANDO CON LOS OBJETIVOS PARA LOGRAR ESTA FOTO, ASÍ QUE MÁS OS VALE A TODOS DARME UN LIKE.

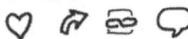

El motivo por el que los edificios parecen tan grandes en las fotos normales, y la Luna parece tan pequeña, es porque los edificios están *mucho más cerca* que la Luna. Y esto nos lleva de nuevo a los selfis.

SELFIS DE GRAN ANGULAR

Este mismo efecto de gran angular que hace que la Luna parezca diminuta también puede afectar al resultado de los selfis. Cuando alguien se hace una foto de la cara con un smartphone, su instinto de composición puede indicarle que sostenga el teléfono lo bastante cerca como para que su cara ocupe una parte significativa del encuadre. Pero a esa distancia, que en realidad está mucho más cerca de donde alguien se colocaría al mirarte, el gran angular del smartphone crea una perspectiva que resulta antinatural. Como tu nariz y tus mejillas están sustancialmente más cerca de la cámara que tus orejas y el resto de tu cabeza, esto hace que parezcan más grandes, al igual que un edificio en primer plano en una foto de smartphone parece más grande que la Luna.

Esta distorsión puede provocar que las caras parezcan sutilmente diferentes de modos que no esperamos. La mejor forma de reducir este efecto es alejar el teléfono y haz zoom, ya sea desde la aplicación de la cámara mientras haces la foto o recortándola después de dispararla.

¿A qué distancia debes sostener el teléfono? Pues para minimizar la distorsión de perspectiva entre varios objetos de un fotograma, la distancia al teléfono ha de ser mucho mayor que la diferencia de distancia entre los objetos más cercano y más lejano.

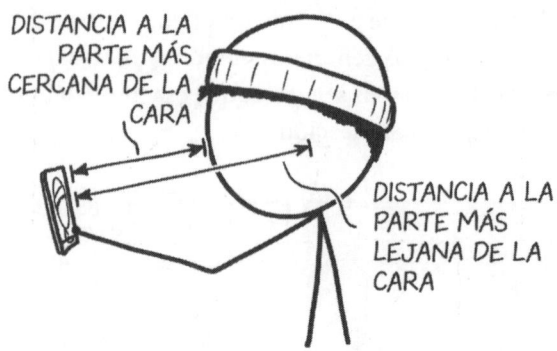

DISTANCIA A LA PARTE MÁS CERCANA DE LA CARA

DISTANCIA A LA PARTE MÁS LEJANA DE LA CARA

La diferencia entre la distancia a las partes visibles más cercanas y más lejanas de tu cara es probablemente inferior a 30 cm, lo que significa que la distorsión puede cambiar mucho dependiendo de si sostienes la cámara a una distancia normal de tu cara o estiras el brazo al máximo. Si mantienes la cámara a 1,5 o 1,8 m de distancia, este tipo de distorsión desaparecerá casi por completo, pero nuestros brazos no suelen tener tal longitud, y de ahí la popularidad de los palos para selfis.

HAZTE SELFIS MÁS CHULOS JUGANDO CON TU CAMPO DE VISIÓN

La distorsión de la perspectiva puede cambiar el tamaño relativo de partes de tu cara, pero también puede afectar a tus fotos de otra forma, una que sin duda te abrirá toda una nueva variedad de opciones de selfi.

Cuando haces zoom, cambias el tamaño aparente de los objetos del fondo. Si estás delante de un objeto grande que se encuentra lejos, como una montaña, el zoom de la cámara puede afectar muchísimo al tamaño que parezca tener esta.

De hecho, si pones el temporizador de la cámara y te alejas de ella, puedes hacer que incluso una montaña bastante pequeña parezca enorme.

 AQUÍ ESTOY VISITANDO LAS MONTAÑAS.

 PERO ¿ESO NO SON LOS MONTONES DE TIERRA DEL VERTEDERO?

 ¡SÍ! HE PUESTO EL CAMPO BASE CERCA DE LAS VIEJAS LAVADORAS.

SELFI CON LA LUNA

Las cámaras de los teléfonos inteligentes tienen límites en cuanto a la distancia que pueden ampliar, pero si dispones de una cámara con un teleobjetivo potente, podrás hacerte unos selfis realmente interesantes. Incluso puedes recrear esas fotos en las que la Luna asoma por detrás de una silueta, solo que con tu propio cuerpo en lugar de un edificio.

Utilizando la geometría podremos calcular a qué distancia debería estar tu cámara para que te hicieras una foto delante de la Luna.

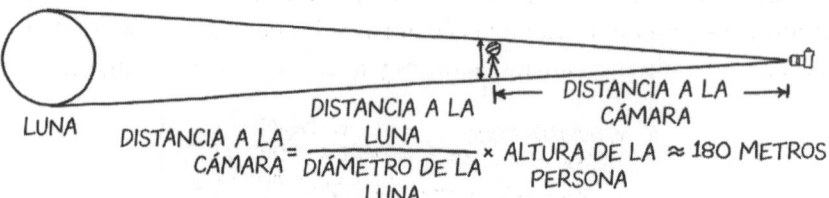

$$\text{DISTANCIA A LA CÁMARA} = \frac{\text{DISTANCIA A LA LUNA}}{\text{DIÁMETRO DE LA LUNA}} \times \text{ALTURA DE LA PERSONA} \approx 180 \text{ METROS}$$

Esto nos dice que la cámara tendría que estar a unos 180 metros de distancia para hacer un selfi lunar.

VALE, ¡SONRÍE!

Pero como no se fabrican palos para selfis de 180 metros de largo, probablemente querrás colocar la cámara en algún tipo de trípode y dispararla a distancia.

Sin embargo, encuadrar una foto como esta puede darte guerra; tendrías que encontrar una zona con un lugar alto donde colocarte y una trayectoria de visión larga y sin obstáculos en dirección opuesta a la Luna. Como esta se mueve rápidamente, una vez que todo esté alineado, solo dispondrías de un breve espacio de tiempo para hacer la foto: concretamente, unos 30 segundos. La Luna tardaría poco más de dos minutos en desaparecer por completo de tu campo de visión.[89]

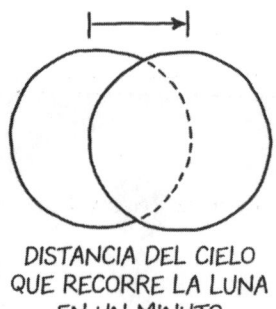

DISTANCIA DEL CIELO
QUE RECORRE LA LUNA
EN UN MINUTO

Con los filtros adecuados, y siempre que tengas muchísimo cuidado, podrías incluso hacer una foto como esta del Sol. Pero, dado que esto podría destruir tu

---

[89] Existen herramientas como Google Earth y aplicaciones de mapas celestes como Stellarium o Sky Safari que podrían ayudarte a planificar la toma.

cámara, casi mejor consulta con tu club de astronomía local o tu tienda de foto-grafía habitual antes de intentarlo tú solo. Si no lo haces, es muy probable que tu cámara se acabe quemando. Y *nunca nunca* mires a través de un visor óptico cuando estés apuntando con una cámara al Sol. Puede que tu ojo no funcione exactamente como una cámara, pero es igual de fácil hacerle un agujero.

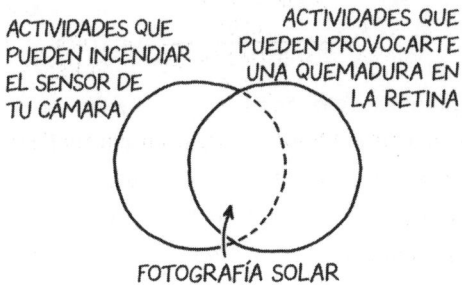

SELFI CON VENUS/JÚPITER

En principio sería perfectamente posible hacer una foto similar con objetos aún más pequeños y distantes. Después del Sol y la Luna, los cuerpos celestes que mejor distinguimos en el cielo son Júpiter y Venus: ambos tienen un tamaño de alrededor de un minuto de arco cuando están cerca de la Tierra y son más visibles. Utilizando la misma geometría del ejemplo de la Luna, puedes calcular a qué distancia tendrías que sostener la cámara para hacerte un selfi con Venus o Júpiter: unos 6 km.

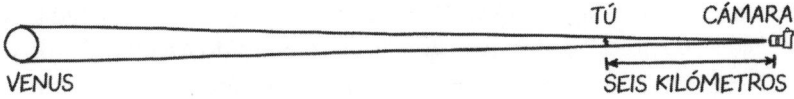

Pero, claro, sostener una cámara a 6 km de distancia te supondría algunos retos evidentes.

Como la distorsión atmosférica es mayor cuando Venus está más cerca del horizonte, lo que querrás es que esté relativamente alto en el cielo, lo que signi-fica que tú tendrás que situarte muy por encima de la cámara. El problema es que también querrás que la cámara esté bastante alta, para levantarla lo más posible de la espesa atmósfera.

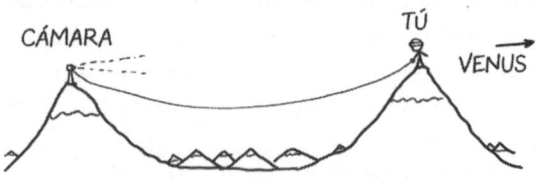

Dadas estas condiciones, un buen montaje consistiría en poner la cámara en la cima de una montaña y al sujeto de pie en una cima mucho más alta. Pero encontrar dos montañas escalables a la distancia adecuada que se alineen con Venus en un día concreto requeriría muchísimo trabajo de prospección y planificación. Podrías intentar sortear el problema de la alineación colocándote en un avión o un globo de gran altitud, pero maniobrar para colocarte en la posición correcta sería extremadamente difícil y quizá requeriría incluso control informático.

Por todo ello, con independencia del método que elijas, conseguir la alineación correcta sería un reto extremadamente difícil, y cualquier foto que saques saldría bastante borrosa. Incluso en las mejores condiciones, sería difícil tomar una imagen nítida de Júpiter o Venus desde el suelo debido a la distorsión atmosférica. Eso sí, como es posible que nadie haya conseguido hacerse un selfi como este, si lo consigues, sin duda te ganarías el derecho a presumir en internet.

Un selfi con Júpiter o Venus superaría los límites de la óptica y la geometría, y sería bastante difícil de superar… desde la Tierra, claro. Porque si viajaras al espacio, donde la distorsión atmosférica da menos problemas, podrías abrir nuevas posibilidades en el mundo de los selfis.

De hecho, existen varias cámaras con teleobjetivo en el espacio con una resolución angular muy alta, aunque puede que te cueste convencer a la NASA para que te las preste.[90]

Sin embargo, sí hay una forma de hacerse un selfi espacial con un «zoom» aún mayor que el del telescopio espacial más elegante. Se llama *ocultación*, y es uno de los trucos más geniales de la astronomía.

SELFIS DE OCULTACIÓN

Cuando un asteroide pasa por delante de una estrella desde el punto de vista de la Tierra, algunas personas repartidas por todo el mundo cronometran cuándo desaparece y reaparece la estrella, y utilizan esas mediciones para construir una imagen del asteroide.

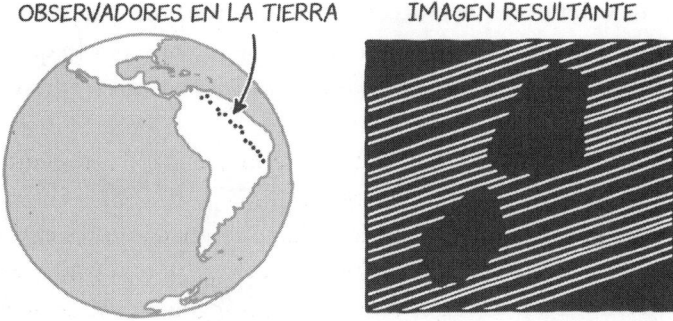

OBSERVADORES EN LA TIERRA   IMAGEN RESULTANTE

Esta técnica puede utilizarse para ver detalles que les resulten demasiado pequeños o débiles a los telescopios más sofisticados. Y, en teoría, podría permitirte a ti hacerte un selfi increíblemente lejano mientras te encuentras en el espacio. Lo único que necesitarías es una red de amigos que vigilaran desde la Tierra cómo parpadea una estrella lejana mientras te desplazas frente a ella.

---

[90] Una de ellas es el telescopio espacial James Webb, que por fin se lanzó en 2021.

De esta forma, utilizando una estrella lejana, tus amigos podrían hacerte una foto desde una distancia de hasta varios cientos de kilómetros. No podrías ir más lejos porque en ese caso tu sombra se perdería por difracción.

Si, en lugar de una estrella visible, utilizaras una fuente de rayos X lejana, la longitud de onda más corta reduciría los efectos de la difracción, y podrías hacerte una foto de pie en la superficie de la Luna mientras tus amigos te observan desde el suelo.

Solo has de tener presente una cosa: las alineaciones orbitales utilizadas para las ocultaciones son raras y normalmente no se repiten, por lo que requieren una gran cantidad de planificación, lo que significa que solo tendrías una oportunidad.

ESPERA, EL BRAZO ME HA SALIDO UN POCO RARO.
¿PODEMOS BORRARLA Y SACAR OTRA?

¡¡NO!!

CAPÍTULO 22

Instrucciones para atrapar un dron

(con material deportivo)

Un dron para fotografía de bodas está zumbando por encima de ti. No sabes qué hace ahí y quieres que te deje en paz.

Supongamos que no dispones de ningún tipo de equipo antidrón sofisticado, como lanzadores de red, escopetas, inhibidores de radio, redes de niebla, drones antidrón ni ningún otro material especializado de este tipo.

En caso de que *sí* tuvieras un ave rapaz muy bien adiestrada, quizá se te ocurra que sería buena idea enviarla a perseguir el aparato. De vez en cuando circulan por internet vídeos en los que se ve a aves rapaces de cetrería atrapando drones en el cielo. Aunque el concepto pueda resultarnos atractivo de primeras, cualquier plan que prevea contrarrestar a las máquinas rebeldes adiestrando a animales para que se lancen contra ellas tal vez sea una mala idea. Por ejemplo, nunca controlaríamos los límites de velocidad adiestrando a guepardos para que saltaran sobre las motos infractoras. Sería cruel y peligroso para los guepardos y, además, hay muchas más motos que guepardos. Si bien, no creo que se haya calculado nunca con precisión la proporción motocicleta / guepardo (MpG) de la Tierra, probablemente esta sea de varios cientos de miles.

Del mismo modo, sin duda hay más drones en el mundo que aves rapaces, y se fabrican nuevos drones mucho más deprisa de lo que nacen nuevas aves rapaces. Así que, aunque la proporción dron / halcón sería más difícil de calcular que la de las motos y los guepardos, casi seguro que es superior a 1.

MPG: 100.000 +   DPH: ≧1

Pero si los halcones son una mala idea, ¿qué otra cosa podríamos utilizar?

Dado que los drones están en el aire, es posible que quieras lanzar un objeto por los aires. En el ámbito deportivo, la gente lanza objetos por el aire todo el rato; si te interesan los detalles al respecto, consulta el capítulo 10, «Instrucciones para lanzar cosas».

Supongamos que tienes un garaje lleno de material deportivo: pelotas de béisbol, raquetas de tenis, dardos de césped,[91] lo que se te ocurra. ¿Qué proyectiles deportivos funcionarían mejor para golpear a un dron? ¿Y quién sería nuestro mejor defensor contra los drones? ¿Un lanzador de béisbol? ¿Un jugador de baloncesto? ¿Un tenista? ¿Un golfista? ¿Un deportista de otro tipo?

Habría que tener en cuenta algunos factores: la precisión, el peso, el alcance y el tamaño del proyectil.

---

[91] Para quienes no vivieran en la década de 1980, los dardos de césped eran unos dardos de plástico grandes y pesados que llevaban puntas de metal, similares a las armas medievales, y se vendían a los niños como parte de un juego que consistía en lanzar los dardos a gran altura. Acabaron prohibiéndose en Estados Unidos por razones que parecen bastante obvias vistas desde la actualidad.

PELOTA DE BÉISBOL	FLECHA	BALÓN DE BALONCESTO	BUMERÁN
VENTAJAS: AUNQUE PESA, PUEDE LANZARSE CON VELOCIDAD	**VENTAJAS:** MUY RÁPIDA Y FÁCIL DE DIRIGIR	**VENTAJAS:** AL SER GRANDE, ES MÁS FÁCIL QUE ACIERTE EN EL BLANCO	**VENTAJAS:** VUELVE A TI SI NO ACIERTAS EL TIRO
INCONVENIENTES: AL TENER UN TAMAÑO PEQUEÑO, HACE FALTA SER PRECISO	**INCONVENIENTES:** LLEGA LEJOS, TAL VEZ PONGA EN PELIGRO A LOS VECINOS	**INCONVENIENTES:** PESA, ES DIFÍCIL LANZARLO ALTO	**INCONVENIENTES:** VUELVE A TI SI NO ACIERTAS EL TIRO

Como muchos drones son bastante frágiles, asumamos por el momento que en cuanto logres golpearlo, harás que se estrelle. (De hecho, esta ha sido mi experiencia).

A efectos de comparaciones aproximadas, utilizaremos un número sencillo para calificar la precisión de los proyectiles en los distintos deportes, que representa la relación entre el *acierto* y el *error*. Si lanzas una pelota a un blanco situado a 3 metros de distancia, y fallas por una media de 60 centímetros, entonces tienes un índice *de precisión* de 3 dividido por 0,6, o sea 5.

El cuerpo de un dron de tamaño medio —como el DJI Mavic Pro— tiene un «área de diana» de unos 30 cm de diámetro, lo que significa que podemos errar desde el centro del dron 15 cm en cualquier dirección. Si está suspendido a 12 metros, necesitaremos un índice de precisión de 80 para tener probabilidades de acertar, o algo menos si el proyectil es más grande, ya que eso nos da más margen de error.

DIANA MÁS PEQUEÑA   DIANA MÁS GRANDE

Los disparos en los que el proyectil se desplaza haciendo una curva alta, como en el baloncesto o el golf, ganan precisión adicional, ya que la forma ancha y plana del dron presenta más de una diana. Y los proyectiles grandes, como balones de fútbol y baloncesto, tienen más margen de error.

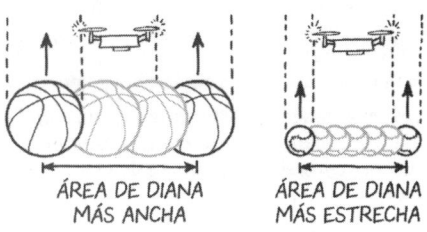

ÁREA DE DIANA MÁS ANCHA   ÁREA DE DIANA MÁS ESTRECHA

A continuación puedes ver algunos índices de precisión estimados para distintos deportistas, basados en juegos de competición, exhibiciones o estudios científicos en los que intentaron dar en el blanco.

Deportista	Índice de precisión estimado	Intentos necesarios para golpear al DJI Mavic Pro a 12 metros	Basado en
Futbolista	21	13	Estudio realizado a 20 experimentados jugadores australianos
Pateador NFL	23	15	Pateadores de la NFL en los últimos años de la década de 2010
Jugador de hockey aficionado	24	35	25 jugadores de hockey aficionados y universitarios
Jugador de baloncesto (Shaquille O'Neal)	36	4	Porcentaje de tiros libres en la NBA
Golfista (golpes largos / cortos)	40	6[92]	Estadísticas sobre la precisión de los golpes largos en la PGA
Jugador de baloncesto (Steph Curry)	63	2	Porcentaje de tiros libres en la NBA
Jugador All-Star de la NHL	50	9	Estadísticas sobre la precisión de tiro en la NHL
Quarterback pasador de la NFL	70	4	Estadística media en pases de precisión de la Pro Bowl[93]
Lanzador de béisbol de instituto	72	3	Estudio de 8 lanzadores de instituto japoneses
Lanzador de béisbol profesional	100	2	
Campeón de dardos	200-450	1[94]	Estadísticas de Michael van Gerwen en la PDC
Tirador de arco olímpico	2.800	1	Equipo masculino de tiro con arco de Corea del Sur en 2016

---

[92] Esto es para golpes largos muy precisos. La precisión para golpes cortos puede ser mayor.

[93] El quarterback Drew Brees, en el programa *Sport Science*, lanzó un balón de fútbol americano a una diana de tiro con arco situada a 20 metros de distancia, acertando en el blanco diez de cada diez veces. Esto sugiere que, en esas circunstancias, su índice de precisión es superior a 700: mejor que el de un campeón de dardos.

[94] Si fuera capaz de mantener su precisión a tan larga distancia.

Está claro que los arqueros son la mejor opción, si eres capaz de encontrar uno. Su combinación de precisión extrema y largo alcance los convertiría en nuestros defensores ideales frente a los drones. Los lanzadores de béisbol también serían una gran elección, y un pelotazo de ellos probablemente destrozaría mucho el aparato. Los jugadores de baloncesto compensan su menor precisión con un proyectil grande y un tiro arqueado eficaz. Los jugadores de hockey, los golfistas y los pateadores quizá sean opciones menos ideales.

Un deporte sobre el que no pude encontrar buenos datos fue el tenis. Sí di con algunos estudios sobre la precisión de los tenistas profesionales, pero se referían a objetivos marcados en la pista, no en el aire. Y como tenía curiosidad por probar esto en el mundo real, me puse en contacto con Serena Williams.

Para mi agradable sorpresa, se mostró encantada de ayudarme. Su marido, Alexis, incluso me ofreció un dron de sacrificio, un DJI Mavic Pro 2 con la cámara rota. Ambos se dirigieron a su pista de entrenamiento para comprobar la eficacia de la mejor tenista del mundo a la hora de defenderse de una eventual invasión robótica.

Los pocos estudios al respecto que pude encontrar sugerían que los jugadores de tenis obtendrían una puntuación relativamente baja en comparación con los deportistas que lanzan proyectiles, es decir, que serían más parecidos a los pateadores que a los lanzadores de béisbol. Mi suposición inicial era que un jugador de élite tendría un índice de precisión de alrededor de 50 en el saque y tardaría entre 5 y 7 intentos en golpear a un dron desde 12 metros. (¿Lograría una pelota de tenis derribar un dron? ¡Quizá solo rebotara, aunque hiciera tambalearse al dron! ¡Me surgían tantas dudas…!).

Alexis hizo volar el dron sobre la red y lo mantuvo quieto en el aire allí, mientras Serena servía desde la línea de fondo.

Su primer saque fue bajo. El segundo pasó a un lado del dron.

Sin embargo, el tercer saque dio de lleno en una de las hélices. El dron giró, y aunque por un momento pareció que iba a permanecer en el aire, acabó volcando y se estrelló contra la pista. Serena se echó a reír mientras Alexis se acercaba a investigar el lugar del siniestro, donde el aparato yacía en la pista junto a varios fragmentos de hélice.

Yo esperaba que una tenista profesional fuera capaz de golpear el dron, pero que tardara entre cinco y siete intentos; ella lo consiguió en tres.

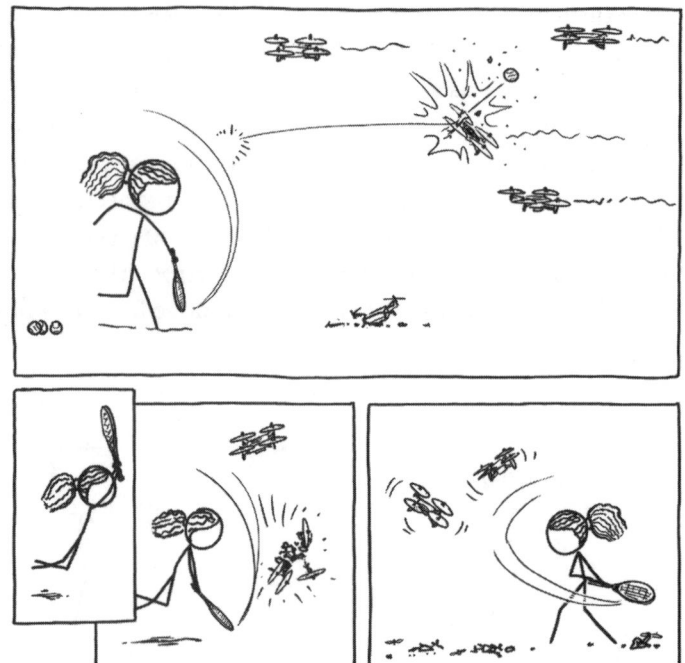

A pesar de que solo sea una máquina, un dron tirado en el suelo transmite una extraña impresión de tragedia.

«Me sentí muy mal por hacerle daño —me confesó Serena, una vez recogidas las piezas—. Pobrecito».

Así que no pude evitar preguntármelo: ¿está mal golpear a un dron con una pelota de tenis?

Para salir de dudas, decidí plantearle mi pregunta a una experta en el tema. Me puse en contacto con la doctora Kate Darling, especialista en ética robótica del MIT Media Lab, y le pedí que me dijera si estaba mal lanzar pelotas de tenis contra un dron por mera diversión.

«Aunque es evidente que al dron no le importará, tal vez a otras personas sí», me contestó. Señaló que, si bien nuestros robots no tienen sentimientos, los humanos sí los tenemos. «Tendemos a tratar a los robots como si estuvieran vivos, aunque sepamos que solo son máquinas. De manera que quizá debas pensártelo dos veces antes de ejercer la violencia contra los robots a medida que su diseño vaya siendo más logrado porque esto podría empezar a incomodar a la gente».

Sí, eso tenía sentido, pero, por otro lado, ¿deberíamos realmente volvernos tan vulnerables?

«Si intentas castigar al robot —dijo—, estás errando el tiro».

Tiene razón. No deberíamos preocuparnos por los robots, sino por las personas que los controlan.

Así que si quieres derribar un dron, quizá debas plantearte un objetivo diferente.

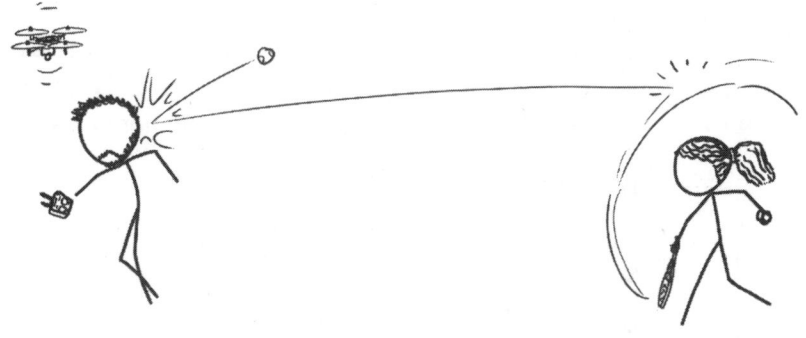

CAPÍTULO 23

Instrucciones para saber si eres un niño de los noventa

¿Cuándo naciste?

Para la mayoría de la gente, esta es una pregunta fácil. Incluso quienes no conocieran su fecha exacta de nacimiento podrían calcular cuándo nacieron realizando una aproximación de unos pocos años.

Aun así, internet está lleno de cuestionarios que prometen ayudarte a determinar en qué década naciste. Suelen basarse en lo que ocurría en la cultura pop estadounidense en el momento en que te diste cuenta de ello por primera vez.

EL FORMULARIO ME PREGUNTA MI FECHA DE NACIMIENTO, ASÍ QUE ESTOY HACIENDO UN CUESTIONARIO DE INTERNET PARA SABER SI SOY UN NIÑO DE LOS NOVENTA. ESPERO PODER ENCONTRAR LUEGO OTRO QUE ME PRECISE MÁS LA FECHA.

Como es obvio, en realidad estos cuestionarios no pretenden ayudarte a averiguar cuándo naciste. Más bien tratan de darte la sensación de que existe un grupo al que perteneces y al que te vinculan los recuerdos compartidos.

En este tipo de cuestionario resulta muy acertado mencionar las películas y los programas de televisión infantiles, no solo porque los recuerdos de esa edad son una fuente de nostalgia, sino también porque los programas dirigidos a niños a menudo tienen como objetivo un rango de edad muy limitado, produciendo estrechas distinciones «generacionales». Tus recuerdos cinematográficos y televisivos conforman a menudo una huella dactilar única capaz de clasificar tu rango de edad en unos pocos años. Por ejemplo, las personas nacidas a principios o mediados de los años ochenta pueden recordar las primeras películas del «Renacimiento Disney» como especialmente formativas: *La Sirenita* (1989), *La Bella y la Bestia* (1991) y *Aladdin* (1992). En cambio, los nacidos a finales de esa misma década podrían tener recuerdos más vívidos y formativos de *El Rey León* (1994) y *Toy Story* (1995). Los nacidos a principios de los años ochenta eran demasiado mayores para la moda Pokémon de finales de la década de 1990, mientras que quienes llegaran al mundo a finales de los años ochenta eran demasiado jóvenes para escuchar a New Kids on the Block.

Está claro que hay demanda de este tipo de formas indirectas de identificar tu edad. Pero ¿por qué limitarse a las películas y los programas televisivos? El mundo cambia continuamente de formas que nos dejan huella.

FIESTAS DE LA VARICELA

La varicela es una erupción cutánea que provoca picor, está causada por el virus varicela-zóster y dura unas semanas. Cuando alguien se infecta por primera vez, suele volverse inmune a nuevas infecciones de por vida (aunque la infección latente puede resurgir más adelante, provocando una dolorosa erupción llamada herpes zóster).

Durante la mayor parte del siglo xx, prácticamente todo el mundo contraía la varicela al llegar a la edad adulta. Sin embargo, como la enfermedad es más grave en los adultos que en los niños, los padres preferían que sus hijos se expusieran pronto a ella —haciendo «fiestas de la varicela»— para que así adquirieran inmunidad y se evitaran una infección de riesgo más adelante en la vida.

No obstante, todo cambiaría[95] en 1995, cuando apareció una vacuna contra la varicela. En los diez años siguientes a su introducción, las tasas de vacunación contra la varicela aumentaron hasta casi alcanzar el cien por cien, y los casos de varicela cayeron en picado.

---

[95] Si lo que esperabas aquí eran las palabras «… ¡cuando la Nación del Fuego atacó!», entonces está claro qué edad tienes.

PORCENTAJE DE ESTADOUNIDENSES QUE HAN TENIDO (O TENDRÁN) VARICELA, SEGÚN SU AÑO DE NACIMIENTO

Veinte años después de la introducción de la vacuna, la varicela pasó de ser una enfermedad universal a considerarse rara. Es decir, los nacidos en Estados Unidos después de mediados de los años noventa la consideran una enfermedad antigua, como podría ser la poliomielitis. Así que si recuerdas la varicela o las fiestas para infectarte de ella, es que probablemente nacieras en la década de 1990 o antes.

CICATRICES

Aunque en ocasiones la varicela deja cicatrices duraderas, la vacuna contra ella no suele hacerlo. En cambio, sí hubo otras vacunas anteriores que dejaban una marca física en las generaciones que las recibieron.

La viruela, una enfermedad causada por otro virus, bien puede haber sido responsable del mayor número de muertes provocadas por cualquier enfermedad infecciosa humana. Cuando los europeos llegaron a América, trajeron consigo la viruela —junto con otras enfermedades como la hepatitis— a una zona donde la población no tenía inmunidad natural y era especialmente sensible a ella. Estas enfermedades arrasaron el continente y mataron a la mayoría de sus habitantes. Se desconoce el verdadero número de víctimas mortales de la viruela, pero solo en el siglo XX acabó con la vida de cientos de millones de personas.

Sin embargo, los virus no pueden sobrevivir si no se alojan en sus huéspedes humanos. Y, con este fin, a finales del siglo XVIII, comenzó a desarrollarse la primera vacuna contra la viruela, que, para finales del siglo XIX, había logrado que la enfermedad ya fuera bastante rara en la mayoría de los países industrializados. En el siglo XX, los avances médicos hicieron que la vacuna fuera más fácil de producir y transportar por todo el mundo, lo que condujo a una campaña mundial para erradicar la viruela que, sin duda, tuvo éxito: la última infección de viruela «en estado salvaje» se produjo en Somalia en 1977, y el último brote de la historia —y la última muerte por viruela— se produjo tras un accidente de laboratorio en 1978.

La vacuna de la viruela se administra con una aguja de doble punta, que rompe la piel por varios sitios y deposita la vacuna:

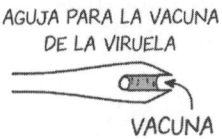

AGUJA PARA LA VACUNA
DE LA VIRUELA

VACUNA

La vacuna contiene un virus más leve que hace que el cuerpo reaccione como lo haría ante una infección de viruela real, lo que produce hinchazón, una ampolla y una costra. Al cabo de unas semanas la herida cicatriza, dejando una marca redonda característica.

CICATRIZ DE LA
VACUNA DE LA
VIRUELA

El último caso de viruela en Estados Unidos se produjo en 1949, y la vacunación infantil sistemática contra esta enfermedad en Estados Unidos y Canadá finalizó en 1972.

Así pues, si eres de uno de esos dos países y tienes esa marca de vacunación en la parte superior del brazo o en la parte exterior de la pierna, significa que seguramente naciste antes de 1970.[96] Esta marca circular es una herida de la guerra que libró la humanidad contra uno de nuestros enemigos más terribles. El hecho de que quizá tú ya no lleves esa cicatriz es un testimonio de nuestra victoria.

TU NOMBRE

Con el tiempo, los nombres que ponemos a los bebés aumentan su popularidad o la pierden.

Hay nombres que son relativamente atemporales; por ejemplo, Elizabeth, Marshall, Susanna, Nina o Nelson han mantenido una popularidad constante en Estados Unidos durante muchas generaciones. Los nombres bíblicos, como John, James y Joseph, también siguen poniéndose en todas las épocas. Sin embargo, algunos cambios en los patrones de nomenclatura podrían sorprenderte. Así, el

---

[96] La vacunación continuó en unas pocas poblaciones durante aproximadamente una década después de que finalizara la vacunación infantil rutinaria, sobre todo entre personas como trabajadores sanitarios o soldados, de quienes se consideraba que tenían mayor riesgo de infección.

nombre bíblico «Sarah» era uno de los más populares en Estados Unidos en la década de 1980, pero a mediados de la década de 2010 ya había más bebés en Estados Unidos que se llamaban «Brooklyn».

A continuación te dejo una lista de algunos de los nombres generacionalmente específicos más comunes cada cinco años. Se trata de nombres que tuvieron un pico de popularidad bastante estrecho, de solo una década más o menos. Por tanto, en caso de que hayas nacido en Estados Unidos en torno a este año, se trata de nombres que quizá te parezcan comunes y genéricos, pero que son marcadores generacionales distintivos.

1880	*Will, Maude, Minnie, May, Cora, Ida, Lula, Hattie, Jennie, Ada*
1885	*Grover, Maude, Will, Minnie, Lizzie, Effie, May, Cora, Lula, Nettie*
1890	*Maude, May, Minnie, Effie, Mabel, Bessie, Nettie, Hattie, Lula, Cora*
1895	*Maude, Mabel, Minnie, Bessie, Mamie, Myrtle, Hattie, Pearl, Ethel, Bertha*
1900	*Mabel, Myrtle, Bessie, Mamie, Pearl, Blanche, Gertrude, Ethel, Minnie, Gladys*
1905	*Gladys, Viola, Mabel, Myrtle, Gertrude, Pearl, Bessie, Blanche, Mamie, Ethel*
1910	*Thelma, Gladys, Viola, Mildred, Beatrice, Lucille, Gertrude, Agnes, Hazel, Ethel*
1915	*Mildred, Lucille, Thelma, Helen, Bernice, Pauline, Eleanor, Beatrice, Ruth, Dorothy*
1920	*Marjorie, Dorothy, Mildred, Lucille, Warren, Thelma, Bernice, Virginia, Helen, June*
1925	*Doris, June, Betty, Marjorie, Dorothy, Lorraine, Lois, Norma, Virginia, Juanita*
1930	*Dolores, Betty, Joan, Billie, Doris, Norma, Lois, Billy, June, Marilyn*
1935	*Shirley, Marlene, Joan, Dolores, Marilyn, Bobby, Betty, Billy, Joyce, Beverly*
1940	*Carole, Judith, Judy, Carol, Joyce, Barbara, Joan, Carolyn, Shirley, Jerry*
1945	*Judy, Judith, Linda, Carol, Sharon, Sandra, Carolyn, Larry, Janice, Dennis*
1950	*Linda, Deborah, Gail, Judy, Gary, Larry, Diane, Dennis, Brenda, Janice*
1955	*Debra, Deborah, Cathy, Kathy, Pamela, Randy, Kim, Cynthia, Diane, Cheryl*
1960	*Debbie, Kim, Terri, Cindy, Kathy, Cathy, Laurie, Lori, Debra, Ricky*
1965	*Lisa, Tammy, Lori, Todd, Kim, Rhonda, Tracy, Tina, Dawn, Michele*
1970	*Tammy, Tonya, Tracy, Todd, Dawn, Tina, Stacey, Stacy, Michele, Lisa*
1975	*Chad, Jason, Tonya, Heather, Jennifer, Amy, Stacy, Shannon, Stacey, Tara*
1980	*Brandy, Crystal, April, Jason, Jeremy, Erin, Tiffany, Jamie, Melissa, Jennifer*
1985	*Krystal, Lindsay, Ashley, Lindsey, Dustin, Jessica, Amanda, Tiffany, Crystal, Amber*
1990	*Brittany, Chelsea, Kelsey, Cody, Ashley, Courtney, Kayla, Kyle, Megan, Jessica*
1995	*Taylor, Kelsey, Dakota, Austin, Haley, Cody, Tyler, Shelby, Brittany, Kayla*
2000	*Destiny, Madison, Haley, Sydney, Alexis, Kaitlyn, Hunter, Brianna, Hannah, Alyssa*
2005	*Aidan, Diego, Gavin, Hailey, Ethan, Madison, Ava, Isabella, Jayden, Aiden*
2010	*Jayden, Aiden, Nevaeh, Addison, Brayden, Landon, Peyton, Isabella, Ava, Liam*
2015	*Aria, Harper, Scarlett, Jaxon, Grayson, Lincoln, Hudson, Liam, Zoey, Layla*

Es decir, si los niños de tu clase se llamaban Jeff, Lisa, Michael, Karen o David, entonces tal vez nacieras a mediados de la década de 1960. En cambio, si sus nombres eran Jayden, Isabella, Sophia, Ava o Ethan, seguramente hayas nacido alrededor de 2010.

Pero, además, los nombres pueden revelar cosas sobre la edad de otras formas.

La serie de televisión *Friends*, de mediados de los años noventa, presentaba a seis compañeros de piso, interpretados por actores llamados Matthew (dos de ellos), Jennifer, Courtney, Lisa y David. Como cada uno de esos nombres tiene su propia curva de popularidad, si los combinamos todos, podemos adivinar en qué franja de años nació probablemente el grupo de actores:

AÑOS PROBABLES DE NACIMIENTO DE UN GRUPO EN EL QUE LOS NOMBRES SON MATTHEW, MATTHEW, LISA, JENNIFER, COURTNEY Y DAVID

En realidad, los actores nacieron a finales de la década de 1960, en el límite inicial de la popularidad de sus nombres. En otras palabras, todos los actores tienen nombres que se adelantaron un poco a su tiempo. Courtney Cox y Jennifer Aniston tenían nombres que no se hicieron de verdad populares hasta una década después. (Tal vez las personas con padres a la moda tengan más probabilidades de dedicarse a la interpretación). Pero, aunque los nombres están un poco adelantados a su época, en general, son coherentes con los que se ponían en esos años.

En cambio, obtenemos algo muy distinto si nos fijamos en los nombres de sus personajes: Phoebe, Joseph, Ross, Chandler, Rachel y Monica:

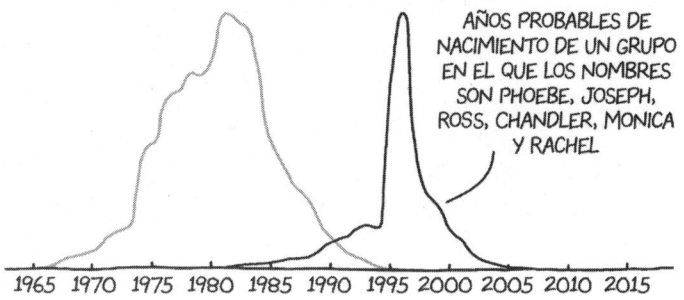

AÑOS PROBABLES DE NACIMIENTO DE UN GRUPO EN EL QUE LOS NOMBRES SON PHOEBE, JOSEPH, ROSS, CHANDLER, MONICA Y RACHEL

El programa empezó a emitirse en 1994 y en los dos años siguientes se produjo un claro repunte de la popularidad de estos nombres, algo que quizá pueda atribuirse a la serie, pero que sin duda no fue el único factor, pues dicha combinación de nombres estaba en alza en los años anteriores al estreno de *Friends*. Así que, posiblemente, los padres que buscaban buenos nombres para sus hijos estuvieran influidos por algunas de las mismas tendencias culturales que los guionistas de televisión que deseaban encontrar buenos nombres para sus personajes.

DIENTES RADIACTIVOS

Los seres humanos inventamos las armas nucleares en 1945. Detonamos la primera para probar si funcionaba, y luego utilizamos otras dos en la guerra. Una vez terminado el conflicto, detonamos algunos miles más para analizar qué ocurría al hacerlo.

Gracias a estas pruebas, nos enteramos de muchas cosas sobre las armas nucleares, entre ellas que «la detonación de armas nucleares llena la atmósfera de polvo radiactivo». También aprendimos que las armas nucleares podían hacerse mucho más potentes. De hecho, comprobamos que no existía ningún límite a la potencia que podíamos suministrarles, lo cual era un poco alarmante. Estados Unidos y la Unión Soviética desarrollaron a gran velocidad arsenales lo bastante grandes como para, efectivamente, acabar con el mundo. Y ser conscientes de que seres humanos que vivían lejísimos de ti podían desencadenar un ardiente apocalipsis en cualquier momento con solo pulsar un botón dejó una fuerte impresión en los niños de las décadas de 1950 y 1960.

Pero la impresión que nos dejó no solo fue psicológica, sino también física.

La mayoría de las explosiones nucleares atmosféricas se produjeron entre mediados y finales de la década de 1950, realizándose algunas más realmente gigantescas en 1961 y 1962. Ante la creciente preocupación por la contaminación radiactiva, Estados Unidos y la URSS acordaron detener todas las pruebas en la superficie y limitarse a las subterráneas. Firmaron el Tratado de Prohibición Completa de los Ensayos Nucleares en 1963, que puso fin a la era de las pruebas nucleares atmosféricas a gran escala. En las décadas siguientes, Francia y China solo realizaron algunas pruebas nucleares atmosféricas más. La última explosión nuclear en la atmósfera terrestre fue una prueba china el 16 de octubre de 1980.[97]

Los restos radiactivos liberados por estas explosiones, que se esparcieron por toda la atmósfera, estaban conformados por una gran variedad de elementos radiac-

---

[97] No sé en qué año estás leyendo esta frase; espero que siga siendo verdad.

tivos. Algunos, como el cesio-137, se acumulaban en el cuerpo humano y provocaban cáncer. Otros, como el carbono-14, eran inofensivos para la salud humana, pero causaban molestias a los arqueólogos al alterar la datación por carbono.

El carbono-14 se produce de forma natural por la interacción de los rayos cósmicos con la atmósfera, y se descompone en nitrógeno-14 con una vida media de unos 5.700 años. En un momento dado, una pequeña fracción del carbono de la atmósfera es carbono-14; el resto es carbono-12 y carbono-13. Aparte de su limitada vida útil, el carbono-14 actúa igual que sus primos estables, y se incorpora a la materia orgánica[98] sin causar problemas. Cuando un organismo muere, sus procesos biológicos dejan de intercambiar carbono con la atmósfera, y el carbono-14 empieza a descomponerse. Midiendo la cantidad de carbono-14 que queda en un espécimen arqueológico, podemos determinar cuánto tiempo hace que dejó de recibir un suministro fresco de carbono-14. En otras palabras, podemos averiguar cuándo murió.

Este truco —la datación por carbono— solo es posible si conocemos la concentración original de carbono-14 en la atmósfera cuando el organismo estaba vivo. Dado que el carbono-14 es producido por los rayos cósmicos, su concentración parece haber sido relativamente estable a lo largo del tiempo... hasta que aparecimos nosotros. Las pruebas nucleares inyectaron una enorme cantidad de carbono-14 en la atmósfera:

Los futuros arqueólogos que intenten datar con carbono especímenes orgánicos tendrán que tener en cuenta el enorme pico del siglo XX, o calcularán mal la fecha de todo lo que desentierren.

---

[98] Al fin y al cabo, «orgánico» significa «basado en el carbono».

SON LOS HUESOS DE UNOS MÚSICOS QUE SE HACÍAN LLAMAR «LOS NUEVOS CHICOS DEL VECINDARIO». ACTUABAN EN LOS AÑOS NOVENTA, PERO LA PRUEBA DEL CARBONO INDICA QUE SOBREVIVIERON CASI OCHO SIGLOS.

Otro contaminante liberado por las pruebas nucleares fue el estroncio-90. Como el estroncio es similar al calcio, nuestro cuerpo lo incorpora a los dientes y huesos. Las personas que eran niños en la década de 1960 absorbieron mucho estroncio. Los investigadores recogieron dientes de leche a lo largo de las décadas de 1950 y 1960[99] y los analizaron en busca de estroncio-90, lo que confirmó la contaminación y ayudó a defender la moratoria de las pruebas atmosféricas.

Los niveles atmosféricos de estroncio-90 disminuyeron después de principios de la década de 1960. Con el tiempo, los elevados niveles de estroncio en los esqueletos de los *baby boomers* decayeron, al eliminarse este material por el proceso natural de renovación ósea. En la década de 1990, los *baby boomers* y los niños ya tenían niveles similares de estroncio en los huesos.

Sin embargo, como los dientes son más compactos y estables que los huesos, no se renuevan naturalmente al mismo ritmo que estos. Así que las personas cuyos dientes permanentes se estaban formando a principios de la década de 1960 es probable que hayan seguido teniendo hasta hoy unos niveles de estroncio-90 algo elevados.

Del mismo modo que las pruebas nucleares llenaron la atmósfera de lluvia radiactiva, la combustión de gasolina con plomo contaminó el aire con plomo. Esto provocó una epidemia de intoxicación por plomo a mediados del siglo XX, que alcanzó su punto álgido hacia 1972. El nivel medio de plomo en sangre infantil a finales de los años setenta era de 15 microgramos por decilitro, y probablemente fuera incluso más alto a principios de la década. Los niños de muchas zonas tenían niveles de plomo superiores a 20 µg/dL, niveles que ahora sabemos que causan daños importantes a los cerebros en desarrollo. Los estudios sugieren que el plomo del esmalte dental no se intercambia con el medio ambiente, por lo que es probable que los *baby boomers* y los pertenecientes a la generación X también tengan cantidades elevadas de plomo en sus dientes permanentes. Estas cantidades de trazas de estroncio y plomo son ahora demasiado pequeñas para tener efectos reales sobre la salud, pero las llevamos con nosotros como recuerdos.

---

[99] Al menos, *espero* que fueran investigadores.

La mayoría de los contaminantes de mediados del siglo XX están desapareciendo del medio ambiente. Elementos como el yodo-131 emiten mucha radiación en los primeros meses, pero se descomponen rápido. El carbono-14 de vida más larga está siendo eliminado por el ciclo natural del carbono, y el carbono-14 casi ha vuelto a sus niveles «naturales».[100] El estroncio-90 tiene una vida media de unos 30 años, al igual que el cesio-137, otra fuente importante de contaminación. En el momento de la publicación de este libro queda una cuarta parte del estroncio-90 y del cesio-137 procedentes de las pruebas nucleares de los años sesenta.

Pero incluso cuando los elementos radiactivos se asientan fuera del medio ambiente y se descomponen lentamente en formas más inertes, su huella queda en nosotros. Nadie sabe cuántas personas han muerto de cáncer causado por las pruebas nucleares. Los cálculos más optimistas las cifran en miles. Las estimaciones más altas, en cientos de miles. El número de muertos silencioso y oculto de estas pruebas de armamento podría ser incluso mayor que el de los bombardeos de Hiroshima y Nagasaki. El legado de las decisiones que tomamos en ese breve periodo tras la Segunda Guerra Mundial nos acompañará durante mucho tiempo.

Así que si quieres saber si eres un niño de los años noventa o de los años cincuenta, revísate los dientes.

TRAIGO UNOS DIENTES
¿SON DE BABY BOOMERS?
SÍ, PERO...
NI HABLAR, LLÉVATELOS DE AQUÍ.

---

[100] La quema de combustibles fósiles libera más carbono-12 y carbono-13 a la atmósfera, lo que en realidad reduce el carbono-14, pero este efecto queda empequeñecido por los enormes aumentos provocados por las pruebas nucleares.

CAPÍTULO 24

Instrucciones para ganar unas elecciones

ESTO SON UNAS ELECCIONES, NO UN CONCURSO DE POPULARIDAD.

OIGA, QUE UNAS ELECCIONES SON *LITERALMENTE* UN CONCURSO DE POPULARIDAD.

Para ganar unas elecciones, tienes que convencer a mucha gente de que elija tu nombre en una papeleta electoral. Para ello puedes optar por dos planteamientos generales:

- Convencer a muchos votantes para que te apoyen
- Engañarlos para que elijan la papeleta con tu nombre por error

El primero de los planteamientos suele requerir alguna combinación de encanto, carisma personal, competencia y un mensaje convincente, además de presentarte como una opción clara entre visiones de futuro contrapuestas. Como todo eso supone mucho trabajo, casi mejor empecemos por plantearnos el segundo.

ENGAÑA A LOS VOTANTES PARA QUE ELIJAN TU NOMBRE POR ERROR

Esta estrategia electoral ha tenido su popularidad a lo largo de los años, a pesar de que provoca unos resultados generalmente dispares.

En 2016, un hombre canadiense de Thornhill (Ontario) se gastó 137 dólares para cambiar legalmente su nombre por el de «Above Znoneofthe» [Anteriores, Zningunadelas], y se presentó como candidato a unas elecciones provinciales. Pretendía figurar en la papeleta como «ZNONEOFTHE ABOVE» [ZNingunadelas Anteriores], con la Z incluida para situarse así al final de la lista alfabética de nombres, con la esperanza de que la gente confundiera su nombre con la opción «Ninguna de las anteriores». Por desgracia para él, aunque los nombres de la papeleta estaban ordenados alfabéticamente por apellido, estas se imprimieron siguiendo el orden alfabético del nombre. Así que apareció en la papeleta como «Above Znoneofthe». Y el señor Znoneofthe no se impuso en las elecciones.

Si tu idea es presentarte a un cargo local poco importante, es posible que un gran porcentaje de votantes no sepan ni quién eres, especialmente si tus elecciones caen en un año en el que coincidan con otros sufragios más importantes que acaparen toda la atención.[101] En este tipo de situaciones, muchos votantes no contarán con más información para juzgarte que tu nombre.

En ocasiones, esto ha causado confusión… y ha creado oportunidades. En 2018, Ron Estes, congresista de Kansas, se presentó a la reelección, solo para ser desafiado en las primarias republicanas por alguien recién llegado a la política… que también se llamaba Ron Estes.

El segundo Ron Estes figuraba en la papeleta como Ron M. Estes. El Ron de toda la vida cambió sus carteles de campaña para aparecer en ellos como «Rep. Ron Estes» y publicó anuncios informando a los votantes de que la M de su rival venía de «Mentiroso». El Ron novato contraatacó diciéndoles a los votantes que significaba «Mérica».

Al final, la potencial equivocación de los nombres no sirvió de nada. Cuando por fin llegaron las primarias, Ron Segundo fue derrotado estrepitosamente por Ron Primero.

---

[101] Si la gente acude a votar a un candidato presidencial interesante, puede que no esté tan familiarizada con el resto de los candidatos de la papeleta como las personas más comprometidas cívicamente, esas que votan también en las elecciones de mitad de mandato.

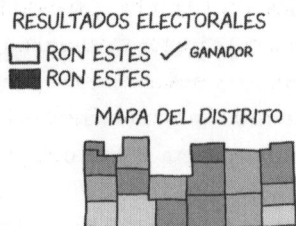

RESULTADOS ELECTORALES
☐ RON ESTES ✓ GANADOR
■ RON ESTES

MAPA DEL DISTRITO

Sin embargo, a veces los juegos de nombres sí han tenido éxito, y si no que se lo pregunten a Bob Casey.

Desde 1960 hasta el siglo XXI, Pennsylvania ha votado a cinco personas diferentes llamadas Bob Casey en distintas elecciones estatales o federales, y no está del todo claro que los votantes eligieran siempre al Bob Casey que pretendían.

He aquí un rápido resumen de los Bob Caseys[102] de Pennsylvania:

- Bob Casey n.º 1: abogado de Scranton
- Bob Casey n.º 2: registrador de actos del condado de Cambria
- Bob Casey n.º 3: asesor de relaciones públicas
- Bob Casey n.º 4: maestro de escuela y vendedor de helados
- Bob Casey n.º 5: hijo de Bob Casey n.º 1

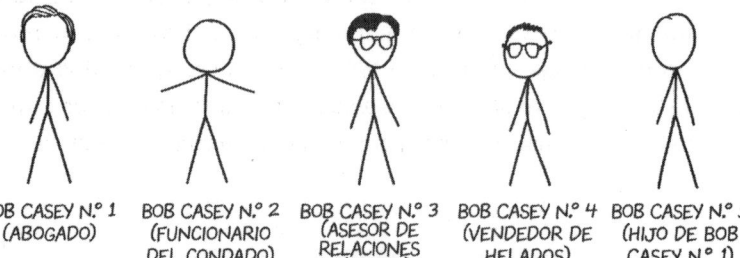

BOB CASEY N.º 1 (ABOGADO) — BOB CASEY N.º 2 (FUNCIONARIO DEL CONDADO) — BOB CASEY N.º 3 (ASESOR DE RELACIONES PÚBLICAS) — BOB CASEY N.º 4 (VENDEDOR DE HELADOS) — BOB CASEY N.º 5 (HIJO DE BOB CASEY N.º 1)

A partir de la década de 1960, Bob Casey n.º 1 fue elegido para varios cargos estatales, convirtiéndose rápidamente en una estrella ascendente de la política de Pennsylvania. En 1976, dicho estado celebraba elecciones a tesorero. Bob Casey n.º 1, entonces auditor del estado, estaba pensando en hacer campaña para gobernador en 1978, por lo que decidió no presentarse a tesorero…, pero Bob Casey n.º 2 —funcionario del condado de Cambria— sí lo hizo.

Ese mismo año, Bob Casey n.º 3 se presentó a las elecciones al Congreso por el distrito 18 de Pennsylvania. Su oponente se quejó de que solo intentaba aprovecharse de la popularidad de Bob Casey n.º 1. Bob Casey n.º 3 replicó que Bob Casey n.º 2 se estaba aprovechando de la popularidad colectiva suya y de Bob Casey n.º 1,

---

[102] ¿O es «Bobs Casey»?

los verdaderos Casey. Bob Casey n.º 3 acabó ganando la nominación republicana, pero perdió las elecciones generales frente al candidato demócrata.

En cuanto a Bob Casey n.º 2, a pesar de que apenas hizo campaña, también ganó sus primarias, derrotando a Catherine Knoll —la candidata respaldada por el partido— y a varios otros. La campaña de Knoll gastó 103.448 dólares; Casey solo gastó 865 dólares.

Casey ganó las elecciones generales y ocupó el cargo de tesorero durante cuatro años. Los republicanos iniciaron una campaña para informar al público de que «Bob Casey» no era quien creían que era, y su candidato —Budd Dwyer— derrotó a Casey n.º 2 en 1980.[103]

En 1978, durante el mandato de Bob Casey n.º 2 como tesorero, Bob Casey n.º 1 lanzó su candidatura a gobernador. Por desgracia fue el mismo año en que Bob Casey n.º 4 —maestro de escuela y vendedor de helados de Pittsburgh— apareció en escena. Bob Casey n.º 1 se presentó a gobernador, pero Bob Casey n.º 4 se presentó a vicegobernador en las mismas primarias. Los votantes, posiblemente pensando que Bob Casey n.º 1 era elegible para ambos cargos,[104] nombraron a Bob Casey n.º 4 vicegobernador, pero eligieron a Pete Flaherty en lugar de a Bob Casey n.º 1 para gobernador. Y encima, al final, la candidatura Flaherty-Casey n.º 4 perdió las elecciones generales.

En 1986, Bob Casey n.º 1 volvió a presentarse a gobernador, postulándose como «El auténtico Bob Casey», y finalmente ganó.[105] Estuvo ocho años como gobernador antes de dejar el cargo en 1994. Dos años después, Bob Casey n.º 5 —su hijo, Bob Casey Jr.— se presentó a auditor y ganó. Pasó a ser tesorero del estado y, finalmente, senador, cargo para el que fue reelegido en 2018.

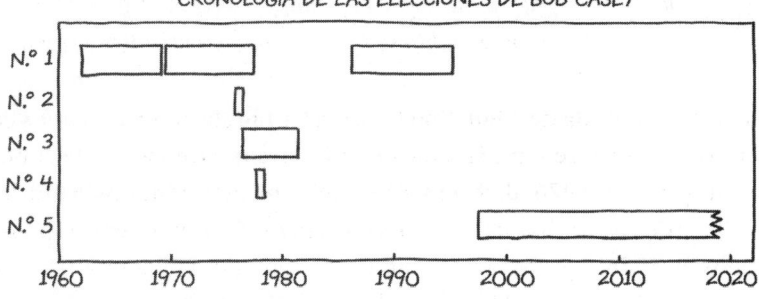

CRONOLOGÍA DE LAS ELECCIONES DE BOB CASEY

---

[103] Catherine Knoll acabó siendo elegida tesorera más tarde, en 1988, y llegó a ser también vicegobernadora.

[104] O quizá pensaron que el tesorero del estado, Bob Casey n.º 2, se presentaba a gobernador a mitad de legislatura.

[105] Ganó con la ayuda del estratega de campaña James Carville, que más tarde formaría parte de la exitosa campaña presidencial de Bill Clinton.

Así que… si vas a presentarte a las elecciones, prueba a cambiarte el nombre por Bob Casey. ¡Nunca se sabe!

CONVENCE A MUCHOS VOTANTES PARA QUE TE APOYEN

Ganar unas elecciones es difícil. La verdad es que la gente es complicada, hay mucha, y además nadie está nunca seguro al cien por cien de por qué hace lo que hace o qué va a hacer a continuación.

Pero si lo que pretendes es sencillamente ganar unas elecciones, por regla general debes estar a favor de las cosas que les gustan a los votantes y en contra de las que les disgustan. Para ello, como es obvio, antes tendrás que averiguar qué les gusta y qué les disgusta a los electores.

Una de las herramientas más populares para enterarse de lo que piensa el público son los sondeos de opinión: es decir, hablar con un grupo de personas, preguntarles lo que opinan y hacer un recuento de los resultados.

El sitio web FiveThirtyEight ha realizado un ejercicio en el que encargó a redactores de discursos profesionales que escribieran uno lo más complaciente posible, en el que solo cupieran declaraciones que apoyarían la mayoría de los votantes, para complacer a un partido o al electorado en general.

Pero ¿en qué estamos *más* de acuerdo? Si tu objetivo consiste tan solo en estar a favor de las cosas populares y en contra de las impopulares, ¿sobre qué deberías hacer campaña? ¿Cuáles son los temas *menos* controvertidos del país?

Para ayudarte a averiguarlo, me puse en contacto con Kathleen Weldon, directora de operaciones de datos y comunicaciones del Centro Roper de Investigación de la Opinión Pública de la Universidad de Cornell, y le encargué una encuesta acerca de sus propias encuestas. El Centro Roper mantiene una enorme base de datos de encuestas de opinión: más de 700.000 preguntas de sondeo que abarcan casi un siglo de encuestas de opinión, recopiladas de prácticamente todas las organizaciones que han realizado alguna vez una encuesta pública en Estados Unidos.

Les dije que buscaba las preguntas con respuesta más unánime de su base de datos, es decir, las preguntas en las que prácticamente todo el mundo daba la misma respuesta. En cierto sentido, estas serían las cuestiones en las que menos dividido estaría el país.

El personal de investigación de Roper examinó su base de datos de 700.000 preguntas y elaboró una lista de las preguntas que al menos el 95 % de los encuestados habían respondido de la misma forma.

Resulta muy poco frecuente que tantos encuestados estén de acuerdo en algo en una encuesta. Por una parte, porque siempre hay un pequeño porcentaje de encuestados que suele elegir respuestas ridículas porque no se toman en serio la encuesta, o porque no entienden bien la pregunta. Pero, por otro lado, porque nadie se molesta en hacer encuestas sobre temas no controvertidos, a menos que quiera demostrar algo. Dado que todo lo que aparece en la base de datos Roper es algo que alguna persona u organización se ha molestado en preguntar a través de una encuesta, eso significa que al menos debe de ser *potencialmente* controvertido, si no lo es más.

A continuación te detallaré una selección de los temas cuya respuesta ha sido más unánime en la historia de las encuestas. Así que, si quieres presentarte a las elecciones, estas son opiniones que puedes defender con seguridad, sabiendo que al menos una encuesta científica te respalda plenamente:

Opiniones populares
Según datos reales (Texto completo de las preguntas en las notas finales)

El **95 %** desaprueba que la gente utilice el móvil en el cine. (Encuesta del Panel de Tendencias Americanas del Centro de Investigación Pew, 2014)

El **97 %** cree que debería haber leyes contra el envío de mensajes de texto mientras se conduce. (Encuesta de *The New York Times* / CBS News, 2009)

El **96 %** tiene una impresión positiva de las pequeñas empresas. (Encuesta Gallup, 2016)

El **95 %** cree que los empresarios no deberían poder acceder al ADN de sus empleados sin permiso. (Encuesta *Time* / CNN / Yankelovich Partners, 1998)

El **95 %** apoya las leyes contra el blanqueo de dinero relacionado con el terrorismo. (Encuesta de ABC News / *Washington Post*, 2001)

El **95 %** piensa que los médicos deberían estar colegiados. (Iniciativas privadas y valores públicos, 1981)

El **95 %** apoyaría ir a la guerra si Estados Unidos fuera invadido. (Encuesta Harris, 1971)

El **96 %** se opone a legalizar la metanfetamina. (Encuesta CNN / ORC Internacional, 2014)

El **95 %** está satisfecho con sus amigos. (Encuesta de Associated Press / Media General, 1984)

El **95 %** afirma que «si existiera una píldora que te volviera el doble de guapo de lo que eres ahora, pero solo la mitad de listo», no la tomaría. (Encuesta sobre la salud laboral de los hombres, 2000)

El **98 %** cree que los socorristas deberían vigilar a los nadadores en lugar de leer o hablar por teléfono. (Encuesta sobre seguridad en el agua de la Cruz Roja Americana, 2013)

El **99 %** piensa que está mal que los empleados roben equipos caros de su lugar de trabajo. (Encuesta *Wall Street Journal* / NBC News, 1995)

El **95 %** piensa que está mal pagar a alguien para que haga tu trabajo de fin de trimestre. (Encuesta *Wall Street Journal* / NBC News, 1995)

Al **98 %** le gustaría que disminuyera el hambre en el mundo. (Encuesta Harris, 1983)

Al **97 %** le gustaría que disminuyeran el terrorismo y la violencia. (Encuesta Harris, 1983)

Al **98 %** le gustaría que disminuyera el elevado desempleo. (Encuesta Harris, 1982)

Al **97 %** le gustaría que se pusiera fin a todas las guerras. (Encuesta Harris, 1981)

Al **95 %** le gustaría que disminuyeran los prejuicios. (Encuesta Harris, 1977)

El **95 %** no cree que las bolas de Magic 8 Balls puedan predecir de verdad el futuro. (Encuesta Shell, 1998)

El **96 %** piensa que los Juegos Olímpicos son una gran competición deportiva. (Encuesta del *Atlanta Journal Constitution*, 1996).

Podrías utilizar esta lista para elaborar una plataforma de campaña. Por ejemplo, podrías oponerte firmemente al hambre, la guerra y el terrorismo; defender la amistad y las pequeñas empresas; y desaprobar que se envíen mensajes de texto mientras conduces. Podrías apoyar leyes que garanticen que los médicos están debidamente colegiados, y oponerte a que algunos países invadan a otros.

Por otra parte, si quisieras perder unas elecciones de la forma más espectacular posible, esta lista podría ser incluso más útil como proyecto. Adoptando la postura contraria en cada tema, podrías hacer la que seguramente sería la campaña política más impopular de la historia. Casi seguro que perderías, pero en un mundo que ha nominado al menos a cinco Bob Caseys diferentes…, ¡quién sabe!

VOTARME A MÍ ES VOTAR A FAVOR DE UN GRAN DESEMPLEO, DE LA GUERRA, DE ROBAR EN LOS PUESTOS DE TRABAJO Y DE ESCRIBIR MENSAJES DE TEXTO MIENTRAS SE CONDUCE. CREO QUE LA VOZ DE TODOS LOS CIUDADANOS DEBE OÍRSE EN TODAS LAS SALAS DE CINE DEL PAÍS. SI ME ELIGEN, JURO ACABAR CON LOS JUEGOS OLÍMPICOS DE UNA VEZ POR TODAS.

MI ADMINISTRACIÓN SUBIRÁ LOS IMPUESTOS A LAS PEQUEÑAS EMPRESAS Y UTILIZARÁ EL DINERO PARA INSTALAR UNA CONSOLA DE VIDEOJUEGOS EN CADA SILLA DE SOCORRISTA DEL PAÍS. FABRICAREMOS Y VENDEREMOS METANFETAMINA, Y UTILIZAREMOS LOS BENEFICIOS PARA DAR CRÉDITOS FISCALES A CUALQUIERA QUE PRACTIQUE LA MEDICINA SIN COLEGIARSE. NOS DEDICAREMOS AL BLANQUEO DE DINERO, PERO SOLO PARA APOYAR EL TERRORISMO. TODAS LAS DECISIONES DE MI ADMINISTRACIÓN LAS TOMARÁN LAS BOLAS DE MAGIC 8 BALLS. Y SI NUESTRO PAÍS ES INVADIDO, ME RENDIRÉ INMEDIATAMENTE.

VÓTAME SI AMAS EL HAMBRE. VÓTAME SI ODIAS A TUS AMIGOS. Y SI ME VOTÁIS, OS PROMETO LO SIGUIENTE: CADA UNO DE VOSOTROS SERÁ EL DOBLE DE ATRACTIVO Y LA MITAD DE INTELIGENTE.

CAPÍTULO 25

Instrucciones para decorar un árbol

Alrededor de tres cuartas partes de los hogares estadounidenses decoran árboles por Navidad.

En 2014, dos tercios de esos hogares utilizaban árboles artificiales, mientras que un tercio empleaba árboles de verdad. La gran mayoría de las personas que usan los de este último tipo los adquieren en granjas de árboles de Navidad, pero el método tradicional —según las películas navideñas de mediados del siglo xx— consiste simplemente en salir al bosque y encontrar un árbol adecuado para talarlo.

Sin embargo, en función de dónde estés, puede que no tengas tan fácil encontrar un bosque cerca. Estos están distribuidos de forma un poco irregular por todo el mundo. La mayoría de las zonas forestales del planeta se concentran a lo largo del ecuador y en las latitudes polares. Y los bosques del ecuador y los de los polos están separados por franjas de desierto situadas alrededor de los 30° al norte y al sur del ecuador.[106] Así que si estás cerca de los 30° N o los 30° S, y no ves ningún bosque, tan solo tendrás que caminar unos miles de kilómetros hacia el polo o el ecuador.

Una vez que hayas localizado el bosque —y, a ser posible, obtenido el permiso del propietario—, tu siguiente reto será seleccionar un árbol de Navidad.

---

[106] Hay algunas excepciones. La costa estadounidense del Golfo de México está densamente arbolada, a pesar de encontrarse en latitudes desérticas, gracias al aire cálido y húmedo del Golfo. Este es también el motivo por el que la zona tiene tantos tornados.

HUMM...

Pero ten cuidado con qué árbol talas.

En 1964, Donald Currey, estudiante de posgrado de la Universidad de Carolina del Norte, se encontraba estudiando la historia de los glaciares en Nevada. Una década antes, otro científico, Edmund Schulman, había descubierto unos árboles muy antiguos en las cercanías. Algunos de los pinos de conos erizados que estudió Schulman resultaron tener entre 3.000 y 5.000 años, más que ningún otro árbol conocido.

Aquellos árboles tan antiguos de Schulman estaban en las Montañas Blancas de California. Currey, al otro lado de la frontera estatal, en Nevada, encontró también pinos de conos erizados y sospechó que podrían tener una edad similar. Empezó a tomar muestras de los árboles, razonando que su antigüedad podría revelar algo sobre la historia de la edad de hielo que estaba estudiando. Si la zona se había enfriado y los glaciares se habían expandido, los árboles habrían retrocedido montaña abajo, por lo que los pinos del borde ascendente del bosquecillo deberían ser relativamente jóvenes. Así que se dispuso a tomar muestras de algunos pinos para determinar su edad.

Hay distintas opiniones sobre lo que ocurrió exactamente a continuación. Michael P. Cohen, profesor de literatura y montañero, detalló en un libro de 1998 sobre la Gran Cuenca cinco versiones distintas del incidente por parte de personas implicadas, y cada una de ellas contaba las cosas de forma un poco diferente.

Sin embargo, todos los relatos coinciden en los hechos centrales: Currey localizó un árbol que parecía especialmente viejo (sin que él lo supiera, los naturalistas locales lo habían apodado «Prometeo») y obtuvo permiso del Servicio Forestal para talarlo y determinar su edad exacta. Tras contar los anillos de las secciones del tronco, Currey determinó que el pino de cono erizado tenía al menos 4.844 años, lo que lo convertía en el árbol más viejo conocido del mundo.

Cuando se publicaron las conclusiones de Currey, se produjeron protestas públicas, y todos los implicados en el proyecto pasaron las siguientes décadas intentando explicar por qué se había matado al árbol más antiguo de la Tierra.

MIRA, EL ÁRBOL Y YO NOS ENZARZAMOS EN UN COMBATE A MUERTE. ¡ERA ÉL O YO!

La moraleja de esta historia resulta evidente: antes de talar un árbol, asegúrate de que no es el más viejo del mundo o la gente se enfadará mucho.

Desde la tala de Prometeo, el árbol datado más viejo ha sido otro pino de conos erizados, apodado Matusalén. Este tiene al menos 4.851 años en 2019, lo que significa que ha superado recientemente el récord de Prometeo.

Las edades de estos árboles se determinan examinando muestras del núcleo, por lo que solo dan un límite inferior de la edad real, ya que algunas de las partes más jóvenes del árbol pueden no estar representadas en el núcleo. Los investigadores de la Universidad de Arizona obtuvieron trozos del tronco de Prometeo y determinaron que el árbol tenía casi exactamente 5.000 años cuando fue talado. Eso significa que … ¿nació?, ¿brotó?, ¿germinó?… hacia el año 3037 a. C., seguido de Matusalén unas décadas más tarde. En la época en la que brotaron los pinos de conos erizados, los humanos del otro lado del mundo estaban desarrollando los primeros sistemas de escritura conocidos en Sumeria.[107]

Es evidente que nadie en la comunidad forestal quiere que se repita un incidente como el de Prometeo. Por este motivo, y aunque Matusalén no se encuentra bajo vigilancia armada las 24 horas del día, su identidad y ubicación exactas siguen siendo un secreto; la idea es que así quede protegido de los daños de los cazadores de recuerdos o —quizá— de quienes asesinan por imitación.

---

[107] Existe otro árbol, datado por el difunto dendrocronólogo Tom Harlan, que podría ser ligeramente más antiguo que Matusalén o Prometeo. Sin embargo, el registro del árbol es discutible: la organización Rocky Mountain Tree-Ring Research no ha podido localizar el núcleo para verificar la edad.

UNO DE ESTOS ÁRBOLES FORMA PARTE DEL PROGRAMA DE
PROTECCIÓN DE TESTIGOS, PERO NO HAY MANERA DE SABER CUÁL.

Aunque estos pinos de conos erizados son ciertamente únicos, la verdad es que serían unos árboles de Navidad horribles. A pesar de que, en principio, podrías pensar que los árboles que alcanzan mayor edad son los que crecen en los entornos más sanos y favorables, por sorprendente que te parezca, ocurre lo contrario. Los árboles más viejos suelen ser los que crecen en las peores condiciones, no en las mejores. Así que cuando un pino de conos erizados se encuentra en un entorno especialmente duro, de esos que azota a los árboles con calor, frío, viento y sal, ralentiza su crecimiento y desarrollo, alargando su esperanza de vida. Tampoco a la vista eran muy impresionantes: los más viejos parecían árboles muertos, con solo una fina tira de corteza que subía por un lado y sostenía unas pocas ramas que se aferraban a la vida. No es que estos árboles milenarios sean inmortales, sino que han aprendido a morir lentamente.

Pero si el árbol más viejo del mundo sería un mal árbol de Navidad, ¿por qué no probamos con el más alto?

Cada cierto tiempo, alguna ciudad estadounidense afirma poseer el árbol de Navidad más alto del mundo. Según el *Libro Guinness de los Récords*, ese título pertenece a un abeto Douglas de 67 metros, erigido en 1950 en un centro comercial de Seattle. Por supuesto, como ocurre con todos los récords aparentemente triviales, si se escarba un poco más se encuentra una agria controversia. En 2013, *Los Angeles Times* publicó un artículo sobre grandes árboles de Navidad, en el que el propietario de una granja de árboles, John Egan, denunciaba que el récord de Seattle era falso. Egan afirmaba que el poseedor del récord de Seattle no era un árbol de verdad, sino que estaba construido con varios árboles unidos de extremo a extremo. Para Egan, el auténtico poseedor del récord es un árbol de 41 metros que su propia empresa erigió en 2007.

De todas formas, independientemente de quién sea el verdadero poseedor del récord, Egan señalaba que sería bastante fácil batirlo. Bastaría con que alguien talara un árbol más grande, y hay muchos más grandes que cualquiera de los contendientes.

Hasta donde sabemos, el árbol más alto del mundo es una secuoya costera apodada Hiperión. Descubierto en 2006, mide casi 116 metros de altura.[108] Así que los pinos de conos rizados no son los únicos árboles con récord que se encuentran en un programa de protección de testigos: la ubicación exacta de Hiperión también se mantiene en secreto para protegerlo de posibles daños, en la medida en que se puede ocultar algo tan alto.

---

[108] ¿Cómo miden un árbol así? En principio podrías pensar que con un GPS, un láser o algo del estilo... Pues no, los investigadores simplemente trepan y cuelgan una cinta métrica hasta el suelo.

Pero hay varios árboles de altura similar. Antes de que se revelara la medida de Hiperión en 2006, el poseedor del récord era el «Gigante de la Estratosfera», de 113 metros, otra secuoya de la costa norte de California.

Existen más árboles cerca de Hiperión de esa altura, más de 110 metros, y cualquiera de ellos serviría igual de bien como árbol de Navidad. Después de todo, ¿quién se va a enfadar contigo por talar el segundo árbol más grande del mundo?

CÓMO LUCIR EL ÁRBOL

¿Dónde deberías poner el árbol? Probablemente no te quepa en casa. De hecho, hay muy pocos edificios donde quepa.

La rotonda del Capitolio de Estados Unidos (55 metros) y las cúpulas más altas de los estadios (unos 80 metros) son demasiado bajas para que quepa un árbol de Navidad de secuoya costera. Ni siquiera las amplias naves de las mayores catedrales, con alturas de 40 o 50 metros, son lo bastante altas. Un árbol del tamaño de Hiperión apenas cabría bajo la cúpula de la basílica de San Pedro del Vaticano, y solo si dejaras que la copa se asomara a la linterna de la parte superior de la cúpula.

BASÍLICA DE SAN PEDRO

En Halbe, al sureste de Berlín (Alemania), hay un antiguo hangar de dirigibles que se ha convertido en un parque temático tropical. Cuenta con cientos de metros de playas de arena, una sección de selva tropical y un parque acuático. Por desgracia, el techo del parque es unos metros demasiado bajo para que quepan las secuoyas más altas. Aun así podrías instalar allí uno de estos árboles, solo tendrías que excavar antes el suelo.

PARQUE TEMÁTICO DE LAS ISLAS TROPICALES (HANGAR DE DIRIGIBLES)

Además existen unos pocos edificios en el mundo con espacios interiores lo bastante grandes como para albergar un árbol de Navidad de secuoya costera. La basílica de Nuestra Señora de la Paz, en Yamusukro (Costa de Marfil), es probablemente uno de ellos. También lo son los atrios de varios rascacielos, como el Burj Al Arab de Dubái (180 metros) y el Leeza SOHO de Pekín (190 metros).

Sin embargo, incluso suponiendo que los propietarios estuvieran dispuestos a dejarte exponer allí tu árbol de Navidad, meterlo dentro sería difícil, ya que los atrios de estos edificios carecen de las puertas gigantes necesarias.

Quizá el edificio ideal para exhibir un árbol de Navidad gigante sea uno que se encuentra en el sureste de Estados Unidos, en la costa este de Florida.

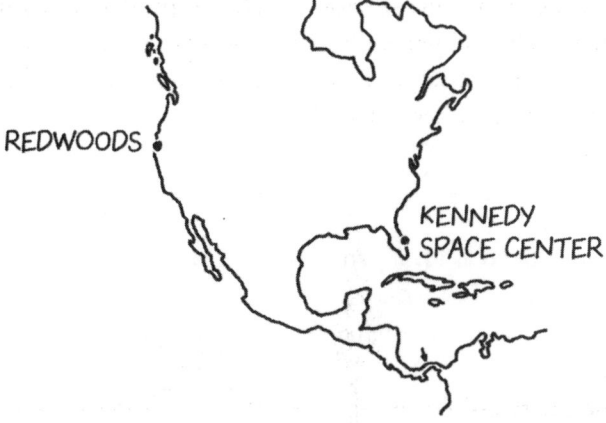

La NASA construyó el Edificio de Ensamblaje de Vehículos en Cabo Cañaveral para preparar los cohetes Apolo y los transbordadores espaciales antes de su lanzamiento. Es uno de los edificios más grandes del mundo en cuanto a volumen, con un techo lo bastante alto como para que quepa tu árbol de Navidad. Y, lo que es más importante, hay una forma de meter el árbol dentro, ya que el edificio tiene las puertas más altas del mundo.

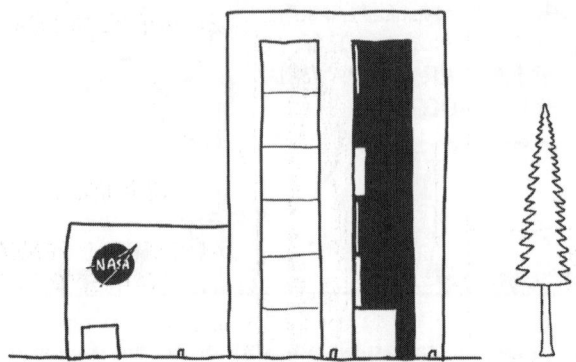

La forma más fácil de llevar tu árbol hasta allí sería probablemente por barco. Por suerte, el canal de Panamá es lo bastante grande para que quepa un barco con una secuoya intacta de 110 metros tumbada de costado.

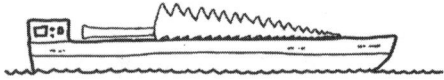

Además, este edificio es ideal para nuestro árbol por una sencilla razón: fue diseñado para albergar el enorme cohete Saturno V que llevó a los astronautas del Apolo a la Luna, y ese cohete tenía casi exactamente el mismo tamaño que el árbol más alto del mundo.

Cuando estaba cargado de combustible, el cohete Saturno V era bastante más pesado que un árbol del tamaño de Hiperión. Así que, dado que los motores del cohete eran capaces de levantar este, eso significa que si los unes al árbol, también podrían levantarlo.

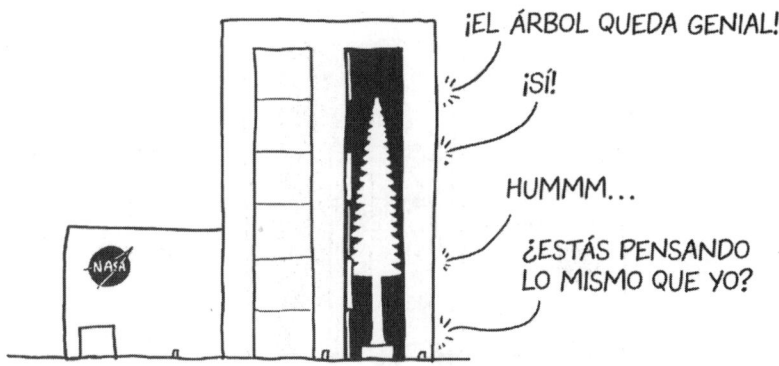

Un par de cohetes propulsores del transbordador espacial a cada lado de tu árbol producirían un empuje más que suficiente para levantarlo.

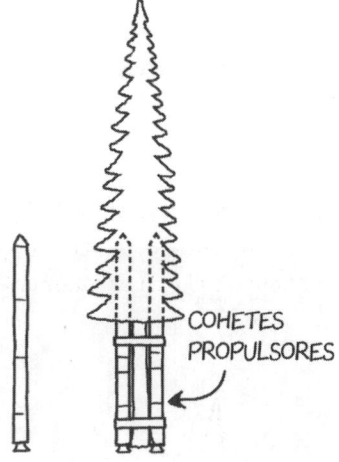

COHETES PROPULSORES

De todas formas, el árbol necesitaría un apoyo adicional. En primer lugar, porque sufriría una extrema aceleración vertical. Las secuoyas, que son los árboles más altos del mundo, han de trabajar para sostenerse contra la gravedad en las mejores circunstancias. Lanzarlo en un cohete podría someter al árbol a varios G adicionales de aceleración, duplicando o triplicando la fuerza aparente de la gravedad y haciendo que la secuoya se doblara.

También podrías facilitarle las cosas al árbol tirando de él en lugar de empujarlo. La madera, como muchos materiales, es más fuerte soportando tensión que compresión. Si colocaras los cohetes de refuerzo a media altura del tronco, la madera de la mitad inferior estaría bajo tensión, ya que colgaría detrás del cohete, mientras que solo la mitad superior estaría bajo compresión. Si añadieras unos soportes a lo largo del árbol, podrías ayudar a mantenerlo estable y evitar que se derrumbara.

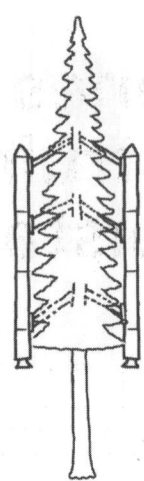

Si bien los cohetes no serían capaces de propulsar el árbol tan rápido como para que se mantuviera en órbita, sí podrías lanzarlo en una trayectoria suborbital que lo hiciera volar sobre todas esas otras ciudades que afirman tener el árbol de Navidad más grande.

Y además tu árbol sería el único decorado con estrellas de verdad.

Instrucciones para construir una autopista

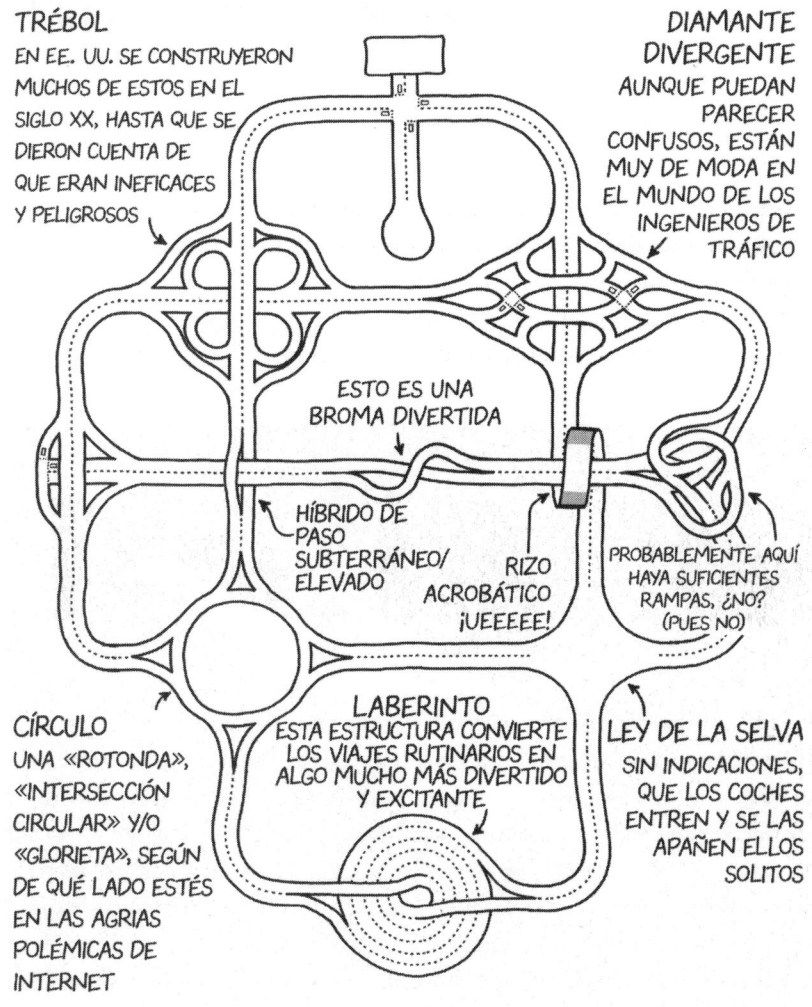

TRÉBOL
EN EE. UU. SE CONSTRUYERON MUCHOS DE ESTOS EN EL SIGLO XX, HASTA QUE SE DIERON CUENTA DE QUE ERAN INEFICACES Y PELIGROSOS

DIAMANTE DIVERGENTE
AUNQUE PUEDAN PARECER CONFUSOS, ESTÁN MUY DE MODA EN EL MUNDO DE LOS INGENIEROS DE TRÁFICO

ESTO ES UNA BROMA DIVERTIDA

HÍBRIDO DE PASO SUBTERRÁNEO/ ELEVADO

RIZO ACROBÁTICO ¡UEEEEE!

PROBABLEMENTE AQUÍ HAYA SUFICIENTES RAMPAS, ¿NO? (PUES NO)

CÍRCULO
UNA «ROTONDA», «INTERSECCIÓN CIRCULAR» Y/O «GLORIETA», SEGÚN DE QUÉ LADO ESTÉS EN LAS AGRIAS POLÉMICAS DE INTERNET

LABERINTO
ESTA ESTRUCTURA CONVIERTE LOS VIAJES RUTINARIOS EN ALGO MUCHO MÁS DIVERTIDO Y EXCITANTE

LEY DE LA SELVA
SIN INDICACIONES, QUE LOS COCHES ENTREN Y SE LAS APAÑEN ELLOS SOLITOS

CAPÍTULO 26

Instrucciones para llegar rápido a algún sitio

Moverse por el mundo puede ser increíblemente complicado.

> SEGÚN ESTA APP DE NAVEGACIÓN, TENGO QUE MOVER EL CUERPO HACIENDO UNA SERIE DE GESTOS COORDINADOS Y MUY CONCRETOS PARA IMPULSARME HACIA DELANTE.

En función de dónde te encuentres y de adónde quieras dirigirte, tal vez puedas llegar a tu destino enseguida si sigues una línea relativamente recta, o quizá tengas que ir despacio y tomar una ruta que dé un rodeo muy considerable. Viajar puede requerir resolver una asombrosa variedad de problemas, desde algunos básicos, como cruzar puertas, hasta tareas complicadas, como pasar la seguridad de un aeropuerto, conducir un coche en hora punta o trazar las maniobras de los motores de un cohete para transferencias orbitales.

Sin embargo, de uno u otro modo, viajar a un destino implica siempre acelerar hacia él. Y es precisamente esta aceleración lo que pone un límite fundamental a la velocidad con la que puedes llegar a tu destino.

Supongamos que pretendes viajar entre el punto A —por ejemplo, el jardín de tu casa— y el punto B —por ejemplo, una cita con el médico— en circunstancias totalmente ideales. No hay obstáculos ni puertas ni señales de stop, y tienes un patinete mágico con combustible ilimitado. ¿A qué velocidad podrías ir del punto A al punto B?

PUNTO A

PUNTO B

Todo lo que está en la Tierra sufre una aceleración hacia abajo debido a la atracción de la gravedad a 9,8 m/s² o 1 G. Cuando aceleras hacia delante en un vehículo, la gravedad sigue tirando de ti hacia abajo, por lo que la aceleración total que sientes es la combinación de las dos fuerzas: el empuje horizontal del vehículo y la atracción hacia abajo de la gravedad.

En aceleraciones pequeñas, la aceleración total que sientes es de más o menos 1 G. Si aceleras a 0,1 G, la aceleración total que sientes es de solo 1,005 G, pero si aceleras horizontalmente a 1 G, sientes una aceleración total de 1,41 G, como si de repente cada parte de tu cuerpo pesara un 41 % más.

Los métodos de transporte humanos, desde nuestras propias piernas a los ascensores, pasando por los coches y los aviones, suelen implicar aceleraciones horizontales inferiores a 1 G, por unos cuantos motivos. Una razón importante es que los humanos evolucionamos para experimentar 1 G de aceleración, y nos resulta incómodo pasar mucho tiempo acelerando más rápido que eso. Otra razón es que los vehículos suelen acelerar empujando contra el suelo, y cuando el empuje horizontal es más fuerte que la atracción descendente de la gravedad, puede que las ruedas del vehículo giren sin conseguir mover este.[109]

---

[109] Los coches deportivos muy rápidos aceleran a aproximadamente 1 G, pero necesitan neumáticos especializados de gran agarre para hacerlo.

Supongamos que tu patinete mágico no puede acelerar por encima de 1 G. Hay vehículos reales que sí tienen esa capacidad, y de hecho lo hacen, en ocasiones, aunque normalmente se trata de vehículos especiales como cohetes o montañas rusas, y solo mantienen dicha aceleración durante un breve periodo de tiempo. Si pensamos en sistemas que la gente suele usar para desplazarse, un patinete a 1 G sirve como un buen modelo de los límites de lo que es posible manteniendo cierta apariencia de comodidad y seguridad humanas. Porque si bien es cierto que los pilotos de aviones de combate pueden sobrevivir a la aceleración repentina de un asiento eyectable sin apenas lesionarse, no creo que estés pensando en eso como idea para desplazarte.

Así que te subes a tu patinete y miras el reloj. La consulta de tu médico está a 500 metros, y tu cita empieza en 10 segundos. ¿Podrás llegar? Giras el acelerador y sales disparado hacia la consulta.

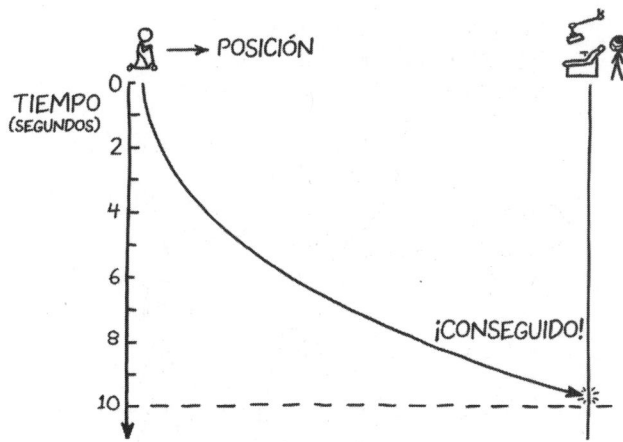

La buena noticia es que llegarás a tu cita con muchos milisegundos de margen. La mala es que lo harás a más de 300 km/h.

Por tanto, salvo que a tu médico no le importen las visitas muy muy breves, tendrás que reducir la velocidad al acercarte a la consulta, lo que a su vez hará disminuir el tiempo total del viaje. En cualquier caso, también existen límites a la rapidez con que puedes desacelerar; parar suele ser más fácil que arrancar —en casi todos los vehículos terrestres, desde los patinetes hasta los coches y los aviones en rodaje, los frenos son más potentes que la propulsión—, pero parar de forma excesivamente repentina causaría tantos problemas a tus pasajeros como acelerar demasiado deprisa.

Si pasas la primera mitad de tu viaje acelerando a 1 G y la segunda mitad desacelerando a 1 G, tardarás casi 15 segundos en llegar a tu cita; si sales 10 segundos antes de que empiece, no llegarás a tiempo.

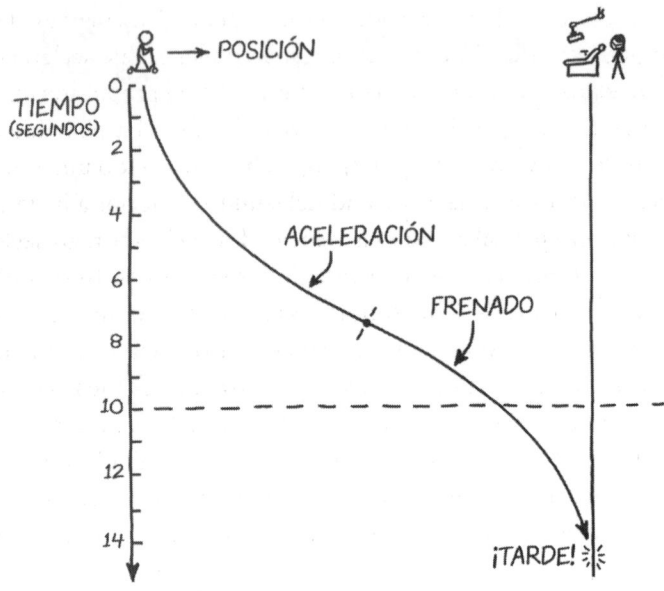

Los límites a los que se enfrenta nuestro patinete mágico son los mismos que para cualquier otro método de transporte —desde las cintas transportadoras a los trenes bala o los futuristas vehículos de transporte de personas mediante tubos de vacío— porque no son más que una función de la biología humana. Ningún sistema de transporte podrá *nunca* llevar a las personas desde una posición estacionaria hasta un destino situado a 500 metros en menos de 10 segundos sin acelerarlas horizontalmente más de 1 G.

RADIO DE TRANSPORTE FUNDAMENTAL

1 SEGUNDO ⟵ ⟶
5 METROS 5 METROS

5 SEGUNDOS
⟵————120 METROS———— ————120 METROS————⟶

10 SEGUNDOS
⟵————500 METROS———— ————500 METROS————⟶

Pero ¿y si tu cita estuviera más lejos? ¿Cuánto tardarías entonces en llegar con tu patinete?

A 1 G de aceleración continua, la velocidad se acumula rápidamente. Si hicieras un viaje de un minuto de duración a 1 G de aceleración —acelerando durante 30 segundos, reduciendo la velocidad durante 30 segundos—, podrías recorrer más de 8 km. Tu velocidad máxima, a mitad del trayecto, sería cercana a la velocidad del sonido.

Los trenes reales no viajan a velocidades casi supersónicas, pero eso no se debe a ninguna limitación física. Una plataforma sobre raíles puede acelerarse con facilidad hasta velocidades extremadamente altas mediante propulsión electromagnética o cohetes. Los trineos de cohetes sobre raíles de la base Holloman de las Fuerzas Aéreas de Nuevo México, por ejemplo, han alcanzado una velocidad de Mach 8, es decir, ocho veces la velocidad del sonido, superior a la de cualquier avión a reacción. Pero para alcanzar esas velocidades, dichos trineos aceleran mucho más de 1 G, y aun así necesitan una pista de pruebas de casi 16 km de longitud.

A velocidades cercanas a la del sonido, la resistencia del aire se convierte en un problema inevitable: es difícil que un vehículo sea eficiente cuando desperdicia tanta energía abriéndose paso a través del aire. Por eso los vehículos más rápidos tienden a funcionar en lo alto de la atmósfera, donde el aire es fino, o en tubos de vacío. Tu patinete mágico, con su aceleración ilimitada, no se enfrentaría a ninguno de estos problemas, pero confiemos en que tenga un buen parabrisas protector. (Además, ya puedes ir pidiendo disculpas a los transeúntes por los estampidos sónicos).

En 5 minutos, un patinete de 1 G podría trasladarte 220 kilómetros, alcanzando velocidades superiores a Mach 4. En 10 minutos podrías recorrer 800 km, alcanzando Mach 8. Y en 48 minutos podrías dar la vuelta al mundo.[110] Este es el límite fundamental para los viajes alrededor del mundo: si quieres construir un sistema que traslade a la gente a cualquier parte del mundo en menos de 48 minutos, tendrá que implicar aceleraciones de más de 1 G (o perforar un agujero en la Tierra).

---

[110] Tu tiempo de viaje real será un poco más complicado de calcular, ya que a esas velocidades la curvatura de la Tierra se vuelve un dato relevante. Tu velocidad en la mitad del trayecto sería lo suficientemente rápida como para que perdieras el contacto con el suelo, y si intentaras agarrarte a un raíl (o conducir por el techo), la aceleración centrípeta superaría tus límites. Pero la propia curvatura de la Tierra implica que podrías acelerar un poco más cerca del principio y del final de tu viaje, ya que la fuerza centrífuga ayudaría a anular el efecto de la gravedad, dándote más margen para acelerar hacia delante al tiempo que te mantendrías por debajo del límite de 1,41 G.

VIAJE ESPACIAL A 1 G

Estos límites fundamentales de aceleración sirven para las naves espaciales igual que para los vehículos terrestres. Si equiparas tu patinete mágico para salir de la atmósfera y viajar por el espacio, acelerando y desacelerando a 1 G, tardarías casi 4 horas en hacer el viaje a la Luna.

Que no fuera posible viajar a la Luna en menos de 4 horas nos revela algo interesante sobre el futuro. Incluso en un mundo con ascensores espaciales y viajes espaciales baratos, es probable que un gran número de seres humanos que vivieran en la Tierra no viajaran todos los días a la Luna —o viceversa— por simples razones de aceleración. En realidad, 4 horas en cada sentido sería un viaje bastante largo.

DESPLAZAMIENTO DIARIO A LA LUNA

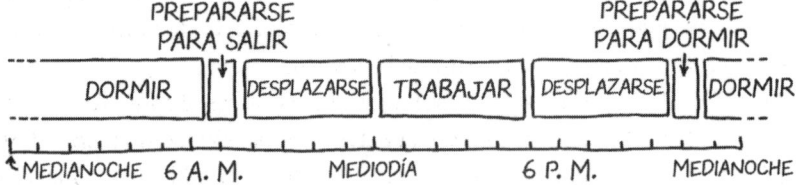

DESTINOS MÁS LEJANOS

Tu patinete de 1 G tardaría varios días en llegar a cualquiera de los planetas interiores, una semana en llegar a Júpiter y 9 días en alcanzar Saturno.

TENGO QUE IR UN MOMENTO A JÚPITER. ¡VOLVERÉ EN UNA QUINCENA!

¿VAS SOLO PORQUE NECESITABAS UNA EXCUSA PARA USAR LA PALABRA «QUINCENA»?

Los planetas exteriores, Urano y Neptuno, están a unas dos semanas de distancia, y llegar a los objetos más distantes del cinturón de Kuiper podría llevar meses.

A partir de ahí, las cosas se volverían un poco raras.

LA VUELTA AL UNIVERSO EN 80 AÑOS

Ahora mismo no disponemos de ninguna tecnología espacial que pueda acelerar un vehículo a 1 G durante largos periodos de tiempo. Aunque ninguna ley física dice que sea imposible, lo cierto es que nadie ha encontrado la forma de llevarlo a la práctica; ninguna de las fuentes de energía que conocemos es lo bastante pequeña para transportarla en un cohete y lo bastante potente para acelerarlo durante tanto tiempo. Sin embargo, si alguna vez encontramos la forma de conseguirlo, se abrirá ante nosotros todo el universo, gracias a un sorprendente impulso de la relatividad. Resulta que si aceleras a 1 G durante varios años, puedes llegar a casi cualquier destino del universo.

Si aceleras a 1 G, tu velocidad aumenta 9,81 m/s cada segundo. Al cabo de un año, una simple multiplicación sugiere que deberías estar viajando a unos 309 millones de metros por segundo…, que es el 103 % de la velocidad de la luz. Como, según la relatividad, no se puede viajar más rápido que la luz, sabemos que el cálculo es incorrecto; es decir, podrías acercarte cada vez más a la velocidad de la luz, pero nunca llegarías a alcanzarla del todo. Sin embargo, no hay ningún policía cósmico que aparezca y te obligue a dejar de acelerar, así que ¿qué te *ocurriría* en realidad?

Por extraño que parezca, desde tu punto de vista, no ocurriría nada cuando tu patinete se acercara a la velocidad de la luz. Simplemente seguirías acelerando. Pero si observaras el universo que te rodea, te darías cuenta de que las cosas se vuelven un poco raras.

A medida que fueras más rápido, el paso del tiempo a bordo de tu patinete se ralentizaría. Desde la perspectiva de un observador externo, tu vehículo pasaría volando mientras sobre él los relojes harían tic-tac lentamente y tu cerebro pensaría lentamente. Sin embargo, desde *tu* punto de vista, daría la impresión de que tardas menos tiempo del que deberías en llegar a los sucesivos puntos de referencia a lo largo de tu viaje, como si el universo se hubiera contraído en la dirección en la que viajas.

Cuando hubieras pasado un año en el patinete, estarías viajando a aproximadamente ¾ de la velocidad de la luz. Pero, gracias a la relatividad, en el mundo exterior habría pasado un año y dos meses, y tu nave habría llegado más lejos de lo que esperabas.

La disparidad entre la percepción del tiempo en tu patinete y en el mundo exterior seguiría creciendo. Después de que hubieras pasado 1½ años a bordo, habrías viajado casi 1½ años luz, es decir, exactamente la misma distancia que habría recorrido la luz en ese tiempo. Y cuando hubieran pasado 2 años para ti, habrías recorrido *más de* 2 años luz, ¡como si hubieras viajado más rápido que la luz!

Después de que hubieras pasado unos cuantos años a bordo, los efectos de la relatividad empezarían a acumularse. Cuando hubieran transcurrido tres años para ti, habrían pasado algo más de diez años fuera de la nave, y habrías viajado casi 10 años luz, lo suficientemente lejos como para alcanzar muchas estrellas cercanas. Si hubiera hitos kilométricos en el espacio que mostraran la distancia que has recorrido, los alcanzarías cada vez más deprisa, como si estuvieran cada vez más cerca, o como si viajaras mucho más rápido que la luz. Sin embargo, para los observadores externos, pasarías volando a una velocidad algo inferior a la de la luz, con todo a bordo aparentemente congelado en el tiempo.

Tras cuatro años de desplazamiento en patinete, habrías recorrido 30 años luz, y estarás viajando al 99,95 % de la velocidad de la luz. Al cabo de cinco años estarías a 80 años luz de donde empezaste, y después de diez años habrías recorrido 15.000 años luz, con lo que estarías a mitad de camino del centro de la Vía Láctea. Si siguieras acelerando, tardarías menos de veinte años de tu tiempo en llegar a una galaxia vecina.

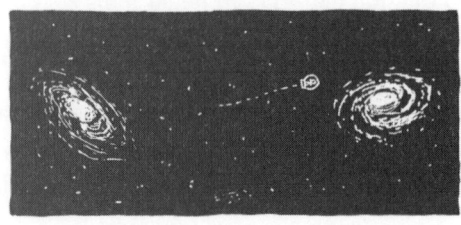

Si siguieras girando el acelerador durante algo más de dos décadas, verías que tu vehículo viaja miles de millones de años luz por «año» subjetivo, llevándote a través de una fracción sustancial del universo observable.

En ese tiempo, en tu casa habrían pasado miles de millones de años, por lo que no tendrías que preocuparte por regresar. De todas formas, la Tierra ya habría sido consumida por el Sol.

Pero nunca llegarías a las galaxias más lejanas porque el universo se expande y, gracias a la energía oscura, la expansión parece acelerarse.

A pesar de que viajar a casi la velocidad de la luz podría evitar que tú envejecieras, el resto del universo sí lo seguiría haciendo a tu alrededor. Si viajaras mil millones de años luz aproximadamente a la velocidad de la luz, el universo sería mil millones de años más viejo cuando te detuvieras. Y como el universo se expande a medida que envejece, lo que descubrirías es que la expansión del universo habría alejado tu destino de ti mientras tú viajabas hacia él.

Como además la expansión del universo se está acelerando, hay partes de él que no podrías alcanzar por muy lejos que fueras. Los modelos actuales de la expansión del universo sugieren que este límite —al que llamamos «horizonte de sucesos cosmológico»— se encuentra probablemente a un tercio del borde del universo observable.

HORIZONTE DE
SUCESOS COSMOLÓGICO

TIERRA

BORDE DEL UNIVERSO
OBSERVABLE

El telescopio espacial Hubble ha ampliado zonas en apariencia vacías del cielo y ha tomado fotografías que muestran mares de galaxias tenues y distantes. Algunas de las galaxias más grandes y brillantes de las fotos están dentro de nuestro horizonte de sucesos, por lo que podrías llegar a ellas con tu patinete, pero la mayoría están más allá de ese límite. Por mucho que aceleraras hacia ellas, la expansión del universo las alejaría cada vez más de ti.

Así que, cuanto más siguieras girando el acelerador para perseguir a estas galaxias inalcanzables, más distantes seguirían haciéndose, aunque, eso sí, te encontrarías avanzando cada vez más rápido en el tiempo. Al cabo de 30 años, el universo tendría 10 billones de años, y solo quedarían las estrellas más pequeñas y débiles de larga vida. Al cabo de 40 años, incluso esas estrellas se habrían consumido, y te encontrarías en un universo oscuro y frío, iluminado solo por destellos intermitentes cuando las cáscaras a la deriva de estrellas frías y muertas colisionaran.

Es decir, por muy rápido que fueras, nunca llegarías al *borde* del universo. Lo que sí podrías es encontrar el *fin*.

CAPÍTULO 27

Instrucciones
para llegar a tiempo

Sobre todo existen dos formas de llegar a algún sitio más rápido: viajar más deprisa y salir antes.

OPCIONES

1. VIAJAR MÁS DEPRISA

2. SALIR ANTES

Para saber cómo viajar más rápido, puedes consultar el capítulo 26, «Instrucciones para llegar rápido a algún sitio».

Salir antes es más difícil; implica conciencia y una planificación realista. Para aprender cómo mejorar en estos ámbitos, probablemente deberías buscar otro libro.

Si descartas tanto salir antes como viajar más rápido, puede parecer que te has metido en un callejón sin salida. Sin embargo, aun así, todavía te quedaría otra opción: alterar el flujo del tiempo.

OPCIONES

~~1. VIAJAR MÁS DEPRISA~~

~~2. SALIR ANTES~~

3. ALTERAR EL FLUJO DEL TIEMPO

En realidad, esta idea no tiene por qué ser tan inverosímil como parece. Cuando Einstein estudiaba el movimiento de las ondas electromagnéticas a través del espacio, le extrañaba que las ecuaciones de Maxwell parecieran implicar que una onda electromagnética nunca puede parecer estacionaria en relación con ningún observador. Las ecuaciones sugerían que nunca podrías alcanzar una onda luminosa y verla congelada en su lugar: por rápido que fueras, siempre medirías la luz moviéndose a tu lado al mismo número de kilómetros por hora. Esto llevó a Einstein a darse cuenta de que algo debía de estar mal en nuestra idea de «kilómetros» y «horas», y sus teorías explicaron cómo el tiempo fluye de forma diferente para distintos observadores según la velocidad a la que estos vayan.

Juguetear con el tiempo le valió a Einstein la fama, la inmortalidad y un Premio Nobel,[111] así que tal vez pueda lograr que tú llegues a tiempo a tu destino. (Y si no, tal vez consigas un Premio Nobel como consuelo).

A LA FAMILIA REAL
SUECA NOS SABE MAL
QUE LLEGARAS TARDE
A LA CITA...

TEN, COMO CONSUELO, TU
PREMIO NOBEL.

GRACIAS.

«Alterar el flujo del tiempo» no tiene por qué implicar nada complejo; la forma más sencilla de hacerlo es pedir a todo el mundo que cambie sus relojes. Muchos de nosotros ya lo hacemos dos veces al año gracias al horario de verano. Al fin y al cabo, la hora del reloj no es más que una construcción social. Si consigues que todos se pongan de acuerdo en retrasar sus relojes una hora, la hora cambia, y eso puede darte una hora más para llegar a tu destino.

Aunque los husos horarios nos parezcan oficiales y permanentes, en realidad son más libres de lo que creemos. No hay ninguna organización internacional que tenga que aprobarlos o pueda limitarlos. En lugar de ello, cada país tiene autoridad para ajustar sus propios relojes como y cuando quiera. Si el gobierno de un país se levanta una mañana y decide retrasar todos sus relojes cinco horas, nadie puede impedírselo.

Eso sí, si un país se mete con el flujo del tiempo sin avisar con suficiente antelación, puede causar algunos quebraderos de cabeza. En marzo de 2016, el Consejo de Ministros de Azerbaiyán decidió cancelar el horario de verano diez días antes de su inicio previsto. Las empresas de software tuvieron que apresurarse a

---

[111] En realidad, el Comité del Nobel no le concedió el premio por lo del espacio-tiempo, en parte porque aún se consideraba un planteamiento revolucionario y no estaba del todo probado. Como, afortunadamente, había publicado cuatro artículos en 1905, cualquiera de los cuales sin duda merecería el Nobel, se lo dieron por uno de los más convencionales.

realizar actualizaciones, hubo que revisar los horarios y las compañías aéreas tuvieron que decidir si los vuelos debían salir a la hora que figuraba en el billete o una hora antes. Al final, el Aeropuerto Internacional Heydar Aliyev simplemente le dijo a todo el mundo que llegara con un margen de tres horas a sus vuelos.

Los países suelen intentar avisar con más de diez días de antelación antes de cambiar sus relojes, pero no tienen por qué hacerlo. Así que, en principio, si llegaras tarde a una cita, podrías ponerte en contacto con tu gobierno y pedirle que retrasara los relojes.

¿SÍ, HABLO CON EL GOBIERNO? SOY UN CIUDADANO QUE LLEGA TARDE A UNA REUNIÓN... ¿CON QUIÉN PODRÍA HABLAR PARA ARREGLARLO?

En Estados Unidos, cada Parlamento estatal puede decidir si se observa el horario de verano, pero no cuándo empieza o termina este. En resumen, para ganar una hora más, tendrías que ponerte en contacto con el gobierno federal.

Actualmente, la ley federal especifica nueve zonas horarias estándar y fija la hora en cada una de ellas en relación con el Tiempo Universal Coordinado, o UTC —por sus siglas en francés—, un sistema internacional de cronometraje definido por la Oficina Internacional de Pesos y Medidas. Aunque el Congreso puede cambiar esta ley, no te haría falta pasar necesariamente por el Congreso para que te ajustaran el reloj. Por ley, el secretario de Transporte tiene el poder de trasladar de forma unilateral el territorio de una zona horaria a otra. De manera que si estás en el territorio continental de Estados Unidos, podrías conseguir que te retrasaran el reloj hasta ocho horas simplemente llamando al Departamento de Transportes y pidiéndoselo con amabilidad.

¿SÍ, HABLO CON EL DEPARTAMENTO DE TRANSPORTES? ME ENCANTA SU TRABAJO. HACE MUCHO TIEMPO QUE SOY PARTIDARIO DE MOVER LAS COSAS DE UN SITIO A OTRO.

MIRE, NECESITO PEDIRLES UN FAVOR...

Sin embargo, lo que no puede hacer el secretario es crear nuevas zonas horarias. Con lo que si quisieras cambiar la hora a otra distinta de los nueve valores estándar, entonces sí tendrías que pasar por el Congreso. Pero si lograras convencerlos de que te ayuden, en ese caso podrías fijar la hora en el valor que quisieras. De hecho, podrías —en principio— también poner la fecha que quisieras. Podrías adelantar 24 horas tu casa, tu ciudad o el país entero... o retroceder 65 millones de años.

SALTA HACIA DELANTE... Y
RETROCEDE MUCHÍÍÍÍSIMO.

En 2010, el locutor de radio religioso Harold Camping predijo que el fin del mundo comenzaría con el día del juicio y del rapto físico el 21 de mayo de 2011, a las 18.00, hora local. Dado que el apocalipsis ocurría según la hora local, esto significaba que el fin del mundo debía comenzar en la República de Kiribati, en el océano Pacífico, justo al oeste de la línea internacional de cambio de fecha, e ir barriendo hacia el oeste alrededor del planeta, zona horaria por zona horaria.

Si a algún país le diera por comprobar si el mundo se va a acabar en alguna fecha futura, no tendría más que aprobar una ley que adelantara su reloj a, pongamos, las 12.00 p. m. del 1 de enero de 3019, y echar un vistazo a ver qué ocurre. Si no sucede nada, podrán volver a retrasar los relojes y todos estaremos tranquilos durante los próximos mil años, o al menos a salvo de apocalipsis que ocurran en la hora local.

¡EL FIN ESTÁ CERCA!

NO, NO PASA NADA.
BÉLGICA HA
ADELANTADO LA
HORA HASTA ENERO
DEL 4099, Y TODO
SIGUE TAL CUAL.

CONDENACIÓN

Si no fueras capaz de convencer al gobierno para que cambiara los relojes por ti, o si tu cita estuviera programada en UTC, te habrías metido en un callejón sin salida. En ese caso, no podrías conseguir más tiempo para tu cita a menos que pudieras alterar el propio UTC.

RELOJES ATÓMICOS

El UTC se basa en una red de relojes atómicos precisos que controlan el paso del tiempo midiendo con precisión la oscilación de los átomos de cesio mediante la luz. Sin embargo, gracias a Einstein, ya sabemos que el paso del tiempo no es constante. En un campo gravitatorio fuerte, la luz —e incluso el tiempo mismo— se ralentizan. Así que si pusieras un gran peso esférico junto a un reloj atómico, la gravedad adicional haría que este avanzara más despacio.

Por desgracia, no se puede manipular *un solo* reloj atómico. La Oficina Internacional de Pesos y Medidas utiliza las mediciones de varios cientos de relojes atómicos repartidos por todo el mundo y las promedia para producir una única norma horaria mundial. Con lo que si quisieras alterar artificialmente el tiempo, tendrías que ralentizar *todos* esos relojes a la vez; porque si solo alteraras uno, se darían cuenta rápidamente de la anomalía.

Supongamos que te colaras en las instalaciones de cada reloj atómico con una bola de plomo de 30 cm de diámetro escondida en la mochila, y que la dejaras cerca del reloj. (A todo esto, tendrías que ser muy fuerte, ¡ya que esa bola pesará casi 180 kilos!)

HOLA, HE VENIDO... POR LO DE...
UFF
... POR LO DE LA VISITA GUIADA.
¿QUÉ LLEVAS EN LA MOCHILA?
TAN SOLO...
UFF
EL BOCATA

Si consiguieras esconder la bola justo al lado del elemento cronométrico del reloj atómico, esta solo ralentizaría el reloj aproximadamente 1 parte en 1.024, lo que equivale a unos 100 nanosegundos en los próximos 4.000 millones de años.

Si lo que pusieras fuera una bola de plomo de 200 metros de ancho, esta solo sería un pelín más eficaz, añadiendo aproximadamente un nanosegundo más a los relojes en cada siglo. Eso sí, también sería imposible de fabricar y mover... y bastante difícil de esconder.

Así que, dado que el UTC se basa en relojes atómicos, y no puedes meterte con los relojes atómicos, parece que no puedes meterte con el UTC. No obstante, en realidad el UTC no se basa *exactamente* en los relojes atómicos. Tiene una irregularidad, que potencialmente podría ayudarte a tener un poco más de tiempo para llegar a tu cita… o, si salieras a tiempo, hacer que llegaras demasiado pronto.

CÓMO CAMBIAR LA DURACIÓN DEL DÍA

Nuestros relojes atómicos son más precisos y regulares que el giro de la Tierra. Antes definíamos la longitud de un segundo en función de la rotación de la Tierra, pero un segundo cuya longitud cambia con el tiempo es inconveniente para la física, la ingeniería y el cronometraje en general. Por ello en 1967 se congeló oficial y permanentemente la longitud del segundo para adaptarla a los relojes atómicos. Se supone que un día tiene 24 horas, u 86.400 segundos, pero a finales de la década de 2010 la Tierra tarda unos 86.400,001 segundos de media en rotar completamente respecto al Sol. En otras palabras, la Tierra es un milisegundo demasiado lenta. Y ese milisegundo de más diario se va sumando de forma gradual. Al cabo de unos mil días, un reloj perfecto se desajustaría un segundo completo con respecto al Sol.

Tal vez *en estos momentos* el día solo dure unos milisegundos de más, pero esto no va a seguir siendo así. Porque, gracias a la Luna, la rotación de la Tierra se está ralentizando.

La gravedad de la Luna tira con más fuerza de las partes más cercanas de la Tierra que de las más lejanas. A medida que la Tierra gira, el agua (y, en menor medida, la tierra) se agita ligeramente para ajustarse a la fuerza cambiante, lo que experimentamos como mareas. La Tierra gira más deprisa de lo que la Luna orbita, y la atracción gravitatoria entre esos océanos que chapotean y la Luna crea un «arrastre» gravitatorio muy leve entre los dos cuerpos. Esto tiene el efecto de tirar de la Luna hacia delante —lanzándola hacia una órbita más amplia—, al tiempo que ralentiza a la Tierra.[112]

DIAGRAMA CIENTÍFICO DE ARRASTRE DE MAREA LUNAR

SEGUNDOS INTERCALARES

El UTC no tiene husos horarios ni horario de verano, pero se ajusta cada cierto tiempo —aunque muy ligeramente— para mantener los relojes sincronizados con la rotación de la Tierra. Estos cambios adoptan la forma de segundos intercalares.

Los segundos intercalares los añade el Servicio Internacional de Sistemas de Referencia y Rotación de la Tierra, que sigue con sumo cuidado la rotación de la Tierra y decide cuándo es necesario un nuevo segundo intercalar. El segundo intercalar se añade justo antes de la medianoche del último día de un mes, normalmente junio o diciembre. El segundo se inserta entre las 11.59.59 p. m. y las 12.00.00 a. m., y se representa como 11.59.60 p. m.

---

[112] Al menos debería ralentizarse. A largo plazo, el giro de la Tierra se ha ido ralentizando de forma constante, pero en las últimas décadas se ha acelerado un poco. Desde 1972 aproximadamente —por casualidad, cuando empezamos a añadir segundos intercalares— el tiempo que tarda la Tierra en completar un giro se ha acortado unos milisegundos. Es probable que esto se deba a una turbulencia imposible de predecir en las corrientes del núcleo externo fundido de la Tierra, pero nadie lo sabe con certeza. No es demasiado inusual —la Tierra se ha acelerado y ralentizado varias veces en los últimos siglos— y es poco probable que continúe durante mucho más tiempo. Pero sigue siendo un poco extraño pensar que la Tierra se está acelerando y nadie sepa por qué.

Cuando se inserta un segundo intercalar, cualquier acontecimiento progra-mado después de esa fecha se retrasa un segundo. Así que si tu cita estuviera programada dentro de más de uno o dos meses, podrías ganar segundos extra convenciendo al Servicio Internacional de Sistemas de Referencia y Rotación de la Tierra de que se necesitan segundos intercalares.

Pero para conseguir más segundos intercalares, tendrías que ralentizar la Tierra más deprisa.

Siempre que la masa se desplaza del ecuador a los polos, la Tierra se acelera. El movimiento diario del aire entre los polos y el ecuador hace que la velocidad de la Tierra oscile arriba y abajo, y, en periodos más largos, la redistribución de la masa debida a los ciclos climáticos, el deshielo de las capas de hielo y el rebo-te posglaciar tienen sus propios efectos.

Eso significa que si vives en una zona tropical o templada, puedes acelerar la Tierra simplemente caminando hacia uno de los polos y ralentizarla caminando desde el polo de vuelta al ecuador.

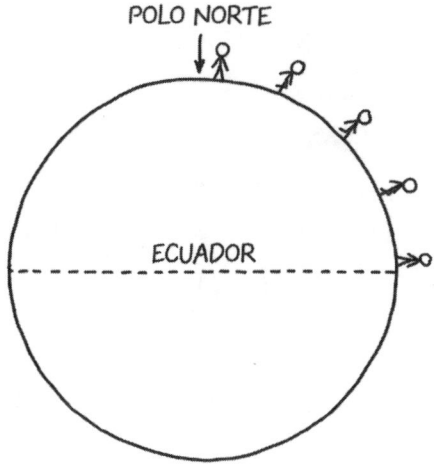

El efecto no será muy grande. Una sola persona que se desplace del polo al ecuador alargará el día menos de una parte entre 10.000.000.000.000.000.000.000.000. Haría falta un millón de años para que esa discrepancia sumara un solo nanosegundo extra. Así que si lo que pretendes es ganar un segundo intercalar extra en el próximo año, tendrás que trasladar 60 billones de toneladas de material de los polos al ecuador.

Incluso si utilizaras algo tan denso como el oro, necesitarías más de 3.000 kilómetros cúbicos, suficientes para envolver el ecuador en un muro de un kilómetro y medio de altura y 45 metros de grosor. Lo que sería claramente imposible...

A MENOS QUE...

... a menos que pudieras encontrar una entidad mágica en el Polo Norte que fuera capaz de producir un volumen ilimitado de objetos caros, y transportarlos por arte de magia con una eficacia imposible desde el polo a todo el mundo.

¿QUÉ QUIERES POR NAVIDAD, PEQUEÑO?

UN MURO DE ORO DE UN KILÓMETRO Y MEDIO DE ALTO QUE RODEE EL PLANETA.

¿Y NO SERÍA MEJOR UN COCHE TELEDIRIGIDO?

CAPÍTULO 28

Instrucciones para deshacerse de este libro

Si has terminado este libro y decides que quieres deshacerte de él, lo más sencillo es regalárselo a otra persona.

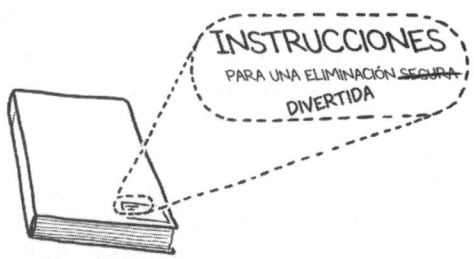

Sin embargo, quizá no quieras regalarlo. Tal vez hayas escrito notas al margen que no quieres que nadie vea. Igual simplemente no te gustó. O puede que planees utilizar la información del libro como parte de algún tipo de complot al estilo de los supervillanos, e intentas comprar todos los ejemplares y destruirlos para que nadie más pueda utilizarlo para obtener una ventaja sobre ti.[113]

Si, por el motivo que sea, decides deshacerte para siempre de este o de cualquier otro libro, aquí te dejo algunos consejos.

---

[113] Nota del editor: si de verdad deseas adquirir todos los ejemplares existentes de este libro, ponte en contacto con el departamento de ventas de Riverhead.

ELIMINACIÓN AÉREA

En caso de apuro, este libro puede servir como fuente de suministro de energía. Las páginas contienen unos 8 megajulios de energía química, energía que originalmente recogían del Sol las hojas.

Las plantas están hechas de aire. El carbono de la madera procede del dióxido de carbono (CO_2) recogido del aire, que se combina con el agua (H_2O) mediante la fotosíntesis. Este libro está hecho de aire, agua y luz solar. Si se incineran las páginas, el carbono vuelve a convertirse en CO_2 y agua, liberando la luz solar capturada. Cuando se quema madera, aceite o papel, el calor del fuego es el calor de esa luz solar.

Ocho megajulios equivalen aproximadamente a la energía de un vaso de gasolina. Si el consumo de combustible de tu coche es de aproximadamente un litro por cada 12 kilómetros que recorres en la autopista cuando conduces a 90 kilómetros por hora, y lo convirtieras para que funcionara con ejemplares de este libro en lugar de gasolina, quemaría 30.000 palabras por minuto, es decir, un consumo varias docenas de veces más rápido que el ritmo de lectura de palabras de un humano típico.

$$90 \text{ km/h} \times \frac{65.000 \, \frac{\text{palabras}}{\text{libros}}}{12 \, \frac{\text{km}}{\text{l}} \times 1 \, \frac{\text{vaso}}{\text{libro}}} = 30.000 \, \frac{\text{palabras}}{\text{minuto}}$$

ESTE MOTOR TIENE UNA POTENCIA DE 200 CABALLOS Y EL CONSUMO DE LIBROS DE DOCENAS DE BIBLIOTECARIOS.

ELIMINACIÓN OCEÁNICA

El carbono de un libro también puede mezclarse con el agua. Si se incinerara el libro, su carbono e hidrógeno se convertirían en CO_2 y agua. El vapor de agua caería en forma de lluvia y probablemente acabaría en el océano. La mitad del CO_2 liberado a la atmósfera por la combustión también sería absorbido por el océano, formando varios septillones de moléculas de ácido carbónico. Si se mezclara de manera uniforme en el aire y el océano, cada taza de agua de mar y cada bocanada de aire contendrían varios miles de moléculas del libro.

ELIMINACIÓN POR ACCIÓN DEL TIEMPO

Si dejaras este libro en el suelo y te marcharas, y nadie volviera a tocarlo, ¿qué le pasaría?

En función del clima de tu zona, puede que no durara tanto. Los humanos no podemos comer papel, pero la energía almacenada en la celulosa —es decir, la misma que se libera cuando lo quemas— es apetitosa para una gran variedad de microorganismos. Estos organismos necesitan calor y altos niveles de humedad para prosperar, motivo por el que los libros suelen estar más seguros en tu estantería dentro de casa. Si lo abandonaras en una cueva fresca y seca o en un lugar sombrío del desierto, podría durar siglos. Pero en cuanto el libro se mojara en un día cálido, los organismos —generalmente hongos— empezarían a devorar la celulosa. Digerirían las páginas, que acabarían mezclándose con el medio ambiente.

Si protegieras el libro de esta descomposición, su destino podría depender de la geología local. Si lo dejaras en una zona donde se están depositando sedimentos, como una llanura aluvial baja, quedaría gradualmente enterrado. Si estuviera en una zona donde se están erosionando los sedimentos, como la ladera de una montaña rocosa, es casi seguro que el viento y el agua lo descompondrían y se lo llevarían. La roca se erosiona a velocidades que se miden en fracciones de milímetro al año, por lo que si este libro estuviera hecho de roca, tardaría siglos o milenios en erosionarse. Sin embargo, como el papel es mucho más blando que la roca, probablemente no tardara tanto. El papel se desgastaría y se desintegraría, y la información impresa en él se perdería.

ELIMINACIÓN DE UN LIBRO INDESTRUCTIBLE O MALDITO

Es técnicamente posible que el ejemplar de este libro que estás leyendo sea indestructible. Por supuesto, parece improbable, pero yo no lo descartaría del todo sin comprobarlo. No existe ninguna prueba no destructiva de indestructibilidad.

Si alguna vez cayera en tus manos un libro del que quisieras deshacerte pero que no pudieras destruir —ya fuera porque el papel es demasiado resistente o por algún tipo de situación tipo Biblioteca de Hogwarts/Anillo de Poder/Jumanji—, ¿qué deberías hacer? ¿Dónde pondrías algo si quisieras deshacerte de ello para siempre?

Nos enfrentamos a este problema con los residuos nucleares. Queremos deshacernos de ellos, pero no hay forma de destruirlos o convertirlos en un material menos peligroso, porque incinerar o vaporizar los residuos radiactivos no reduce la radiactividad. Con suficiente calor puedes destruir cualquier cosa rompiendo sus moléculas en sus átomos constituyentes. Pero hacer esto con los residuos radiactivos no sirve de nada, porque el problema son los propios átomos.

> SI EL PROBLEMA SON LOS ÁTOMOS, ¿PODRÍAMOS ENCONTRAR UN MODO DE SEPARARLOS?

> MIRA, ASÍ ES EXACTAMENTE COMO NOS METIMOS EN ESTE LÍO.

Como no podemos destruir los residuos radiactivos, por lo general intentamos colocarlos en algún lugar donde no nos molesten. Recogerlos todos en un único sitio tiene sentido —en realidad no hay tantos residuos, en cuanto a volumen—, así que podríamos elegir un emplazamiento, depositar allí todos nuestros residuos y luego sellarlo de la forma más permanente posible, vigilando la zona indefinidamente, con algún tipo de señales de advertencia para evitar que las civilizaciones futuras lo desentierren.[114]

En la actualidad, el único vertedero subterráneo permanente de residuos a largo plazo de Estados Unidos es una serie de cámaras a 600 metros de profundidad en el desierto de Nuevo México. El complejo, denominado Planta Piloto de Aislamiento de Residuos (WIPP, por sus siglas en inglés), sigue aceptando una parte de nuestros residuos nucleares, pero hasta que se elija un nuevo vertedero permanente o se amplíen las instalaciones de dicha planta, estamos resolviendo este problema de la forma en que lo hacemos tan a menudo: intentando no pensar en él y esperando que desaparezca.

PLANTA PILOTO DE AISLAMIENTO DE RESIDUOS

Los túneles de la WIPP de Nuevo México se excavan a través de una antigua capa de sal gema de medio kilómetro de espesor. Los túneles de sal son especialmente convenientes para la eliminación de residuos porque la sal «fluye» muy despacio. Si excavaras un túnel a través de la sal y luego lo abandonaras, el túnel se iría contrayendo de forma gradual y se acabaría sellando.

SALINIZACIÓN

---

[114] En la década de 1990 se reunió un grupo de expertos para reflexionar sobre cómo crear marcas que dejaran claro a las civilizaciones futuras que no debían desenterrar nuestros residuos nucleares, lo que incluía inscripciones informativas en varios idiomas, diagramas y esculturas ominosas. Todo el ejercicio es una extraña combinación de melancolía y optimismo: melancolía porque hemos creado algo tan peligroso que supone una amenaza no solo para nosotros, sino también para las civilizaciones futuras, y optimismo porque habrá civilizaciones futuras, mucho después de que nos hayan olvidado, que puedan leer y comprender los mensajes que les dejemos.

Para deshacerte de este libro en las instalaciones de la WIPP, podrías cavar una cavidad a un lado del túnel[115] y dejar este libro dentro. Al cabo de unas décadas, la cavidad se cerraría, sepultando el texto en sal.

Hay otra idea sobre cómo deshacernos de nuestros residuos radiactivos que, según sus defensores, podría ser más barata y segura que una instalación del tipo de la WIPP: dejarlos caer en pozos muy profundos.

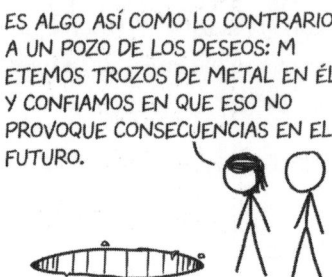

ES ALGO ASÍ COMO LO CONTRARIO A UN POZO DE LOS DESEOS: METEMOS TROZOS DE METAL EN ÉL Y CONFIAMOS EN QUE ESO NO PROVOQUE CONSECUENCIAS EN EL FUTURO.

La instalación WIPP está a medio kilómetro de profundidad, pero las perforaciones para la extracción de petróleo y la investigación geológica[116] son mucho más profundas. Algunos llegan hasta 10 kilómetros de profundidad, atravesando las capas superficiales y adentrándose en la masa subyacente de roca antigua que constituye el núcleo del continente, lo que los geólogos denominan el basamento cristalino.[117]

SUPERFICIE

VARIAS CAPAS DE ROCA

BASAMENTO CRISTALINO

AL MANTO

En muchas partes del mundo, la roca del basamento cristalino ha estado aislada de la superficie durante miles de millones de años. Para deshacernos de algo

---

[115] Consulta el capítulo 3, «Instrucciones para cavar un hoyo».

[116] Sobre todo para buscar petróleo.

[117] Si hace tiempo me hubieras preguntado qué significaba el término *basamento cristalino*, entre mis posibilidades de respuesta habrían estado: «un nivel de Mario Kart», «un subgénero de música electrónica», «un proyecto de mejora del hogar» y «una droga sintética ilegal».

allí, podríamos cavar una larga perforación directamente hacia abajo, dejar caer los residuos y luego sellar el agujero con capas de cemento y arcilla expansiva.

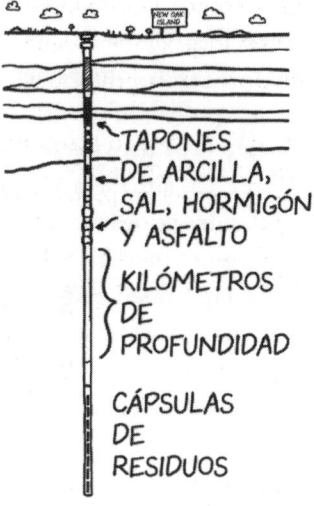

SUBDUCCIÓN

La corteza oceánica se recicla en el manto de la Tierra a través de la subducción, por lo que la gente a veces sugiere poner nuestros residuos nucleares en una fosa oceánica y dejar que la Tierra se deshaga de ellos por nosotros. Por desgracia, la subducción es bastante lenta. Si alojáramos nuestros residuos a un kilómetro de profundidad en una placa en subducción, y luego esperáramos 10.000 años…

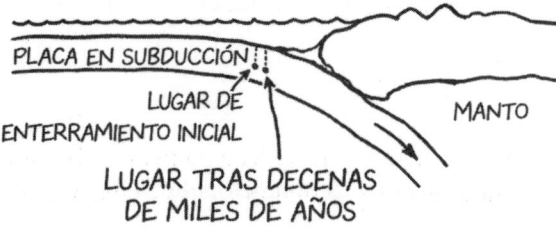

… apenas se habría desplazado unos 300 metros lateralmente.

LÁNZALO HACIA EL SOL

La gente sugiere a menudo lanzar nuestros residuos nucleares hacia el Sol, donde se desintegrarán y serán arrastrados por el viento solar o se hundirán en el núcleo de dicha estrella. El mayor problema de esta idea es que los lanzamientos de cohetes a veces fallan. Si envías cien cohetes llenos de muchas toneladas de residuos radiactivos, hay muchas probabilidades de que uno de los lanzamientos falle, y sería difícil pensar en algo peor para los residuos nucleares que meterlos en un cohete y hacerlos estallar en lo alto de la atmósfera.

Sin embargo, si lo que pretendes es deshacerte de un único libro maldito o indestructible, entonces el Sol parece más atractivo como lugar de eliminación. Un libro solo requiere un único lanzamiento, lo que reduce el riesgo de fracaso, y dado que el libro es indestructible, si el lanzamiento fallara, solo tendrías que recuperarlo e intentarlo de nuevo.

Un consejo para lanzar cosas hacia el Sol: hacerlo desde la Tierra es muy difícil; de hecho se necesitaría más combustible que para lanzar algo fuera del sistema solar. Una forma más eficaz de llegar al Sol consiste en lanzar algo al sistema solar exterior, es posible que con la ayuda de la gravedad de los planetas. Cuando esté lejos del Sol, se moverá muy despacio, y solo necesitará un poco más de combustible para frenarse, tras lo cual caerá directamente hacia el Sol. Se tarda mucho más que en un lanzamiento directo, pero solo se necesita una mínima parte del combustible.

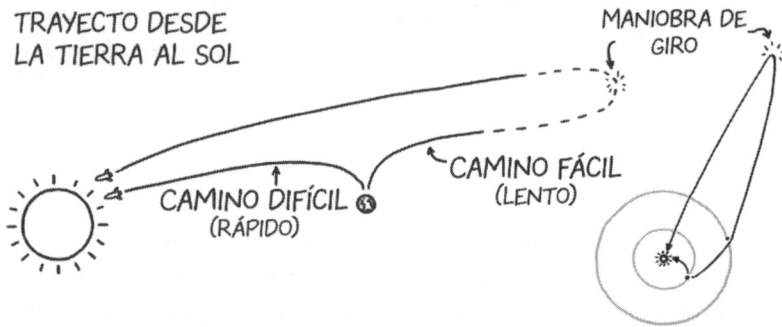

TRAYECTO DESDE LA TIERRA AL SOL

MANIOBRA DE GIRO

CAMINO DIFÍCIL (RÁPIDO)

CAMINO FÁCIL (LENTO)

Sin embargo, tal vez no quieras destruir este libro. Quizá quieras conservarlo.

CÓMO CONSERVAR ESTE LIBRO

Dejar este libro en un pozo de sondeo o en una mina de sal podría, en teoría, preservarlo durante millones o quizá miles de millones de años, si no lo perturban la actividad tectónica, los humanos entrometidos o los microbios hambrientos. Pero para conservar realmente un libro, tal vez debas sacarlo por completo de la Tierra.

La nave espacial Rosetta de la Agencia Espacial Europea (ESA, por sus siglas en inglés) y el módulo de aterrizaje Philae llegaron al cometa 67P/Churyumov-Gerasimenko en 2014. La nave transportaba un disco de níquel-titanio grabado con 6.000 páginas de texto en 1.000 lenguas humanas diferentes. Este disco, construido por la Fundación Long Now, está diseñado para durar milenios. Es probable que el cometa permanezca en una órbita estable durante millones de años, por lo que si el disco se encuentra en un lugar resguardado en la superficie del cometa, protegido de los micrometeoritos y los rayos cósmicos, probablemente permanecerá intacto y legible durante más tiempo que incluso la civilización más longeva.

EH, ¡MIRA ESTO!

SHHH..., ESTAMOS EN UNA BIBLIOTECA.

LUGAR DE IMPACTO DE ROSETTA

Las palabras escritas son un mensaje hacia el futuro. Quien las lee siempre está más adelantado en el tiempo que quien las escribe. No sé qué fecha será cuando estés leyendo estas palabras, ni dónde estarás, ni qué intentarás hacer. Pero estés donde estés y sean cuales sean los problemas que intentas resolver, espero que este libro te haya ayudado. Hay un mundo gigante y extraño ahí fuera. Las ideas que parecen buenas pueden acabar teniendo consecuencias terribles y las que suenan ridículas pueden resultar revolucionarias. Habrá ocasiones en que puedas averiguar cuáles funcionan de antemano, y otras en que tendrás que probarlas y ver qué pasa.

(Pero tal vez quieras mantenerte a una distancia prudencial).

Agradecimientos

Mucha gente ayudó a hacer posible este libro.

Muchas personas me prestaron su experiencia y sus recursos. Gracias a Serena Williams y Alexis Ohanian por su disposición a sacrificar un dron por la ciencia, y a Kate Darling por decirnos que probablemente no pasaba nada por hacerlo. Gracias al coronel Chris Hadfield por responder a las preguntas más ridículas que se me ocurrieron, y a Katie Mack por advertirme de que no acabara con el universo. Y gracias a Christopher Night y Nick Murdoch por su ayuda con las ecuaciones y las mediciones.

Gracias a Kathleen Weldon y al personal del Centro Roper por desenterrar extraños datos de encuestas, y al editor de encuestas del *HuffPost* Ariel Edwards-Levy por responder a mis preguntas sobre la opinión pública. Gracias a Anna Romanov y David Allen por poner a mi disposición su proyecto de licenciatura, y al doctor Reuben Thomas por compartir su investigación sobre la amistad. Gracias a Greg Leppert por ayudarme a organizar la Infrasonata, y gracias a las hormigas que se metieron en casa de Waldo Jaquith, lo que le llevó a pedirme ayuda para construir un foso de lava.

Gracias a Christina Gleason por moldear mi texto y mis dibujos para darles forma de libro, y por proporcionarme sabios e inestimables consejos en todo momento. Gracias a Derek por ayudarme a hacer realidad todo esto, y gracias a Seth Fishman, Rebecca Gardner, Will Roberts y el resto del equipo de Gernert.

Gracias a mi heroica editora Courtney Young y al resto del equipo de Riverhead, incluidos Kevin Murphy, Helen Yentus, Annie Gottleib, Ashley Garland, May-Zhee Lim, Jynne Martin, Melissa Solis, Caitlin Noonan, Gabriel Levinson, Linda Friedner, Grace Han, Claire Vaccaro, Taylor Grant, Mary Stone, Nora Alice Demick, Kate Stark y el editor Geoff Kloske.

Y gracias a mi mujer, por enseñarme la mitad de las cosas de este libro y explorar conmigo este mundo grande, extraño y apasionante.

Bibliografía

1. Instrucciones para saltar realmente alto

Carter, Elizabeth J., E. H. Teets y S. N. Goates, «The Perlan Project: New Zealand flights, meteorological support and modeling», en *Proc. 19th Int. Cont. on IIPS, 83rd AMS Annual Meeting*, núm. 1.2 (2003).

Hirt, Christian *et al.*, «New Ultrahigh-Resolution Picture of Earth's Gravity Field», *Geophysical Research Letters* 40, núm. 16 (agosto de 2013): 4279-4283.

Teets, Edward H., Jr., «Atmospheric Conditions of Stratospheric Mountain Waves: Soaring the Perlan Aircraft to 30 km», en *10th Conference on Aviation, Range, and Aerospace Meteorology* (2002).

2. Instrucciones para organizar una fiesta en la piscina

Programa de Vigilancia y Evaluación del Ártico, *Snow, Water, Ice and Permafrost in the Arctic (SWIPA) 2017* (Oslo, 2017).

Trenberth, Kevin E. y Lesley Smith, «The Mass of the Atmosphere: A Constraint on Global Analyses», *Journal of Climate* 18, núm. 6 (marzo de 2005): 864-875.

Wellerstein, Alex, «Beer and the Apocalypse», *Restricted Data*, 5 de septiembre de 2012, http://blog.nuclearsecrecy.com/2012/09/05/beer-and-the-apocalypse/.

3. Instrucciones para cavar un agujero

Nevola, V. René, «Common Military Task: Digging», en *Optimizing Operational Physical Fitness* (Organización de Investigación y Tecnología de la OTAN, 2009), 4-1-68.

Departamento de Trabajo de Estados Unidos, «Occupational Employment and Wages, May 2017», Oficina de Estadísticas Laborales, modificado por última vez el 30 de marzo de 2018, https://www.bls.gov/oes/current/oes472061.htm.

4. Instrucciones para tocar el piano (todo el piano)

Katharine B. Payne, William R. Langbauer Jr., Elizabeth M. Thomas, «Infrasonic Calls of the Asian Elephant (Elephas Maximus)», *Behavioral Ecology and Sociobiology* 18, núm. 4 (febrero de 1986): 297-301.

6. Instrucciones para cruzar un río

Buffalo Morning Express, 10 de febrero de 1848.

Glauber, Bill, «On Solid or Liquid, Give It the Gas», *Journal Sentinel*, 18 de julio de 2009, http://archive.jsonline.com /news/wisconsin/51105382.html/.

Historic Lewiston, *Lewiston History Mysteries*, verano de 2016, http://historiclewiston.org/wp-content /uploads/2016/08/Homan-Walsh-Falls-Kite-3.pdf.

«Incidents at the Falls», *Buffalo Commercial Advertiser*, 13 de julio de 1848.

«Niagara Suspension Bridge», *Buffalo Daily Courier*, 3 de febrero de 1848.

Perkins, Frank C., «Man-Carrying Kites in Wireless Service», *Electrician and Mechanic* 24 (enero-junio 1912): 59.

Robinson, M., «The Kite that Bridged a River», 2005, http://kitehistory.com/Miscellaneous/Homan_Walsh.htm.

7. Instrucciones para mudarse

Agencia Federal para la Gestión de Emergencias, «Appendix C, Sample Design Calculations», en *Engineering Principles and Practices for Retrofitting Flood-Prone Residential Structures* (FEMA, 2009), C-1-37

Corporación Aeronáutica Piasecki, «Multi-Helicopter Heavy Lift System Feasibility Study» (Mando de Sistemas Aéreos Navales, 1972).

8. Instrucciones para evitar que tu casa se mueva

Código de Enjuiciamiento Civil de California, capítulo 3.6, Ley del terremoto de Cullen, § 751.50 (1972).

Estado de Alaska. § 09.45.800 (Alaska, 2017).

Joannou contra la ciudad de Rancho Palos Verdes, B241035 (Tribunal de Apelación de California, 2013).

Offord, Simon, «Court Denies Request to Adjust Lot Lines After Landslide», Blog de Derecho Inmobiliario del Área de la Bahía de San Francisco, consultado el 28 de marzo de 2019, https ://bayarearealestatelawyers.com/real-estate-law/ court-denies-request-to-adjust-lot-lines-after-landslide.

Pallamary, Michael J. y Curtis M. Brown, «Land Movements and Boundaries» en *The Curt Brown Chronicles*, *The American Surveyor* 10, núm. 10 (2013): 49-50.

Schultz, Sandra S. y Robert E. Wallace, «The San Andreas Fault», Servicio Geológico de EE. UU., modificado por última vez el 30 de noviembre de 2016, https://pubs.usgs.gov/gip /earthq3/safaultgip.html.

Theriault contra Murray, 588 A.2d 720 (Maine, 1991).

White, C. Albert, «Land Slide Report» (Oficina de Ordenación del Territorio, 1998), https://www.blm.gov/or/gis /geoscience/files/landslide.pdf.

9. Instrucciones para construir un foso de lava

Heus, Ronald y Emiel A. Denhartog, «Maximum Allowable Exposure to Different Heat Radiation Levels in Three Types of Heat Protective Clothing», *Industrial Health* 55, núm. 6 (noviembre de 2017): 529-536.

Keszthelyi, Laszlo, Andrew J. L. Harris y Jonathan Dehn, «Observations of the Effect of Wind on the Cooling of Active Lava Flows», *Geophysical Research Letters* 30, núm. 19 (octubre de 2003): 4-1-4.

Torvi, D. A., G. V. Hadjisophocleous y J. K. Hum, «A New Method for Estimating the Effects of Thermal Radiation from Fires on Building Occupants», Actas de la División de Transferencia de Calor de la ASME (Consejo Nacional de Investigación de Canadá, 2000): 65-72.

«What Is Lava Made Of?», *Volcano World*, Universidad Estatal de Oregón, http://volcano.oregonstate.edu/what-lava-made.

Wright, Thomas L., «Chemistry of Kilauea and Mauna Loa Lava in Space and Time» (Servicio Geológico de EE. UU., 1971), https://pubs.usgs.gov/pp/0735/report.pdf.

10. Instrucciones para lanzar cosas

Cronin, Brian, «Did Walter Johnson Accomplish a Famous George Washington Myth?», *Los Angeles Times*, 21 de septiembre de 2012, https://www.latimes.com/sports /la-xpm-2012-sep-21-la-sp-sn-walter-johnson-george -washington-20120921-story.html.

McLean, Charles, «Johnson Twice Throws a Dollar Across the Turbid Rappahannock», *New York Times*, 23 de febrero de 1936.

Ragland, K. W., M. A. Mason y W. W. Simmons, «Effect of Tumbling and Burning on the Drag of Bluff Objects», *Journal of Fluids Engineering* 105, núm. 2 (junio de 1983): 174-178.

Sprague, Robert *et al.*, «Force-Velocity and Power-Velocity Relationships during Maximal Short-Term Rowing Ergometry», *Medicine & Science in Sports & Exercise* 39, núm. 2 (febrero de 2007): 358-364.

Taylor, Lloyd W., «The Laws of Motion Under Constant Power», *The Ohio Journal of Science* 30, núm. 4 (julio de 1930): 218-220.

11. Instrucciones para jugar al fútbol

Goff, John Eric, «Heuristic Model of Air Drag on a Sphere», *Physics Education* 39, núm. 6 (noviembre de 2004): 496-499.

White, Frank M., *Fluid Mechanics*, Nueva York, McGraw Hill, 2016.

12. Instrucciones para predecir el tiempo

«Daniel K. Inouye International Airport, Hawaii», Weather Underground, julio de 2017, https://www.wunderground.com/history/monthly/us/hi/honolulu/PHNL/date/2017-7.

Gough, W. A., «Theoretical Considerations of Day-to- Day Temperature Variability Applied to Toronto and Calgary, Canada Data», *Theoretical and Applied Climatology* 94, núm. 1-2 (septiembre de 2008): 97-105.

«Honolulu, HI, NOAA Online Weather Data», Oficina de Previsión del Servicio Meteorológico Nacional, consultado el 3 de mayo de 2019, https://w2.weather.gov/climate/xmacis.php?wfo=hnl.

Roehrig, Romain, Dominique Bouniol, Francoise Guichard, Frédéric Hourdin y Jean-Luc Redelsperger, «The Present and Future of the West African Monsoon», *Journal of Climate* 26 (septiembre de 2013): 6471-6505.

Thompson, Philip, «Philip Thompson Interview», entrevista de William Aspray, Instituto Charles Babbage, Universidad de Minnesota, 5 de diciembre de 1986, transcripción.

Trenberth, Kevin E., «Persistence of Daily Geopotential Heights over the Southern Hemisphere», *Monthly Weather Review* 113 (enero de 1985): 38-53.

13. Instrucciones para jugar al pilla-pilla

Bethea, Charles, «How Fast Could Usain Bold Run the Mile», *The New Yorker*, 1 de agosto de 2016, https ://www.newyorker.com/sports/sporting-scene /how-fast-would-usain-bolt-run-the-mile.

Dawson, Andrew, «Belgian Dentist Breaks Appalachian Trail Speed Record», *Runner's World,* 29 de agosto de 2018, https://www.runnersworld.com/news/a22865359 /karel-sabbe-breaks-appalachian-trail-speed-record/.

Krzywinski, Martin, «The Google Maps Challenge—Longest Google Maps Driving Routes», *Martin Krzywinski Science Art*, modificado por última vez el 13 de junio de 2017, http://mkweb.bcgsc.ca/googlemapschallenge/.

Krzywinski, Martin, «Longest possible Google Maps route?», foro xkcd, 30 de enero de 2012, http://forums .xkcd.com/viewtopic.php?f=2&t=65793&p=287241 9#p2872419.

«Thru-Hiking», Appalachian Trail Conservancy, consultado el 28 de marzo de 2019, http://www.appalachiantrail.org /home/explore-the-trail/thru-hiking.

14. Instrucciones para esquiar

«Facts on Snowmaking», Asociación Nacional de Áreas de Esquí, consultado el 28 de marzo de 2019, https://www.nsaa.org /media/248986/snowmaking.pdf.

Friedland, Lois, «Tanks for the Snow», *Ski,* marzo de 1988, 13.

Louden, Patrick B. y J. Daniel Gezelter, «Friction at Ice-Ih/Water Interfaces Is Governed by Solid/Liquid Hydrogen-Bonding», *The Journal of Physical Chemistry* 121, núm. 48 (noviembre de 2017): 26764-26776.

«Polarsnow», Polar Europe, consultado el 28 de marzo de 2019, https://polareurope.com/polar-snow/.

Rosenberg, Bob, «Why is Ice Slippery?», *Physics Today* 58, núm. 12 (diciembre de 2005): 50.

Scanlan, Dave, en «Like It or Not, Snowmaking is the Future», entrevista de Julie Brown, *Powder*, 29 de agosto de 2017, https://www.powder.com/stories/news /like-not-snowmaking-future/.

15. Instrucciones para enviar un paquete por correo (desde el espacio)

«Apollo 13 Press Kit», NASA, 2 de abril de 1970, https://www.hq.nasa.gov/alsj/a13/A13_PressKit.pdf.

Atchison, Justin Allen, «Length Scaling in Spacecraft Dynamics» (Tesis doctoral, Universidad de Cornell, 2010).

The Corona Story, Oficina Nacional de Reconocimiento, noviembre de 1987 (Parcialmente desclasificado y publicado en virtud de la Ley de Libertad de Información (FOIA), 30 de junio de 2010).

Janovsky, R. *et al.*, «End-of-life De-orbiting Strategies for Satellites», ponencia presentada en Deutscher Luft- und Raumfahrtkongress [Congreso Aeroespacial Alemán], Stuttgart, Alemania, septiembre de 2002.

Peck, Mason, «Sometimes Even a Low Ballistic Coefficient Needs a Little Help», *Spacecraft Lab*, 5 de mayo de 2014, https://spacecraftlab.wordpress.com/2014/05/05 /sometimes-even-a-low-ballistic-coefficient-needs-a -little-help/.

Portree, David S. F. y Joseph P. Loftus, Jr., *Orbital Debris* (Houston: NASA, 1999).

Singer, Mark, «Risky Business», *The New Yorker*, 14 de julio de 2014, https://www.newyorker.com /magazine/2014/07/21/risky-business-2.

«Taco Bell Cashes In on Mir», BBC News, 20 de marzo de 2001, http://news.bbc.co.uk/2/hi/americas/1231447.stm.

Yamaguchi, Mari, «Can an Origami Space Shuttle Fly from Space to Earth», *USA Today*, 27 de marzo de 2008, https://usatoday30.usatoday.com/tech/science /space/2008-03-27-origami-space-shuttle_N.htm/.

16. Instrucciones para suministrar energía a tu casa (en la Tierra)

«Appendix A: Frequently Asked Questions» en *Woody Biomass Desk Guide and Toolkit* adaptado por Sarah Ashton, Lauren McDonnell y Kiley Barnes (Washington, D.C.: Asociación Nacional de Distritos de Conservación): 119-130.

Arevalo, Ricardo, Jr., William F. McDonough y Mario Luong, «The K/U Ration of the Silicate Earth», *The Earth and Planetary Science Letters* 278, núm. 3-4 (febrero de 2009): 361-369.

Chacón, Felipe, «The Incredible Shrinking Yard! », Trulia, 18 de octubre de 2017, https://www.trulia.com/research /lot-usage/.

«Environmental Impacts of Geothermal Energy», Union of Concerned Scientists, consultado el 28 de marzo de 2019, https://www.ucsusa.org/clean_energy/our-energy -choices/renewable-energy/environmental-impacts -geothermal-energy.html.

«Coal Explained: How Much Coal is Left», Administración de Información Energética de EE. UU., modificado por última vez el 15 de noviembre de 2018, https://www.eia.gov/energyexplained/index .php?page=coal_reserves.

«How Much Do Solar Panels Cost for the Average House in the US in 2019?», SolarReviews, modificado por última vez en marzo de 2019, https://www.solarreviews.com/solar-panels /solar-panel-cost/.

«How Much Electricity Does an American Home Use?», Preguntas frecuentes, Administración de Información Energética de EE. UU., modificado por última vez el 26 de octubre de 2018, https://www.eia.gov/tools/faqs/faq.php?id=97&t=3.

NOAA Centros Nacionales de Información Medioambiental, «Climate at a Glance: National Time Series», consultado el 28 de marzo de 2019, https://www.ncdc.noaa.gov/cag/.

Rinehart, Lee, «Switchgrass as a Bioendergy Crop», ATTRA (NCAT, 2006).

«Section 6: Geography and Environment» en *Statistical Abstract of the United States: 2004-2005* (Oficina del Censo de EE. UU., 2006), 211-236.

«Solar Maps», Laboratorio Nacional de Energías Renovables, consultado el 28 de marzo de 2019, https://www.nrel.gov/gis /solar.html.

«Solar Resource Data and Tools», Laboratorio Nacional de Energías Renovables, consultado el 28 de marzo de 2019, https ://www.nrel.gov/grid/solar-resource/renewable -resource-data.html.

«Transparent Cost Database», Open Energy Information, modificado por última vez en noviembre de 2015, https://openei.org/apps/TCDB/transparent_cost_database#blank.

«U.S. Crude Oil and Natural Gas Proved Reserve, Year- End 2017», Administración de Información Energética de EE. UU., modificado por última vez el 29 de noviembre de 2018, https://www.eia .gov/naturalgas/crudeoilreserves/.

«U.S. Uranium Reserves Estimates», Administración de Información Energética de EE. UU., modificado por última vez en julio de 2010, https://www.eia.gov/uranium/reserves/.

17. Instrucciones para suministrar energía a tu casa (en Marte)

Boardman, Warren P. *et al.*, Turbina de aire a presión Firestream, patente estadounidense 2.986.219, concedida el 27 de mayo de 1977, solicitada el 30 de mayo de 1961.

«Country Comparison: Electricity—Consumption», *The World Factbook* (Washington, D.C.: Agencia Central de Inteligencia [CIA]), modificado por última vez en 2016, https://www.cia.gov /library/publications/resources/the-world-factbook/fields/253rank.html.

Hoffman, N., «Modern Geothermal Gradients on Mars and Implications for Subsurface Liquids», Conference on the Geophysical Detection of Subsurface Water on Mars [Conferencia sobre la Detección Geofísica de Agua Subsuperficial en Marte] (agosto de 2001).

Hollister, David, «How Wolfe's Tether Spreadsheet Works», *Hop's Blog*, 16 de diciembre de 2015, http://hopsblog-hop.blogspot.com/2015/12/how-wolfes-tether-spreadsheet-works.html.

«Sounds on Mars», The Planetary Society, consultado el 29 de marzo de 2019, http://www.planetary.org/explore/projects /microphones/sounds-on-mars.html.

Weinstein, Leonard M., «Space Colonization Using Space- Elevators from Phobos», Actas de la Conferencia del Instituto Americano de Física (AIP, 2003): 1227-1235.

18. Instrucciones para hacer amigos

Gallup, Encuesta Gallup (Instituto Americano de Opinión Pública), enero de 1990, USGALLUP.922002.Q20, Universidad de Cornell, Ithaca, NY: Centro Roper de Investigación de la Opinión Pública, iPOLL.

Instituto Nacional para la Transformación de la India, «Population Density (Per Sq. Km.)», modificado por última vez el 30 de marzo de 2018, http://niti. gov.in/content/population-density-sq-km.

Thomas, Reuben J., «Sources of Friendship and Structurally Induces Homophily across the Life Course», *Sociological Perspectives* (11 de febrero de 2019).

19. Instrucciones para enviar un archivo

Cisco, «Cisco Global Cloud Index: Forecast and Methodology, 2016-2021 White Paper», 19 de noviembre de 2018, https://www.cisco.com/c/en/us/ solutions/collateral/service-provider/global-cloud-index-gci /white-paper-c11-738085.html.

Erlich, Yaniv y Dina Zielinski, «DNA Fountain Enables a Robust and Efficient Storage Architecture», *Science* 355, núm. 6328 (marzo de 2017): 950-954.

Gibo, David L. y Megan J. Pallett, «Soaring Flight of Monarch Butterflies *Danaus Plexippus* (Lepidoptera: Danaidae), During the Late Summer Migration in Southern Ontario», *Canadian Journal of Zoology* 57, núm. 7 (1979): 1393-1401.

«Intel/Micron 64L 3D NAND Analysis», *TechInsights*, consultado el 29 de marzo de 2019, https://techinsights.com /technology-intelligence/ overview/latest-reports /intel-micron-64l-3d-nand-analysis/.

Mizejewski, David, «How the Monarch Butterfly Population is Measured», Federación Nacional de Vida Salvaje, 7 de febrero de 2019, https://blog. nwf.org/2019/02 /how-the-monarch-butterfly-population-is-measured/.

Morris, Gail, Karen Oberhauser y Lincoln Brower, «Estimating the Number of Overwintering Monarchs in Mexico», Monarch Joint Venture, 6 de diciembre de 2017, https:// monarchjointventure.org/news-events/news / estimating-the-number-of-overwintering-monarchs -in-mexico.

Stefanescu, Constantí *et al.*, «Long-Distance Autumn Migration Across the Sahara by Painted Lady Butterflies: Exploiting Resource Pulses in the Tropical Svannah», *Biology Letters* 12, núm. 10 (octubre de 2016).

Talavera, Gerard y Roger Vila, «Discovery of Mass Migration and Breeding of the Painted Lady Butterfly *Vanessa Cardui* in the Sub-Sahara», *Biological Journal of the Linnean Society* 120, núm. 2 (febrero de 2017): 274-285.

Walker, Thomas J. y Susan A. Wineriter, «Marking Techniques for Recognizing Individual Insects», *The Florida Entomologist* 64, núm. 1 (marzo de 1981): 18-29.

20. Instrucciones para cargar el teléfono (cuando no encuentres un enchufe)

Jacobson, Mark Z. y Cristina L. Archer, «Saturation Wind Power Potential and its Implications for Wind Energy», *Proceedings of the National Academy of Sciences of the United States of America* 109, núm. 39 (septiembre de 2012): 15679-15684.

Instituto Max Planck de Biogeoquímica, «Gone with the Wind: Why the Fast Jet Stream Winds Cannot Contribute Much Renewable Energy After All», *ScienceDaily*, 30 de noviembre de 2011, https:// www.sciencedaily.com/releases/2011/11/ 111130100013.htm.

Rancourt, David, Ahmadreza Tabesh y Luc G. Fréchette, «Evaluation of Centimeter-Scale Micro Wind Mills», ponencia presentada en *7th International Workshop on Micro and Nanotechnology for Power Generation and Energy Conversion Applications* [7.º Taller Internacional sobre Micro y Nanotecnología para Aplicaciones de Generación y Conversión de Energía], Friburgo, Alemania, noviembre de 2007.

Romanov, Anna Macquarie y David Allen, «A Bicycle with Flower-Shaped Wheels», Proyecto Final de Geometría Diferencial, Universidad Estatal de Colorado, 2011.

World Energy Resources (Londres, Consejo Mundial de la Energía, 2016).

21. Instrucciones para sacarse un selfi

Chang, Hsiang-Kuang, Chih-Yuan Liu y Kuan-Ting Chen, «Search for Serendipitous Trans-Neptunian Object Occultation in X-rays», *Monthly Notices of the Royal Astronomical Society* 429, núm. 2 (febrero de 2013): 1626-1632.

Colas, F. *et al.*, «Shape and Size of (90) Antiope Derived From an Exceptional Stellar Occultation on July 19, 2011», ponencia presentada en *American Geophysical Union, Fall Meeting* [Reunión de otoño de la Unión Geofísica Americana], diciembre de 2011.

Larson, Adam M. y Lester Loschky, «The Contributions of Central versus Peripheral Vision to Scene Gist Recognition», *Journal of Vision* 9, núm. 10 (septiembre de 2009): 6.1-16.

22. Instrucciones para atrapar un dron (con material deportivo)

«All-Star Skills Competition 2012: Canadian Tire NHL Accuracy Shooting», Canadian Broadcasting Corporation, consultado el 29 de marzo de 2019, https://www.cbc.ca/sports-content/hockey/ nhlallstargame/skills /accuracy-shooting.html.

«Distance from Center of Fairway», PGA Tour, continuamente actualizado, https://www.pgatour. com/stats /stat.02421.html.

Kawamura, Katsue *et al.*, «Baseball Pitching Accuracy: An Examination of Various Parameters When Evaluating Pitch Locations», *Sports Biomechanics* 16, núm. 3 (agosto de 2017): 399-410.

Kempf, Christopher, «Stats Analysis: Running for Cover», Professional Darts Corporation, 1 de octubre de 2019, https://www.pdc.tv/ news/2019/01/10 /stats-analysis-running-cover.

Landlinger, Johannes *et al.*, «Differences in Ball Speed and Accuracy of Tennis Groundstrokes Between Elite and High-Performance Players», *European Journal of Sport Science* 12, núm. 4 (octubre de 2011): 301-308.

Michaud-Paquette, Yannick *et al.*, «Whole-Body Predictors of Wrist and Shot Accuracy in Ice Hockey», *Sports Biomechanics* 10, núm. 1 (marzo de 2011): 12-21.

Morris, Benjamin, «Kickers Are Forever», *FiveThirtyEight*, 28 de enero de 2015, https:// fivethirtyeight.com/features /kickers-are-forever/.

Wells, Chris, «Stat Sheet: 10 Facts from Rio 2016 Olympics Entry List», World Archery, 18 de julio de 2016, https://worldarchery.org/news/142029 / stat-sheet-10-facts-rio-2016-olympics-entry-list.

23. Instrucciones para saber si eres un niño de los noventa

«Figure 6. Yield of Atmospheric Nuclear Tests Per Year Shown by Bars», gráfico, de «Is There an Isotopic Signature of the Anthropocene?», *The Anthropocene Review* 1, núm. 3 (diciembre de 2014): 8.

Goldman, G. S. y P. G. King, «Review of the United States Universal Vaccination Program: Herpes Zoster Incidence Rates, Cost-Effectiveness, and Vaccine Efficacy Based Primarily on the Antelope Valley Varicella Active Surveillance Project Data», *Vaccine* 31, núm. 13 (marzo de 2013): 1680-1694.

Gulson, Brian L. y Barrie R. Gillings, «Lead Exchange in Teeth and Bone—A Pilot Study Using Stable Lead Isotopes», *Environmental Health Perspectives* 105, núm. 8 (agosto de 1997): 820-824.

Gulson, Brian L., «Tooth Analyses of Sources and Intensity of Lead Exposure in Children», *Environmental Health Perspectives* 104, núm. 3 (marzo de 1996): 306-312.

Hua, Quan, Mike Barbetti y Andrzej Z. Rakowski, «Atmospheric Radiocarbon for the Period 1950-2010», *Radiocarbon* 55, núm. 4 (2013): 2059-2072.

Lopez, Adriana S., John Zhang y Mona Marin, «Epidemiology of Varicella During the 2-Dose Varicella Vaccination Program—United States, 2005-2014», Departamento de Salud y Servicios Humanos de EE. UU., *Morbidity and Mortality Weekly Report [Informe Semanal de Morbilidad y Mortalidad]* 65, núm. 34 (septiembre de 2016): 902-905.

Mahaffey, Kathryn R. *et al.*, «National Estimates of Blood Lead Levels: United States, 1976-1980— Association with Selected Demographic and Socioeconomic Factors», *The New England Journal of Medicine* 307 (1982): 573-579.

Stamoulis, K. C. *et al.*, «Strontium-90 Concentration Measurements in Human Bones and Teeth in Greece», *The Science of the Total Environment* 229 (1999): 165-182.

24. Instrucciones para ganar unas elecciones

«3 Caseys Stirring Confusion», *Pittsburgh Post-Gazette*, 21 de octubre de 1976.

Texto completo de las preguntas de encuestas recogidas por el Centro Roper de Investigación de la Opinión Pública:
— *(¿Cree que, en general, está bien o no que la gente utilice el móvil en las siguientes situaciones?) [...] En el cine u otros lugares donde los demás suelen estar callados.*
— *¿Cree que enviar un mensaje de texto mientras conduce, ya sea con un teléfono móvil u otro dispositivo electrónico, debería ser legal o ilegal?*
— *(En líneas generales, ¿diría que tiene una imagen positiva o negativa de cada uno de los siguientes aspectos?) ¿Qué le parecen [...] las pequeñas empresas?*

— *¿Cree que los empresarios deberían o no deberían poder obtener acceso al historial genético de los empleados, o a su ADN, sin su permiso?*

— *Como parte del esfuerzo para combatir el terrorismo, ¿apoyaría o se opondría [...] a la creación de sanciones penales para el blanqueo de dinero relacionado con el terrorismo?*

— *En la actualidad, una persona necesita pasar un examen y obtener un permiso oficial para poder ejercer una serie de ocupaciones. Hay quien dice que esto es necesario para garantizar que el público reciba buenos servicios. Otros afirman que solo aumenta el coste de dichos servicios. Para cada una de las siguientes preguntas, dígame si cree que la concesión de permisos oficiales es una buena o una mala idea [...] Médicos*

— *Se ha discutido mucho sobre qué circunstancias podrían justificar que Estados Unidos volviera a entrar en guerra en el futuro. ¿Cree usted que si [...] Estados Unidos fuera invadido [...] valdría la pena ir a la guerra de nuevo, o no?*

— *¿Cree que el consumo de metanfetaminas, a veces conocidas como «cristal», debería legalizarse o no?*

— *Por favor, dígame, ¿está satisfecho o no con sus [...]? Amigos*

— *Si existiera una píldora que le hiciera el doble de guapo de lo que es ahora, pero solo la mitad de inteligente, ¿la tomaría o no?*

— *(Por favor, dígame si cree que cada una de las siguientes afirmaciones es verdadera o falsa). [...] Cuando los adultos están supervisando a los niños en el agua, deberían estar vigilando activamente de forma constante, no leyendo ni hablando por teléfono.*

— *(Tanto si trabaja actualmente como si no, piense en la gente que trabaja y dígame si le parece bien o no cada una de las siguientes cosas). ¿Cree que está bien, o no, llevarse del trabajo aparatos caros como equipos informáticos o electrónicos, teléfonos u otras mercancías?*

— *Hay quien dice que lo siguiente se ha vuelto más común con el paso de los años, y me gustaría conocer su opinión al respecto. ¿Cree que está bien, o no, pagar a alguien para que le haga un trabajo de fin de trimestre?*

— *Permítame leerle algunas cosas que algunas personas han dicho que les gustaría que ocurrieran:*

— *¿Le gustaría ver un fuerte descenso en el número de personas que padecen hambre o no?*

— *¿Le gustaría ver un descenso del terrorismo y la violencia o no?*

— *¿Le gustaría ver el fin del elevado desempleo o no?*

— *¿Le gustaría ver [...] la eliminación del hambre o no?*

— *¿Le gustaría ver [...] una disminución de los prejuicios o no?*

— *(Por favor, dígame si cree que alguna de las siguientes personas o artículos puede predecir el futuro). [...] La bola mágica de Magic 8 Balls.*

— *Voy a leerle una lista de cosas que la gente podría decir sobre los Juegos Olímpicos y me gustaría que me dijera si está personalmente de acuerdo o en desacuerdo con cada afirmación. La afirmación es [...] los Juegos son una gran competición deportiva. (Si es necesario, pregunte:) ¿Está de acuerdo o en desacuerdo con esa afirmación?*

25. Instrucciones para decorar un árbol

«Airship Hangar in East Germany», *Nomadic-one*, 18 de agosto de 2011, http://www.nomadic-one.com/reflect /airship-hangar-east-germany.

«CNN/ORC Poll 12», encuesta dirigida por ORC International, 18-21 de diciembre de 2014.

Cohen, Michael P., *A Garden of Bristlecones* (Nevada, University of Nevada Press, 1998).

Foxhall, Emily, «Shopping Center Christmas Trees Compete for Needling Rights», *Los Angeles Times*, 18 de noviembre de 2013, https://www.latimes.com/local/la -me-tree-20131119-story.html#axzz2lCOwKcf K.

Hall, Carl T., «Staying Alive/High in California's White Mountains Grows the Oldest Living Creature Ever Found», *SFGate*, 23 de agosto de 1998, https://www.sfgate .com/news/article/Staying-Alive-High-in-California-s-White-2995266.php.

Mahajan, Subhash, «Wood: Strength and Stiffness», en *Encyclopedia of Materials: Science and Technology* (Elsevier, 2001).

«Oldlist, A Database of Old Trees», Rocky Mounting Tree-Ring Research, consultado el 29 de marzo de 2019, http://www.rmtrr.org/oldlist.htm.

Preston, Richard, «Tall for Its Age», *New Yorker*, 9 de octubre de 2006, https://www.newyorker.com /magazine/2006/10/09/tall-for-its-age.

Ray, Charles David, «Calculating the Green Weight of Wood Species», Penn State Extension, modificado por última vez el 30 de junio de 2014, https://extension.psu.edu /calculating-the-green-weight-of-wood-species.

Sussman, Rachel, *The Oldest Living Things in the World* (Chicago, University of Chicago Press, 2014).

26. Instrucciones para llegar rápido a algún sitio

Chase, Scott et al., «The Relativistic Rocket», Preguntas frecuentes sobre Física y Relatividad, Departamento de Matemáticas de la Universidad de California en Riverside, modificado por última vez en 2016, http://math.ucr.edu/home/baez/physics/index.html.

Davis, Tamara M. y Charles H. Lineweaver, «Expanding Confusion: Common Misconceptions of Cosmological Horizons and the Superluminal Expansion of the Universe», *Publications of the Astronomical Society of Australia* 21, núm.1 (marzo de 2013): 97-109.

«Plot of Distance (in Giga Light-Years) vs. Redshift According to the Lambda-CDM Model», Wikimedia Commons, consultado el 29 de marzo de 2019, https:// en.wikipedia.org/wiki/Redshift#/media/File:Distance _compared_to_z.png.

27. Instrucciones para llegar a tiempo

15 «U.S. Code § 262. Duty to Observe Standard Time of Zones» [Código de EE. UU. § 262. Deber de respetar la hora estándar de las zonas], *Código de Normas Federales,* 19 de marzo de 1918, ch. 24, § 2, 40 Stat. 451; Pub. L. 89-387, § 4(b), 13 de abril de 1966, 80 Stat. 108; Pub. L. 97-449, § 2(c), 12 de enero de 1983, 96 Stat. 2439.

49 «CFR Part 71—Standard Time Zone Boundaries» [CNF Parte 71-Límites del huso horario estándar], *Código de Normas Federales,* Secs. 1-4, 40 Stat. 450, en su forma enmendada; sec. 1, 41 Stat. 1446, en su forma enmendada; secs. 2-7, 80 Stat. 107, en su forma enmendada; 100 Stat. 764; Ley del 19 de marzo de 1918, en su forma enmendada por la Ley de Tiempo Uniforme de 1966, y Pub. L. 97-449, 15 U.S.C. 260-267; Pub. L. 99-359; Pub. L. 106-564, 15 U.S.C. 263, 114 Stat. 2811; 49 CFR 1.59(a).

Allen, Steve, «Plots of Deltas between Time Scales», Observatorios de la Universidad de California, consultado el 20 de mayo de 2019, https://www.ucolick.org/~sla/leapsecs/deltat.html.

Morrison, L.V. y F. R. Stephenson, «Historical Values of the Earth's Clock Error ΔT and the Calculation of Eclipses», *Journal for the History of Astronomy* 35, núm. 120 (2004): 327-336.

Na, Sung-Ho, «Tidal Evolution of Lunar Orbit and Earth Rotation», *Journal of the Korean Astronomical Society* 47, núm. 1 (abril de 2012): 49-57.

Nazarli, Amina, «Azerbaijan Cancels Daylight Saving Time—Update», *Azernews,* 17 de marzo de 2016, https://www .azernews.az/nation/94137.html.

28. Instrucciones para deshacerse de este libro

Caporuscio, Florie et al., «Salado Flow Conceptual Models Final Peer Review Report», Planta Piloto de Aislamiento de Residuos (WIPP), Departamento de Energía de EE. UU., marzo de 2003.

«The Deterioration and Preservation of Paper: Some Essential Facts», Biblioteca del Congreso de EE. UU., consultado el 3 de mayo de 2019, https://www.loc.gov/preservation/care /deterioratebrochure.html.

Erdincler, Aysen Ucuncu, «Energy Recovery from Mixed Waste Paper», *Waste Management and Research* 11, núm. 6 (noviembre 1993): 507-513.

Jackson, C. P. et al., «Sealing Deep Site Investigation Boreholes: Phase 1 Report», Autoridad para el desmantelamiento nuclear, 14 de mayo de 2014.

Jefferies, Nick et al., «Sealing Deep Site Investigation Boreholes: Phase 2 Report», Autoridad para el desmantelamiento nuclear, 23 de marzo de 2018.

Pusch, Roland y Gunnar Ramqvist, «Borehole Project- Final Report of Phase 3», Compañía Sueca de Gestión de Combustible y Residuos Nucleares, 2007.

—, «Borehole Sealing, Preparative Steps, Design and Function of Plugs—Basic Concept». *SKB Int. Progr. Rep. IPR-04-57* (2004).

Pusch, Roland et al., «Sealing of Investigation Boreholes, Phase 4-Final Report», Compañía Sueca de Gestión de Combustible y Residuos Nucleares, 2011.

Sequeira, Sílvia Oliveira, «Fungal Biodeterioration of Paper: Development of Safer and Accessible Conservation Treatments» (Tesis doctoral, Universidad Nueva de Lisboa, 2016).

Teijgeler, René, «Preservation of Archives in Tropical Climates: An Annotated Bibliography», Consejo Internacional de Archivos (Yakarta, 2001).

Ximenes, Fabiano, «The Decomposition of Paper Products in Landfills», Conferencia Anual de Appita (2010): 237-242.

Índice alfabético

aceleración, 269, 272-278, 277 n.
Acosta, José de, 45
Adams, John, 122
Administración Federal de Aviación (FAA),
181
ADN, 211
agua
aire y, 33-35, 216
ciencia del, 32
congelar, 79--81
correr sobre, 77-78 y n.
de los vecinos, 31
del mar, 35-37
embotellada, 28-30
en Marte, 194
gravedad y, 183-184
hacer, 32
hervir, 81-85
obtener de la tierra, 37-38
para piscinas, 27-31, 33-38
por internet, 28
trituradoras industriales para, 30-31
turbinas para, 215-216
agua de la marca Fiji, 28
aire, 33-34, 134-137, 135 n., 216-217, 294
Aladdin, película, 243
Alaska, 109
Alemania, 266
aleta de compensación, 66
Amazon, 28
amistad
con vecinos, 156
formación de la, 201-205
animales, 117 n., 235
Apalaches, Sendero de los, 153, 156
aparatos electrónicos, 213-220
aparcar en paralelo, 82, 96 n.
Aphex Twin, 52
*Approximate Analytical Investigation of
Projectile Motion* (Chudinov), 124 n.
aprendizaje
conocimiento y, 11
memorización y, 47-48
árboles

decorar, 163, 260-267
lucir, 265-270
seleccionar, 260-265
archivos informáticos, 207-212
armas
como herramientas, 28-29
pértiga como, 14
armas nucleares, 29-30 y n., 31, 52, 54, 184,
248
Armstrong, Neil, 65
Asociación Nacional de Distritos de
Conservación, 182
aspiradoras, 43
astronomía, 231, 233
Atchison, Justin, 176
aterrizaje
de aviones, 57-62, 65-68, 70-71
de transbordadores espaciales, 63-65, 68-70
atletismo, 13-15, 78 n., 123, 125, 126, 127
Australia, 37, 64, 65, 178 n., *238*
autocaravanas, 97
Avión que transporta al transbordador (SCA),
68-69
aviones
aleta de compensación en, 66
aterrizaje de, 57-62, 65-68, 70-71
aterrizaje en pista de saltos de esquí de, 60
aterrizaje en portaaviones de, 60-62
Colomban Cri-Cri, 67
combustible para, 36
de carga, 100
inundado de agua, 216
Kennedy, aeropuerto, 64
para mudanzas, 98-103, 102 n.
Azerbaiyán, 285

baloncesto, 13, 236, 237, *238*, 239
Barcelona, 56
basamento cristalino, 298 y n.
Beethoven, Ludwig van, 53
Bella y la Bestia, La, película, 243
Betz, ley de, 190
bicicletas, 50, 76, 78-79, 159 y n., 221
Bingham Canyon, mina de cobre de, 44

Boll, Uwe, 152 y n.
Bolt, Usain, 78, 150, 151-152
Boncompagni, Ugo, 152
bosques, 182, 202, 260 y n.
    véase también árboles
Boston, 40, 87

caballo de vapor, 136-138
California, 37, 109, 178, 185, 265
calor, 32, 35, 80. 82, 84, 113, 115, 116-119, 141,
    166, 171-173, 185, 294-295
cambio climático, 36, 143
caminar
    física de, 153-155
    pasear al perro, *206*
camiones, 34, 62, 92, 94, 97
camiones de plataforma, 95, 96 n.
Camping, Harold, 287
campo de visión, 223-226, 230
Canadá, 108, 202, 210, 245
canales, en ríos, 45, 155
canales de riego, 37
caos, teoría del, 143 y n.
carbón, 114, 184, 198
carga de teléfonos, 213-221
Carpe Jugulum (Pratchett), 204
carreteras, 188 y n.
casas, 71
    cimientos para, 94-95, 103-104, 106-110
    fosos de lava para, 113-120
    mudanza de, 94-97, 96 n.
    suministro de energía para, 180-184,
    188-190
Casey, Bob, 254-255 y n., 256, 258
casos judiciales
    California contra Carney, 97
    *Joannou contra la ciudad de Rancho Palos
    Verdes*, 109
    Theriault contra Murray, 110
cavar hoyos, 39-45
China, 52, 248
chorro polar nocturno, 19 y n.
Chudinov, Peter, 124 n.
cicatrices, 244-245

ciencia
    astronomía, 231, 233, 290 n.
    caballo de vapor, 134-137
    cambio climático, 35-36
    datación por carbono, 249-251
    de la energía, 80, 82
    de la fotografía, 222-227
    de la humedad, 34
    de la lluvia, 33
    de la materia, 79-85
    de la nieve, 161-167
    de las fuentes de energía, 182-187
    de las nubes, 145-147
    de las placas tectónicas, 107-108, 186-187
    de las teteras, 80-85, 82 n., 84 n.
    de los coches, 77
    de los globos, 87-88
    de los ríos, 73-75
    de planeo, 101-103
    del agua, 32
    del basamento cristalino, 298-299
    del calor, 115-116, 171-174, 171 n.
    del hielo, 36-37
    del lecho rocoso, 107-110
    del oído, 48-53
    del sol, 188
    del tiempo, 288-292, 294
    del tiempo meteorológico, 139-146
    en Marte, 193-200
    segundos intercalares en, 290-292
    véase también física
cimientos, para casas, 94-95, 100, 103, 106
coches, 78, 273 y n., 275
Cohen, Michael P., 261
colisiones, 100 n., 202
Colomban Cri-Cri, avión, 67
combustible
    enterrados, 184
    para aviones, 68
    para generar energía, 80
combustibles fósiles, 32, 68-72
cometas, 85-88, 190
Comisión Internacional de Fronteras, 108
congelar agua, 79-81

conocimiento, 11
conservación, 76, 301-302
correr, 15-16, 151-153
Costa de Marfil, 266
Craigslist, 70
cruzar ríos, *véase* ríos
cuestionarios de internet, 242
cumpleaños, *206*, 242-251
Curiosity, rover, 10, 171 n., 198 n.
Currey, Donald, 261-262

dardos de césped, 236 y n.
Darling, Kate, 241
datación por carbono, 249-250
Departamento de Energía, 183
desembalaje después de la mudanza, 104-105
destinos, *148*, 278-279
dientes, 50, 105, 248-251
Disney, 243
drones, 71, 209, 235-241
drones de reparto, 71, 209, 211, 235-237, 239
Dubái, 266
Dwyer, Budd, 255

economía
    de calor, 118
    de energía, 187
    de envío, 171
    de excavaciones, 42-43
    de promociones, 178 n.
ecos, 49
Edwards, base de la Fuerza Aérea, 64
EEI, *véase* Estación Espacial Internacional
efecto de las explosiones nucleares en las
    bebidas envasadas para su venta (informe
    del gobierno), 29-30 y n.
efecto mariposa, 143
Egan, John, 263
Einstein, Albert, 284, 285 y n., 288
El Guerrouj, Hicham, 150-152
elecciones, 252-259, 253 n.
electricidad, 80-81, 83, 92, 104, 116, 180, 182,
    186-188 y n., 197
elefantes, 51
eliminación oceánica, 294
eliminación, 40, 294-299
embalaje para mudanzas, 89-94
empuje, 101-102, 161, 269, 273
encuestas de opinión, 256
energía
    caballos de vapor, 134-137
    combustible para generar, 80

de la descomposición del vacío, 191-192
de las mariposas, 210-211
eléctrica, 218
energía del vacío, 191
energía potencial, 217-218
fuentes de, 182-187
Laboratorio Nacional de Energías
Renovables, 189
oscura, 281
para casas, 180-183, 187-190, 193-200
para los aparatos electrónicos, 213-220
para vapor, 82
unidades de, 188 n.
energía geotérmica, 185, 194
energía hidroeléctrica, 183, 194, 215-216
energía oscura, 281
energía potencial, 191, 199, 217-218
Enevoldson, Einar, 20
envíos, 169-173, 176-179
escaleras mecánicas, *217*, 217-221
escuchar
    a los amigos, 204-205
    ecos, 49
    explosiones, 54
    música, *56*, 243
    ruidos, 52-53
escudo térmico ablativo, 173
espacio
    aspiradoras en, 191-192
    como medio de conservación, 301
    Estación Espacial Internacional (EEI), 57,
    69-70, 169, 177
    gravedad en el, 300
    Kennedy, Centro Espacial, *255*
    Mir, estación espacial, 177-178
    SpaceX, 171 n., 176
    transbordadores, 63-65, 68-70, 100
    Tratado del Espacio Exterior, 181
    viajar, 169-179, 278-283
esquiar, 157-168
Estación Espacial Internacional (EEI), 57,
    69-70, 169, 177
Estados Unidos
    Administración Federal de Aviación, 181
    Alaska, 109
    Base Holloman de las Fuerzas Aéreas en,
    277
    Bingham Canyon, mina de cobre de, 44
    California, 37, 109, 178, 185, 265
    cañón del río Snake, 77
    casas en, 181
    Comisión Internacional de Fronteras, 108

Departamento de Energía, 184
Departamento de Trabajo, 40
Edwards, base de la Fuerza Aérea, 64
gobierno en, 286-287
Guerra Fría para, 29-30, 99
investigación en, 248
Laboratorio Nacional de Energías Renovables, 189
Montañas Blancas, 261
Navidad en, 260
Nuevo México, 277, 297-298
Oficina de Eficiencia Energética y Energías Renovables en, 80
paso del tiempo en, 286
Pensilvania, 254-255 y n.
presidentes de, 121, 126-128
secuoyas en, 264, 265, 266, 269
Sendero de los Apalaches, 153, 156
tornados en, 112
Utah, 44
WIPP en, 297-298
Estes, Ron, 253
Estes, Ron M., 253
Eurotúnel, 67
excavaciones, 40, 42, 45
de vacío, 43-44
experiencia, 57
exploración, 10
véase también espacio

FAA, véase Administración Federal de Aviación
fallas, 187, 237
física, 16 n.
Betz, ley de, 190
de caminar, 153-155
de correr, 151-153
de esquiar, 157-162
de fundido, 114-116
de la aceleración, 269, 272-278, 277 n.
de la astronomía, 231, 233, 290 n.
de la refrigeración, 118-120
de la resistencia, 96, 124-127, 134-137, 135 n.
de lanzar, 123-126
de las casas, 94, 103-104
de los helicópteros, 98-100
de los terremotos, 109
de los trenes, 277
del empuje, 100-103, 269
del impulso, 134
del peso, 90-91 y n.
del rozamiento, 91-93, 157-159 y n., 161 n., 163
del sonido, 50-53
del tiempo, 288-289
en Marte, 193-200
fórmulas para, 16
pendiente, 162
trayectoria libre media, 201-202
FiveThirtyEight, 256
Florida, 267
Fobos, luna de Marte, 194-199
fórmulas para calcular
colisiones, 201-202
con conceptos básicos de física, 16
congelación del agua, 80
copos de nieve, 164-165
fotografía, 230-231
grosor de la pared de la piscina, 26
lanzamientos, 123-125, 124 n.
peso, 90-91
planeo, 102
potencia, 182-183, 187-188
profundidad del agua, 25
proporción o relación, 235-236
resistencia, 96, 124, 134-137
resistencia del aire, 134-137
rozamiento, 92, 158-159
saltos, 76
tensión circunferencial, 24
fosos de lava, 118, 120
Fosset, Steve, 20
fotografía
ciencia de la, 222-227
selfis, 227-234
fotografía falsa, 224
Francia, 67, 202, 248
Friends, serie de televisión, 247-248
fronteras, 37, 107, 108, 155 n., 179, 261
fuego, 82, 217, 294
fuerza de resistencia, 91, 124-127, 124 n., 134-137, 135 n.
fundir, 115-118
fútbol, 124, 129-138, 238

Gardiner, John, 40
Gardiners, isla, 40
gas natural, 184
gatos, 49
generadores, 189-190, 215
Gerwen, Michael van, 238
Geysers, The, 185
Gigante de la Estratosfera, 265

globos, 87, 88, 142
gobierno, 178, 179, 285, 286, 287
Google, 119, 155
granjas, 37, 58-59
gravedad
    aceleración y, 273
    agua y, 183
    en el espacio, 300
    tiempo y, 286
Grecia, 16 n.
Groenlandia, 37
grúa de construcción, 67-68
guepardos, 235-236
Guerra Fría, 29, 52, 99

hacer trampas, 14, 17 y n.
Hadfield, Chris, 72
    sobre aviones, 57-63, 65-68, 70-71
    sobre coches, 77
    sobre transbordadores espaciales, 64-65,
    68-69
Harlan, Tom, 262 n.
Hedberg, Mitch, 221
helicópteros, 98-100
herramientas
    armas como, 28-29
    aspiradoras como, 43-44
    palas, 39-40
hervir agua, 82-84
hielo
    ciencia del, 36-37
    máquinas de, 80-81
    patinaje sobre, 160
Hiperión, 264, 265, 268
Historia natural y moral de las Indias (Acosta),
    45
Holloman, Base de las Fuerzas Aéreas, 277
horizonte de sucesos cosmológico, 282
humedad, 33, 34, 295
hundirse, 300

ideas
    malas ideas, 10-11
    viabilidad de, 10
imágenes
    recortar, 226-227
    resolución de, 222-223
imperativo categórico, 204
impulso, 50, 54, 100-103, 135 y n.
indestructibilidad, 296-300
índice de precisión, 237, 238, 238 n., 239
Infrasonata, 55

infrasonido, 50-54
Inglaterra, 67
internet
    cuestionarios de, 242-243
    vídeos virales de, 35, 78-79
iPhone X, 225
ir envejeciendo, 49
Isinbáyeva, Yelena, 16 n.
isla del tesoro, La (Stevenson), 41

Jefferson, Thomas, 122
Jepsen, Carly Rae, 126, 128
Joannou, Andrea, 109
Joannou contra la ciudad de Rancho Palos
    Verdes, 109
Júpiter, 215 n., 231, 232-233, 278

Kansas, río, 80-82
Kant, Immanuel, 204
Kennedy, aeropuerto, 64
Kennedy, Centro Espacial, 255
Kidd, William, 40-41
Knievel, Evel, 77, 79
Knoll, Catherine, 255 y n.
Kouros, Yiannis, 153-154
Krzywinski, Martin, 155

Laboratorio Nacional de Energías Renovables,
    189
lanzar, 121-128, 131-132, 163
Lavillenie, Renaud, 16
lecho rocoso, 44, 106, 107, 109-110
Ley del Terremoto de Cullen, 109
libélulas, 99
Libro Guinness de los Récords, 263
línea del horizonte, 224
lluvia, 33, 183, 199-200, 250
Lorenz, Edward, 143
Los Ángeles, 38, 63, 64, 87
Los Angeles Times, 263
Luna, 174-175, 194, 224, 226-227, 229-231,
    274, 278, 289-290

Mack, Katie, 191-192
mago de Oz, El, película, 71
Maine, 110
malas ideas, 10
maldiciones, 296-299
mar
    agua del, 35-37
    diques, 44 y n.
    véase también Saltón, lago

mariposas, 143, 209-212
Marte, 10, 193-196 y n., 197, 198 n., 199-200
materia, 79-85
material deportivo, 235-241
Matusalén, 262 y n.
Maxwell, James, 284-285
medusa, 120
memorización, 48, 123 n.
microbaroms, 53
MicroSD, tarjetas, 208-209, 211
minas a cielo abierto, 44
MIR, estación espacial, 177-178
Monarch Watch, 211
Montañas Blancas, 261
Mooney, Jay, 46 n.
motocicletas, 77, 79, 235
motos de nieve, 78
mudanzas
    aviones para, 98-103, 102 n.
    de casas, 94-97, 96 n.
    desembalaje después de, 104-105
    embalaje para, 89-94, 91 n.
murciélagos, 49, 50, 53
música
    escuchar, 55, 243
    notación musical, 47
    pianos, 46-55

NASA, 10, 100, 169, 199 n., 233, 267
    véase también espacio
Navidad, 260, 263, 265, 266, 267, 270
Neumann, John von, 142
New Kids on the Block, 243, 251
Niágara, cataratas del, 85
nieve, 161-167
nombres, 245-248
nubes, 33, 144-146, 188
núcleo, El, película, 63
Nuestra Señora de la Paz, basílica, 266
Nueva Escocia, 41-43
Nueva Zelanda, 37
Nuevo México
    Base Holloman de las Fuerzas Aéreas en, 277
    WIPP en, 297-298

Oak Island, 41-44
Obama, Barack, 126
ocultación, 233-234
Oficina de Eficiencia Energética y Energías Renovables, 80
Oficina de Estadísticas Laborales, 40

Oficina Internacional de Pesos y Medidas, 286, 288
Ohanian, Alexis, 239-240
oír, 48-52
ordenadores, 142-144

palas, 43, 197
Panamá, canal de, 45, 268
papel de aluminio, 24, 25, 176
paquetes, véase envíos
parapentes, 19
paredes, 23-26
Parker, Dorothy, 139
Parque Jurásico, película, 143 n.
pasear al perro, 206
patinar sobre ruedas, 168
patinetes, 154, 274-277, 278-282
Peck, Mason, 176
películas, 120, 243, 260
pendiente, 162
Pensilvania, 254-255 y n.
Perkins, Samuel, 87
permisos de «carga ancha», 96 n., 98
perros, 49
perseguir, 112
persistencia, previsión de, 142
peso, 90-91 y n., 123-127
petróleo, 184, 198, 298 y n.
pianos, 46-56, 50 y n.
piezoeléctrico, efecto, 54
pilla-pilla, juego, 149-156, 163
piscinas
    elevadas, 22, 24-27
    en Marte, 200
    enterradas, 22, 23, 27-28
    fabricar agua para, 32
    fuentes de agua para, 27-31, 33-38
placas tectónicas, 107, 185-187
planear, 101-102
Planta Piloto de Aislamiento de Residuos (WIPP), 297
plantas, 182-183, 294
plutonio, 174-175, 198 n.
Pokémon, 243
portaaviones, 60-63
Pratchett, Terry, 204
predicciones, 16, 139, 143-145
presa, 37, 215
presidentes de EE. UU., 121, 126-128
Prometeo, 261-262 y n.
promociones, 178 y n.
pronóstico meteorológico, 139-147

Proyecto Lava de la Universidad de Siracusa, 114
puerta de la cabina, 63
puntualidad, 284-292, 290 n.

queso, 26-27

Rappahannock, río, 121, 127
rascacielos, 266
ratas, 49
ratones, 49
récords mundiales
    de árboles, 263
    de hoyos, 45
    de salto, 16, 18 n.
recortar imágenes, 226-227
refrigerar, 118-119
relación (como ratio), 235-239, 238 n.
relación entre el acierto y el error, 237
relojes atómicos, 288-289
residuos radiactivos, 296, 298, 300
Rey León, El, película, 243
riego, 37-38
ríos
    cañón del río Snake, 77
    ciencia en, 73-75, 79-85
    cometas y, 85-87 y n.
    correr sobre, 78-79, 78 n.
    globos en, 87-88
    saltar, 75-77
robar, 31
robots, 241
roc, ave mitológica, 72
Rogers, lago seco, 64
Roper, Centro, 256, 257
Rosetta, nave espacial, 301
rozamiento, 91-93, 157-159 y n., 161 n., 163
ruedas, 159 y n., 163, 218 y n., 219-220
ruidos, 52
Rusia
    caminar por, 155
    Mir, estación espacial, 177-178
    Orlan, trajes espaciales, 69
rutas a pie, 153, 155-156

saltar
    como disciplina deportiva, 13-21
    sobre ríos, 75-77
salto con pértiga, 14, 15, 16 y n.
Saltón, lago, 38
satélites, 170, 178-179 y n., 195, 197, 199

SCA, véase avión que transporta al transbordador
SCA Promotions, 178 y n.
Schulman, Edmund, 261
secuoyas, 264, 265, 266, 269
segundos intercalares, 290-292
selfis, 147, 223, 227-234
    de gran angular, 226, 227-228
señor de los anillos, El, películas, 134
serie de televisión, 247
Servicio Internacional de Sistemas de Referencia y Rotación de la Tierra, 290-291
sifones, 31
Sioux City, 63
Sirenita, La, película, 243
sitios, ir a, 148
Snake, cañón del río, 77
Sociological Perspectives (Thomas), 203
Sol, 145, 188, 194, 215, 230, 231, 281, 289, 300
sonido, física del, 48-51
Soyuz, nave espacial, 57, 71, 176 y n.
Springsteen, Bruce, 56
Stevenson, Robert Louis, 41
subducción, zonas de, 299
submarinos, 63
superlunas, 223-224
Swank, Hillary, 63

Taco Bell, 178 y n.
teléfonos, 183, 213-221, 225, 229, 257
telescopios, 233 y n., 282
temerarios, 77, 96
tensión circunferencial, 24-25
terremotos
    en California, 109
    infrasonido de, 52
    placas tectónicas en, 185-187
tesoro, 39-41, 42-44
tesoro pirata, 40-42
teteras, 81-82 y n., 83-84 y n.
Theriault contra Murray, 110
Thomas, Reuben J., 203, 303
tiempo
    ciencia del, 288-290, 294
    husos horarios, 285-288
tiempo meteorológico, 143-146
tierra
    agua de la, 37-38
    corrimientos de, 109-110
Tierra, 16, 289-292, 299
tornados, 95 n., 112, 260 n.
Toy Story, película, 243

traje de planeador, 20 y n.
Tratado de Prohibición Completa de los Ensayos Nucleares, 248
Tratado del Espacio Exterior, 181
trayectoria libre media, 201
trenes
    física de, 277
    para aterrizar aviones, 62
trituradoras industriales, 30-31
turbinas
    para agua, 215-216
    para escaleras mecánicas, 218-220
    para viento, 189-191, 196-199, 216
Twain, Mark, 139

ultrasonido, 49-51, 53, 54
Unión de Repúblicas Socialistas Soviéticas (URSS), 248
    véase también Rusia
universo, 191, 279-283
uranio, 184, 185
Usnea barbata, 152
Utah, 44

vacunas, 243-245
vadear, *véase* ríos
vapor, 33, 82-84, 136, 294
varicela, 243-244
Vaticano, Ciudad del, 265
vecinos
    amistad con, 156
    fosos de lava y, 113-120
    límites entre, 109-110

robar a los, 31
vehículos recreativos, 97
velocidad terminal, 18-19, 172, 174
velocistas, 17-18, 76, 151
Venezuela, 179
Venus, 231-233
viabilidad, 10
viajes
    en el espacio, 169-179, 278-283
    velocidad de, 272-277, 273 n., 277 n.
vídeos, 28, 235
    virales, 28, 78
viento
    en Marte, 194
    turbinas para, 189-191, 196-199
viruela, 244-245
vista, 223
votar, 252-257, 253 n.

Walsh, Homan, 86
Washington, George, 121-122, 127-128
Weldon, Kathleen, 256
Wilde, Oscar, 139
Williams, Serena, 239
WIPP, *véase* Planta Piloto de Aislamiento de Residuos
woofers giratorios, 54
World Chase Tag, 149

YouTube, 78

Znoneofthe, Above, 253
zoom, hacer, 225-226, 227, 228, 233

Instrucciones para cambiar una bombilla